U0351829

永济市
耕地地力评价与利用

屈玉玲　主编

中国农业出版社

本书系统地介绍了山西省永济市耕地地力评价与利用的方法及内容，是在2002年出版的《永济耕地资源评价与利用》一书的基础上，对永济市耕地资源历史、现状及问题进行了进一步的分析、探讨。并引用了近年来测土配方施肥工作取得的大量的调查分析数据，对永济市耕地地力、中低产田地力和果园状况等做了深入细致的分析。揭示了永济市耕地资源的本质及目前存在的问题，提出了耕地资源合理改良利用意见，为各级农业科技工作者、各级农业决策者制订农业发展规划，调整农业产业结构，加快绿色、无公害农产品基地建设步伐，保证粮食生产安全，科学施肥，退耕还林还草，为节水农业、生态农业以及农业现代化、信息化建设提供了科学依据。

本书共十一章。第一章：自然与农业生产概况；第二章：耕地地力调查与质量评价的内容与方法；第三章：耕地土壤的立体条件和农田基础设施；第四章：耕地土壤属性；第五章：耕地地力评价；第六章：耕地土壤环境质量评价；第七章：蔬菜地地力评价及合理利用；第八章：果园土壤地力状况及培肥对策；第九章：耕地地力评价与测土配方施肥；第十章：中低产田类型分布及改良利用；第十一章：耕地地力调查与质量评价的应用研究。

本书适宜农业、土肥科技工作者以及从事农业技术推广与农业生产管理的人员阅读。

编写人员名单

主　　编：屈玉玲

副 主 编：胡朝霞　李　武

编写人员（按姓名笔画排序）：

王永泽　王建强　介岗牛　朱文娟

乔　玮　刘志强　孙建寨　李　武

李占业　张　杰　张君伟　罗应秋

屈玉玲　孟晓民　赵立社　赵建明

胡朝霞　胡耀国　贺玉柱　贾　民

席永勤　陶国树　康　宇　廉雨乐

薛孝民

序

农业是国民经济的基础,农业发展是国计民生的大事。为确保粮食安全和增强我国农产品竞争的能力,促进农业结构战略性调整和优质、高产、高效、安全、生态农业的发展,永济市在2002年"耕地地力调查与质量评价"的基础上,结合近几年测土配方施肥工作的实施,对全市耕地地力重新进行了调查与评价。在山西省土壤肥料工作站、山西农业大学资源环境学院、运城市土壤肥料工作站、永济市农业委员会广大科技人员的共同努力下,2010年完成了永济市耕地地力调查与评价工作。通过耕地地力调查与评价工作的开展,摸清了永济市耕地地力状况,查清了影响当地农业生产持续发展的主要制约因素,建立了永济市耕地地力评价体系,提出了永济市耕地资源合理配置及耕地适宜性种植、科学施肥及土壤退化修复的意见和方法,初步构建了永济市耕地资源信息管理系统。这些成果为全面提高永济市农业生产水平,实现耕地质量计算机动态监控管理,适时为辖区内各个耕地基础管理单元土、水、肥、气、热状况及调节措施提供基础数据平台和管理依据。同时,也为各级农业决策者制订农业发展规划、调整农业产业结构、加快绿色食品基地建设步伐、保证粮食生产安全、促进农业现代化建设以及加快新农村建设步伐提供了最基础的第一手科学资料和最直接的科学依据,亦为今后大面积开展耕地地力调查与评价工作,实施耕地综合生产能力建设,发展旱作节水农业、测土配方施肥及其他农业新技术普及工作提供了技术支撑。

《永济市耕地地力评价与利用》一书,系统地介绍了永济市耕地地力评价的方法与内容,应用大量的调查分析资料,分析研究了永济市耕地资源的利用现状及问题,提出了合理利用的对策和建议。该书集理论指导性和实际应用性为一体,是一本值得推荐的实用技术读物。我相信,该书的出版将对永济市耕地的培肥和保养、耕地资源的合理配置、农业结构调整及提高农业综合生产能力起到积极的促进作用。

王高勇

2012 年 10 月

耕地是人类获取粮食及其他农产品最重要、不可替代、不可再生的资源，是人类赖以生存和发展的最基本的物质基础，是农业发展必不可少的根本保障。新中国成立以来，山西省永济市先后开展了两次土壤普查，即1958年的第一次土壤普查和1979年的第二次土壤普查。两次土壤普查工作的开展，为永济市耕地资源的综合利用、施肥制度改革、粮食生产安全做出了重大贡献。近年来，随着农业、农村经济体制的改革以及人口、资源、环境与经济发展矛盾的日益突出，农业种植结构、耕作制度、作物品种、产量水平，肥料、农药使用等方面均发生了巨大变化，产生了诸多如耕地数量锐减、土壤退化污染、次生盐渍化、水土流失等问题。针对这些问题，开展耕地地力评价工作是非常及时、必要和有意义的。特别是对耕地资源合理配置、农业结构调整、保证粮食生产安全、实现农业可持续发展有着非常重要的意义。

　　永济市耕地地力评价工作，于2007年6月底开始到2010年10月结束，完成了永济市7个镇、3个街道、262个行政村的77.13万亩耕地的调查与评价任务。3年共采集大田土样5 608个、果园土样90个、面源污染土样40个、点源污染土样27个、水样21个，在采集大田土样的同时详细调查了5 608个农户的农业生产、土壤生产性能、农田施肥水平等情况；认真填写了采样地块基本情况调查表和农户施肥情况调查表，完成了5 608个样品大量元素、中量元素、微量元素分析化验，数据分析和收集数据的计算机录入工作；基本查清了永济市耕地地力、土壤养分、土壤障碍因素状况，划定了永济市农产品种植区域；建立了较为完善的、可操作性强的、科技含量高的永济市耕地地力评价体系，并充分应用GIS、GPS技术初步构筑了永济市耕地资源信息管理系统；提出了永济市耕地保护、地力培肥、耕地适宜种植、科学施肥及土壤退化修复办法等；形成了具有生产指导意义的多幅数字化成果图。收集资料之广泛、调查数据之系统、成果内容之全面是前所未有的。这些成果为全面提高农业工作的管理水平,实现耕地质量计算机动态监控管理,适时为辖区内各个耕地基础管理单元土、水、肥、气、热状况及调节措施提供了基础数据平台和管理依据。同时,也为各级农业决策者制订农业发展规划、调整农业产业结构、加快绿色食品基地建设步伐、保证粮食生产安全、进行耕地资源合理改良利用、科学施肥以及退耕还林还草、节水农业、生态农业、农业现代化建设、新农村建设提供了最基础的第一手科学资料和最直接的科学依据。

为了将调查与评价成果尽快应用于农业生产,我们在全面总结永济市耕地地力评价成果的基础上,引用大量成果应用实例和第二次土壤普查、土地详查及 2002 年耕地地力调查与质量评价有关资料,编写了《永济市耕地地力评价与利用》一书,进一步全面系统地阐述了永济市耕地资源类型、分布、地力与质量基础、利用状况、改良措施等,并将近年来农业推广工作中的大量成果资料录入其中,从而增加了该书的可读性和可操作性。

在本书编写的过程中,承蒙山西省土壤肥料工作站、山西农业大学资源环境学院、运城市土壤肥料工作站、永济市农业委员会广大技术人员的热忱帮助和支持,特别是永济市农业委员会广大科技人员在土样采集、农户调查、数据库建设等方面做了大量的工作。周鹏久、介岗牛安排部署了本书的编写,由屈玉玲、胡朝霞、李武等完成编写工作,参与野外调查和数据处理的工作人员有屈玉玲、胡朝霞、李武、胡耀国、朱文娟、乔玮、庞志勇、王文波、张庚年、王孟恩、代运业、张卫民、吕占虎、秦效良、申和平、李金生等;土样分析化验工作由运城市土壤肥料工作站检测中心和永济市土壤肥料化验室共同完成;图形矢量化、土壤养分图、数据库和地力评价工作由山西农业大学资源环境学院和山西省土壤肥料工作站完成;野外调查、室内数据汇总、图文资料收集和文字编写工作由永济市农业委员会完成,在此一并致谢。

编　者

2012 年 10 月

目录

序
前言

第一章　自然与农业生产概况 …………………………… 1
　第一节　自然与农村经济概况 ………………………… 1
　　一、地理位置与行政区划 …………………………… 1
　　二、土地资源概况 …………………………………… 1
　　三、自然气候与水文地质条件 ……………………… 2
　　四、农村经济概况 …………………………………… 4
　第二节　农业生产概况 ………………………………… 4
　　一、农业发展历史 …………………………………… 4
　　二、农业发展现状 …………………………………… 5
　　三、农作物种植现状 ………………………………… 6
　第三节　耕地利用与保养管理的简要回顾 …………… 6
　　一、主要耕作方式及影响 …………………………… 6
　　二、耕地利用现状及生产管理 ……………………… 7
　　三、施肥现状与耕地养分演变 ……………………… 7
　　四、耕地质量的历史变迁 …………………………… 8

第二章　耕地地力调查与质量评价的内容与方法 ……… 11
　第一节　工作准备 ……………………………………… 11
　　一、组织准备 ………………………………………… 11
　　二、物质准备 ………………………………………… 11
　　三、技术准备 ………………………………………… 11
　　四、资料准备 ………………………………………… 12
　第二节　室内预研究 …………………………………… 12
　　一、确定采样点位 …………………………………… 12
　　二、确定采样方法 …………………………………… 13
　　三、确定调查内容 …………………………………… 15
　　四、确定分析项目和方法 …………………………… 15
　　五、确定技术路线 …………………………………… 16

第三节　野外调查及质量控制 ………………………………………… 17
　　一、调查方法 ………………………………………………………… 17
　　二、调查内容 ………………………………………………………… 18
　　三、采样数量 ………………………………………………………… 19
　　四、采样控制 ………………………………………………………… 19
第四节　样品分析及质量控制 ………………………………………… 20
　　一、分析项目及方法 ………………………………………………… 20
　　二、分析测试质量控制 ……………………………………………… 21
第五节　评价依据、方法及评价标准体系的建立 …………………… 24
　　一、评价原则依据 …………………………………………………… 24
　　二、评价方法及流程 ………………………………………………… 26
　　三、评价标准体系建立 ……………………………………………… 30
第六节　耕地资源管理信息系统的建立 ……………………………… 34
　　一、耕地资源管理信息系统的总体设计 …………………………… 34
　　二、资料收集与整理 ………………………………………………… 35
　　三、属性数据库建立 ………………………………………………… 37
　　四、空间数据库建立 ………………………………………………… 41
　　五、空间数据库与属性数据库的连接 ……………………………… 44

第三章　耕地土壤的立地条件与农田基础设施 …………………… 45
第一节　立地条件状况 ………………………………………………… 45
　　一、地形地貌特点及分类 …………………………………………… 45
　　二、成土母质类型及特征 …………………………………………… 46
　　三、水资源及水文状况分布 ………………………………………… 47
　　四、地质状况 ………………………………………………………… 48
第二节　农田基础设施 ………………………………………………… 49
　　一、农田土壤基础设施 ……………………………………………… 49
　　二、农田灌排系统设施 ……………………………………………… 50
　　三、农田配套系统设施 ……………………………………………… 50

第四章　耕地土壤属性 ………………………………………………… 52
第一节　耕地土壤类型 ………………………………………………… 52
　　一、土壤类型及分布 ………………………………………………… 52
　　二、土壤类型特征及主要生产性能 ………………………………… 53
第二节　有机质及大量元素 …………………………………………… 62
　　一、含量与分布 ……………………………………………………… 63
　　二、分级论述 ………………………………………………………… 73
第三节　中量元素 ……………………………………………………… 76
　　一、含量与分布 ……………………………………………………… 76
　　二、分级论述 ………………………………………………………… 85
第四节　微量元素 ……………………………………………………… 87

一、含量与分布 ……………………………………………………… 87

二、分级论述 ………………………………………………………… 102

第五节　其他属性 ……………………………………………………… 104

一、pH ……………………………………………………………… 104

二、土壤容重 ……………………………………………………… 107

三、盐化潮土耕层盐分含量 ……………………………………… 109

四、耕层质地 ……………………………………………………… 109

五、土体构型 ……………………………………………………… 110

六、土壤结构 ……………………………………………………… 112

七、土壤碱解氮、全磷和全钾状况 ……………………………… 113

八、耕地土壤阳离子交换量 ……………………………………… 114

第六节　耕地土壤属性综述与养分动态变化 ……………………… 116

一、耕地土壤属性综述 …………………………………………… 116

二、有机质及大量元素的演变 …………………………………… 117

第五章　耕地地力评价 ……………………………………………… 119

第一节　耕地地力分级 ……………………………………………… 119

一、面积统计 ……………………………………………………… 119

二、地域分布 ……………………………………………………… 119

第二节　耕地地力等级分述 ………………………………………… 119

一、一级地 ………………………………………………………… 119

二、二级地 ………………………………………………………… 121

三、三级地 ………………………………………………………… 122

四、四级地 ………………………………………………………… 124

五、五级地 ………………………………………………………… 125

六、六级地 ………………………………………………………… 127

第六章　耕地土壤环境质量评价 …………………………………… 130

第一节　耕地土壤重金属含量状况 ………………………………… 130

一、耕地重金属含量 ……………………………………………… 130

二、分布规律及主要特征 ………………………………………… 130

三、重金属污染的主要危害 ……………………………………… 133

第二节　耕地水环境状况 …………………………………………… 133

一、分析结果 ……………………………………………………… 133

二、评价结果 ……………………………………………………… 133

三、综合评述 ……………………………………………………… 136

第三节　点源污染对农田的影响 …………………………………… 136

一、样品采集 ……………………………………………………… 136

二、分析结果 ……………………………………………………… 136

三、评价结果与分析 ……………………………………………… 137

第四节　肥料和农药对农田的影响 ………………………………… 138

一、肥料对农田的影响 ……………………………………………… 138

二、农药对农田的影响 ……………………………………………… 141

第五节　耕地环境质量评价 ………………………………………… 143

一、面源污染水土综合评价 ………………………………………… 143

二、点源污染水土综合评价 ………………………………………… 146

第七章　蔬菜地地力评价及合理利用 ……………………………… 149

第一节　蔬菜生产历史与现状 ……………………………………… 149

一、蔬菜生产历史 …………………………………………………… 149

二、蔬菜生产现状 …………………………………………………… 149

第二节　调查结果与分析 …………………………………………… 150

一、农户调查结果与分析 …………………………………………… 150

二、蔬菜地土壤属性 ………………………………………………… 151

第三节　蔬菜地地力评价 …………………………………………… 152

一、分布与面积 ……………………………………………………… 152

二、各等级分述 ……………………………………………………… 152

第四节　蔬菜地合理利用建议 ……………………………………… 153

一、蔬菜地适宜性状况 ……………………………………………… 153

二、蔬菜地合理利用建议 …………………………………………… 154

第八章　果园土壤地力状况及培肥对策 …………………………… 156

第一节　果园土壤养分状况 ………………………………………… 156

一、立地条件 ………………………………………………………… 156

二、养分状况 ………………………………………………………… 156

三、生产管理状况 …………………………………………………… 159

四、主要存在问题 …………………………………………………… 159

第二节　果园土壤培肥对策 ………………………………………… 160

一、增加土壤有机肥投入量 ………………………………………… 160

二、合理调整化肥使用比例与数量 ………………………………… 160

三、增施微量元素肥料 ……………………………………………… 161

四、采取合理的施肥方法 …………………………………………… 161

五、降低土壤酸碱度 ………………………………………………… 161

第九章　耕地地力评价与测土配方施肥 …………………………… 162

第一节　测土配方施肥的原理与方法 ……………………………… 162

一、测土配方施肥的含义 …………………………………………… 162

二、应用前景 ………………………………………………………… 162

三、测土配方施肥的依据 …………………………………………… 163

四、测土配方施肥确定施肥量的基本方法 ………………………… 164

第二节　测土配方施肥项目技术内容和实施情况 ………………… 167

一、样品采集 ……………………………………………………………………………… 167

二、田间调查 ……………………………………………………………………………… 167

三、分析化验 ……………………………………………………………………………… 167

四、田间试验 ……………………………………………………………………………… 168

五、配方制定与校正试验 ………………………………………………………………… 169

六、配方肥加工与推广 …………………………………………………………………… 169

七、数据库建设与地力评价 ……………………………………………………………… 170

八、化验室建设与质量控制 ……………………………………………………………… 170

九、技术推广应用 ………………………………………………………………………… 171

十、施肥指标体系建立 …………………………………………………………………… 171

十一、专家系统开发 ……………………………………………………………………… 172

第三节 田间肥效试验及施肥指标体系建立 ………………………………………… 172

一、测土配方施肥田间试验的目的 ……………………………………………………… 172

二、测土配方施肥田间试验方案的设计 ………………………………………………… 173

三、测土配方施肥田间试验设计方案的实施 …………………………………………… 174

四、初步建立了冬小麦、夏玉米、棉花测土配方施肥丰缺指标体系 ………………… 175

第四节 主要作物不同区域测土配方施肥技术 ……………………………………… 185

一、冬小麦测土配方施肥技术 …………………………………………………………… 185

二、棉花的测土配方施肥技术 …………………………………………………………… 188

三、玉米的测土配方施肥技术 …………………………………………………………… 190

第十章 中低产田类型分布及改良利用 ……………………………………… 193

第一节 类型、面积划分标准与分布 ………………………………………………… 193

一、盐碱耕地型 …………………………………………………………………………… 193

二、障碍层次型 …………………………………………………………………………… 193

三、干旱灌溉型 …………………………………………………………………………… 193

四、坡地梯改型 …………………………………………………………………………… 194

五、瘠薄培肥型 …………………………………………………………………………… 194

第二节 主要障碍因素分析 …………………………………………………………… 194

一、盐碱耕地型 …………………………………………………………………………… 194

二、障碍层次型 …………………………………………………………………………… 195

三、干旱灌溉型 …………………………………………………………………………… 195

四、坡地梯改型 …………………………………………………………………………… 196

五、瘠薄培肥型 …………………………………………………………………………… 196

第三节 改良利用措施 ………………………………………………………………… 197

一、盐碱耕地型耕地改良技术 …………………………………………………………… 197

二、障碍层次型耕地改良技术 …………………………………………………………… 198

三、干旱灌溉型耕地改良技术 …………………………………………………………… 199

四、坡地梯改型耕地改良技术 …………………………………………………………… 199

五、瘠薄培肥型耕地改良技术 …………………………………………………………… 200

第十一章　耕地地力调查与质量评价的应用研究 ……………………………… 202
　第一节　耕地资源合理配置研究……………………………………………………… 202
　　一、永济市耕地潜在粮食生产能力分析 …………………………………………… 202
　　二、现实粮食生产能力分析 ………………………………………………………… 202
　　三、永济市未来人口及粮食需求分析 ……………………………………………… 203
　　四、耕地资源合理配置意见 ………………………………………………………… 203
　第二节　耕地质量建设与土壤改良利用对策 ……………………………………… 204
　　一、耕地质量现状及特点 …………………………………………………………… 204
　　二、存在主要问题及原因分析 ……………………………………………………… 208
　　三、耕地培肥与改良利用对策 ……………………………………………………… 210
　第三节　农业结构调整与适宜性种植 ……………………………………………… 213
　　一、农业结构调整的原则 …………………………………………………………… 213
　　二、农业机构调整的依据 …………………………………………………………… 214
　　三、种植业布局分区建议 …………………………………………………………… 214
　　四、农业远景发展规划 ……………………………………………………………… 218
　第四节　主要作物标准施肥系统的建立与无公害农产品生产对策研究 ……… 219
　　一、历年施肥情况 …………………………………………………………………… 219
　　二、存在问题及原因分析 …………………………………………………………… 219
　　三、无公害农产品生产与施肥 ……………………………………………………… 221
　　四、作物需求及标准化施肥 ………………………………………………………… 222
　第五节　化肥的施用区划 …………………………………………………………… 227
　　一、目的意义 ………………………………………………………………………… 227
　　二、分区原则与依据 ………………………………………………………………… 227
　　三、分区和命名方法 ………………………………………………………………… 227
　　四、分区概述 ………………………………………………………………………… 228
　　五、化肥使用区划的应用原则 ……………………………………………………… 230
　第六节　耕地质量管理对策 ………………………………………………………… 230
　　一、建立依法管理体制 ……………………………………………………………… 231
　　二、建立和完善耕地质量监测网络 ………………………………………………… 232
　　三、扩大无公害农产品生产 ………………………………………………………… 233
　　四、强化耕地质量管理 ……………………………………………………………… 234

第一章　自然与农业生产概况

第一节　自然与农村经济概况

一、地理位置与行政区划

　　永济古称蒲坂，上古唐虞时代为虞舜建都之地，是中华民族的发祥地之一。1994年1月，经国务院批准撤县设市。该市地处黄河中游，山西省西南部，运城盆地西南端，晋、陕、豫三省交汇处的"黄河金三角"区域中心。地理坐标在北纬 $34°40'\sim35°04'$，东经 $110°14'\sim110°45'$。东与运城市相连，西临黄河与陕西省大荔县、合阳县隔河相望，南以中条山分界与芮城县接壤，北与临猗县相邻。市城东西长49千米，南北宽43.5千米，总面积1 221.06千米²。市区位于市城中部偏西，东距运城市56千米，距太原市468千米，西南与西安市相距183千米，东南至洛阳300千米。永济目前是中国优秀旅游城市、中国特色魅力城市、全国双拥模范城、全国粮食生产先进市。

　　全市共辖7个镇，3个街道办事处，262个行政村。2008年末总人口44.53万人，其中农业人口35.65万人，占总人口的80.1%。见表1-1。

表1-1　永济市行政区划与人口情况

镇（街道）	居委会	村民委员会	村民小组	自然村	总人口
城东街道	4	16	115	35	58 487
城西街道	3	17	69	24	57 572
城北街道	3	19	135	30	53 208
虞乡镇	—	37	223	63	41 456
卿头镇	—	29	233	35	47 896
开张镇	—	26	168	37	40 730
张营镇	—	27	139	27	31 040
栲栳镇	—	40	234	53	50 512
蒲州镇	—	32	187	65	41 133
韩阳镇	—	19	110	33	23 266
合计	10	262	1 613	402	445 300

二、土地资源概况

　　据2008年统计资料显示，永济市土地总面积为1 221.06千米²（183.159万亩①）。其

---

① 亩为非法定计量单位，1亩＝1/15公顷。考虑基层读者的阅读习惯，本书"亩"仍予保留。——编者注

中耕地面积 77.13 万亩（包括水浇地 69.67 万亩）、园地 17.42 万亩、林地 35.15 万亩、牧草地 2.60 万亩、居民点及工矿用地 14.81 万亩、交通用地 4.34 万亩、水域 23.8 万亩、未开发土地 7.909 万亩。全市人均占有土地 4.1 亩，人均占有耕地 1.73 亩，其中农业人口人均耕地 2.16 亩。

永济市海拔高差较大，土壤的形成和分布因受垂直性、地带性和地域性的生物气候和地理环境作用，造成土壤类型多样化，有棕壤、褐土、潮土、沼泽土四大土类，10 个亚类，17 个土属，37 个土种。在各类土壤中，优质土壤比重大，适种性广，极有利于农林牧业的全面发展。

三、自然气候与水文地质条件

（一）气候条件

永济市属暖温带大陆性季风气候，其特点可概括为"冬长寒冷雨雪少，春季干旱大风多，夏季多雨且集中，秋季晴和日照长"。据气象部门 1972—2008 年气候资料，历年平均气温 14.01℃，有效积温 4 330℃左右，极端最高气温 43.1℃，极端最低气温 -18.5℃。年平均降水量 496.5 毫米，大部分降水量集中在 6～9 月份，占全年降水量的 60% 左右。年平均蒸发量 2 041.1 毫米，约为降水量的 4 倍，蒸发量大于降水量是本市气候的主要特点。年无霜期 220 天。年平均日照时数为 2 239.5 小时，是山西省气温较高的地区。由于光热资源丰富，可满足小麦、棉花、秋粮及各种蔬菜等农作物的生长，对农业发展极为有利。

（二）水文地质条件

黄河是本市的优质水源。境内尊村、小樊、西姚温三大电灌站和其他 8 处小站可引水 12 个流量。年引水量可达 281.2 万米³，灌溉 45 万亩农田，并影响沿岸土壤及地下水的变化。但是，涑水河、弯弯河两条河流均已枯干，失去影响。伍姓湖至杨马人工河道，有大量的工业废水排向黄河，沿河两岸特别是北岸地下水受到一定影响。杨马至黄河部分原河道虽经拓宽，排污受到治理，但仍需继续治理，以减轻对人畜用水和农业生产的影响。

本市是山西省的浅水富水区，地下水总储量为 2.6 亿米³/年，人均占有水资源量为 700 米³/年，农业可利用 0.6 亿米³/年。本市地下水埋藏深度和流向常随地形变化，据水利部门调查资料显示，大致可分成 5 个区：①山前倾斜平原中埋淡水区，分布于山前洪积扇及倾斜平原上端；②山前倾斜平原浅埋淡水区，分布于山前洪积扇的前沿及山前平原；③涑水平川浅埋咸水区，分布于涑水平川和交接洼地及伍姓湖洼地；④台垣中、深埋淡水区；⑤河滩阶地浅水区，分布于黄河沿岸的河漫滩及一级阶地。这一水区地下水埋藏较浅，矿化度高，易形成盐化土壤。

从大地轮廓看，本市属山西高原涑水盆地的一部分。地质构造承袭了山西地台历次地质运动的许多特点，出现有太古界震旦系、寒武系、奥陶系、第三位湖沼沉积系和第四纪黄土等地质层。地质分布特点是：除中条山外，其他均属新生界地层分布。山区出露岩性为：太古界片麻岩、片麻状花岗岩侵入体，震旦系石英砂岩，寒武系及奥陶系的灰岩。

(三) 成土母质和自然植被

1. 成土母质 永济市的成土母质可分为以下几种类型：残（坡）积物，即山地基岩，张家窑以东主要为沉积石灰岩，以西主要为花岗片麻岩；洪积物、洪积扇和山前倾斜平原多属此类；冲积物，主要分布于涑水平川和黄河沿岸的河漫滩及一级阶地；黄土及黄土状母质，西北部丘陵垣地为早年冲积黄土，首阳低山区则为早年风成黄土；湖积物，分布于原伍姓湖低洼地带，为早年湖泊物质沉积而成。具体为：

（1）残积物：是山地基岩经过风化淋溶残留在原地的岩石碎屑，是本市山区主要成土母质。土层薄，质地粗松，养分含量少，易遭受侵蚀。本市主要有石灰岩质和花岗片麻岩，主要分布在中条山上部。

（2）洪积物：是山区因暴雨汇成山洪造成大片侵蚀地表，搬运到山麓坡脚的沉积物。往往谷口沉积矿石和粗砂物质，沉积层次不清，而较远的洪积扇边缘沉积的物质较细，或粗沙粒较多的黄土性物质，层次较明显，山前洪积扇和山前平原多属此类。

（3）冲积物：是风化碎屑物质、黄土等经河流侵蚀、搬运和沉积而成。受水的分选作用，有明显的成层性与带状分布规律，一般距河道越近质地越粗，越远则越细。主要分布于涑水平川和黄河沿岸的河漫滩及一级阶地。

（4）黄土及黄土状母质：是第四纪晚期上更新统（Q_3）的沉积物。本市耕地主要为黄土母质和黄土状母质两种。

①黄土母质：为马兰黄土，以风积为主，颜色灰黄，质地均一，无层理，不含沙砾，以粉砂为主，碳酸盐含量较高，有小粒状的石灰性结核。主要分布于栲栳台垣一带。

②黄土状母质：为次生黄土，系黄土经流水侵蚀搬运侵蚀而成，与黄土母质性质基本相同，只是质地较黏，通透性较差。主要分布于涑水河、河流二级阶地，是面积最大的一种成土母质。

（5）湖积物：为早年湖泊物质沉积而成，含较高的有机质和大量盐分。主要分布于原伍姓湖低洼地带。

2. 自然植被 自然植被随地形及气候变化而异。海拔1 500米以上的山地，夏季高温多雨，秋季气候湿凉，林草较密，阴坡多为针阔混交林，针叶树有油松、柏树，阔叶树有橡、榆、桃等，树种繁多，近年人工培育的油松、白皮松迅速发展。林下混生植物有黄刺玫、胡枝子等。在同一高度的阳坡或高平地区，则乔木稀疏，草灌茂密，以莎草科的苔草、禾本科的羽毛、白羊、早熟禾等为主。

海拔1 000米左右，自然植被仍较好，主要为草灌混交，乔木稀少，灌木多有山桃、山楂、酸枣刺、黄刺玫、荆条等。草被有苔草、白羊、黄贝、节节草、羊胡子、茅草等，一般覆盖率在80%左右，属于林、灌、草混生植被。

在海拔700米以下，乔木极少，主要为较耐旱的草本和灌木所覆盖，有酸枣、黄刺玫、蒿类、野菊花、猫爪爪等以及茅草、胡枝子、鸡眼等。

山前倾斜平原，涑水平川，丘陵垣地，耕种集约度高，自然植被很少，仅在地埂道旁散见白蒿、艾蒿、狗尾草、鬼针、蒲公英、肿手草等，田间杂草多为刺儿菜、灰菜、马唐、旋花等。涑水平川大面积低洼地带，多为灰条、盐吸、盐蓬等耐湿、耐盐植物，盐化较重的只生碱蒿。黄河河漫滩因土体湿凉而生芦苇、马蔺、野葱等喜湿草物。

大面积耕种的平川和垣地上，目前种植的主要作物为小麦、棉花、玉米、果树、蔬菜等，夏秋两季作物生长旺盛，农作植被及人为耕作极大地影响着土壤发育。

四、农村经济概况

新中国成立以来，永济市农村经济总收入、农村居民人均纯收入均处于连年增加的趋势，特别是中共十一届三中全会以来，随着农村经济改革的不断深入和科学技术的普及与推广，全市的农村经济得到了较快发展。2000年，全市农民人均纯收入2 350元，比中共十一届三中全会前翻了4.5倍；2008年全市人均收入达到4 468元，比2000年又将近翻了一番。

2008年，全市农村经济总收入为471 318万元，其中工业收入和农业收入所占比例较大，工业收入为241 737万元，占51.29%；农业收入为129 806万元，占27.54%，农民人均纯收入为4 468元（表1-2）。

表1-2　永济市农村经济总收入情况

年　份	农村经济总收入（万元）	种植业收入（万元）	林业收入（万元）	牧业收入（万元）	副业收入（万元）	渔业收入（万元）	其他收入（万元）
1960	1 866	1 693	26	5	72	—	70
1965	3 751	3 466	30	7	172	—	76
1970	3 200	2 746	64	14	252	—	124
1975	4 401	3 868	95	17	219	—	202
1980	7 743	4 683	98	528	394	—	2 040
1985	16 960	10 138	235	763	57	55	5 767
1990	35 815	20 841	241	1 515	116	1 021	12 081
1995	115 343	43 572	2 050	2 139	—	1 433	3 510
2000	210 078	66 717	3 177	4 318	—	2 103	13 307
2008	471 318	129 806	1 873	5 722	9 678	811	323 428

第二节　农业生产概况

一、农业发展历史

永济市农业生产的历史悠久，开发极早。远在石器时代就是中华民族祖先聚居繁衍，从事原始农牧业生产活动的中心区域之一，从尧舜开始（公元前22世纪）有史记载四五千年，堪称中华民族的摇篮。

永济自古农业发达，唐朝有"河东殷富，是京城财源"之说。历史上盛产麦、棉、麻、丝，品种繁多，产量较高。粮食亩产三四百千克之多。木棉（棉花）自元世祖经印度始种于中华，已有 700 多年历史。永济县志记载："木棉境内皆种，农民纺线织布，除做衣裳、被褥，常作出售，是一大利源也。"其他如谷、高粱、豆、芝麻、菜籽、蔬菜、瓜、中药材、果木、苜蓿、芦笋、茄子等也有种植。虞乡县记载仅豆类一项就有 8 类 12 种之多，蔬菜 21 种，中药材 30 余种，各类果木 20 余种，可见门类齐全，种类繁多。由于永济农业基础雄厚，物产丰富，历史上商品经济十分发达，经常出售有粮、棉、绢布、果、药等。

15 世纪时（明永乐年间），蒲州就是全国 33 处大工商业都市之一（山西当时只有太原、平阳、蒲州三处），为晋、陕、豫三省和晋南盆地的商品集散地。

新中国成立后，党和政府十分重视发展永济市农业，成功完成土地改革，实现了农业的社会主义改造，并采取一系列措施，改变农业生产条件。特别是中共十一届三中全会开放搞活政策，极大地激发了农民的积极性，使本市农业得到了较快的发展。

统计资料表明，2008 年农林牧业总产值 147 950 万元，其中农业产值 116 969 万元，占农林牧业总产值的 79%。全年农作物种植面积 107.6 万亩，其中粮食种植面积 56.6 万亩，棉花面积 39.4 万亩，蔬菜面积 9.7 万亩，瓜类面积 0.98 万亩，粮食、棉花、蔬菜、瓜类的面积与农作物播种面积的比例分别为 52.6∶36.7∶9∶1。全年粮食产量 19.2 万吨，平均亩产 339 千克；籽棉产量 2.69 万吨，平均亩产 68 千克，蔬菜产量 5.3 万吨。

全市农业设施装备雄厚，农业种植初具水平。全市目前已打机（电）井 4 022 眼，建电灌站 126 处，水泵 5 892 台。全市固定渠道 3 782 千米。其中站渠 1 980 千米，井渠 1 537 千米，小型水利渠 265 千米，中条山小型水库 22 座，总库容量 57.5 万米³。全市农机总动力为 168.773 千瓦特，大、中、小型拖拉机 2 672 台，农用机械 26 辆，2008 年全市化肥施用量达 6.3 万吨（折纯），年农村用电量达 27 878 万千瓦。这是农业发展的坚实基础，是本市农业社会经济条件中强有力的优势。

2008 年，全市共有农业科技人员 600 余人，中级以上职称 260 余人，初级职称 300 余人。开发粮、棉、果、芦笋、蔬菜等高产优质栽培技术装备 30 多套，推广先进适用技术近百项。种植业的发展，是科技兴农、发展本市农业的一大潜力。

二、农业发展现状

永济市处于运城盆地，地势平坦，土地肥沃，光热资源丰富，气候温和，水源充足，井黄两灌，具有发展农业的传统优势和自然条件优势。全市可耕地面积 103 万亩，水浇地占到 90% 以上，黄河滩涂 30 余万亩，森林覆盖率达 29.2%，耕地面积占国土总面积的比例较高，远远超过山西省 23.5% 的平均水平。优越的自然条件和地理环境给永济发展经济带来了巨大潜力。全市农业生产以小麦、棉花为主，近年来大力发展芦笋、蔬菜、畜禽、林果、食用菌、水产养殖，不断调整产业结构，走产业化发展之路，逐步形成了 11 大支柱产业。成为国家的"优质棉生产基地"、"淡水商品鱼生产基地"、"平原绿化达标市"和山西省的"商品粮生产基地"、"商品牛基地"。农、林、牧、渔业的生产优势十分明显。

2008 年，全市农林牧渔业总产值为 147 950 万元，其中农业产值达 116 969 万元，占 79.0%；林业产值达 2 236 万元，占 1.5%；牧业产值 2 455 万元，占 1.7%；渔业产值达 5 854 万元，占 3.4%。农村经济总收入 471 318 万元，农民人均纯收入为 4 468 元。全年粮食总产值 72 305 万元，其中小麦总产量 72 381 吨，产值 12 999 万元；玉米总产量 110 075 吨，产值 15 982 万元。在抓好粮棉生产的同时，市委、市政府调整农业发展思路，发挥地域优势，科学合理规划，大规模组织农业资源开发，加大农业内部结构调整力度，在全市逐步形成了以粮、棉、林果、蔬菜、芦笋、水产和畜禽为支柱产业的新格局，使种植基地逐渐延伸为绿色食品生产供应基地。全市发展干鲜果面积 20 余万亩，枣粮间作 2 余万亩，水果总产 7.8 万余吨。牧草面积 2 600 余亩，蔬菜面积发展到 9.7 万亩，推广日光温室和大棚蔬菜、集中抓好棉花高产高效示范区、小麦优质高产示范区、日光温室蔬菜示范区、芦笋化质高产示范区等示范区建设。芦笋达到 8 万余亩，其加工的芦笋罐头远销美国、荷兰、新加坡、日本，成为我国沿海城市和东南亚地区的芦笋生产和加工基地。畜牧业实行适度规模经营，规模养殖户达到 5 000 余户，大牲畜存栏 1 105 头，生猪存栏 5.6 万头，羊存栏 18 392 只，肉类、禽类达到 2 646 100 只，总产值达到 4 632 万元。渔业发展得天独厚，充分利用黄河滩涂和伍姓湖滩地发展养殖水面 0.8 万亩，成鱼总产 5 586 吨，是山西省唯一进入全国淡水养鱼的百强（市）县，成为全市的一大优势产业。农业支柱产业的发展，不仅丰富了城市居民的"菜篮子"，也增加了农民的"钱袋子"，同时为增强农业后劲，创建绿色食品基地，奠定了坚实基础。

三、农作物种植现状

永济市属温带大陆性气候，农作物以小麦、玉米、棉花等经济作物为主，辅以谷类、豆类等杂粮，农作物种植面积 107.6 万亩。主要耕作方式以小麦—玉米一年两作，棉花一年一作及芦笋多年生为主。小麦、玉米等粮食作物 56.6 万亩，主要分布在栲栳台垣、中条山山前平原及洪积扇区。棉花面积 39.4 万亩，主要分布在中东部腹地、沿姚暹渠三大农场及栲栳台垣、黄河滩涂。经济林主要分布在中部腹地枣粮间作区，特早熟杏主要分布在中条山洪积扇上。蔬菜面积 3.5 万亩，瓜类面积 0.98 万亩，主要分布在城区周围及城西、城北的日光温室蔬菜示范区，另外具有永济特色的芦笋种植面积 7 万亩，主要分布在黄河川道河滩区及栲栳台垣部分地区。从目前种植现状来看，基本上布局合理，各用地类型面积随着效益的增加而增加，它们之间存在着相互协调的关系，生产管理水平也随着粮食作物向经济作物的转变而跃上一个新的台阶，已逐步摆脱传统农业的束缚，向现代农业过渡，粮食生产从种到收，基本上实现了机械化生产。目前农业收入以劳动密集型的经济作物为主，如棉花、芦笋、果蔬等。

第三节　耕地利用与保养管理的简要回顾

一、主要耕作方式及影响

永济市的农田耕作方式有一年两作即小麦—玉米（或豆类），一年一作（棉花）。一年两作，前茬作物收获后，秸秆还田旋耕，播种，旋耕深度一般 20～25 厘米。好处：一是两茬秸秆还田，有效提高了土壤有机质含量；二是全部机耕、机种，提高了劳动效率。缺点：土地不能深耕，降低了活土层。一年一作是旱地小麦或棉花、薯类。前茬作物收获后，在伏天或冬前进行深耕，以便接纳雨雪、晒垡。深度一般可达 25 厘米以上，以利于打破犁底层，加厚活土层，同时还利于翻压杂草。

二、耕地利用现状及生产管理

永济种植农作物以小麦、玉米、棉花等经济作物为主，辅以谷类、豆类等小杂粮。耕作制度有一年一作，一年两作。灌溉水源有浅井、深井、河水、水库；灌溉方式河水大多采取大水漫灌，井水一般大多采用畦灌。

据 2008 年统计部门资料显示，全市农作物总播种面积 107.6 万亩，粮食播种面积为 56.6 万亩，总产量为 187 896 吨，平均亩产 332 千克，其中小麦面积为 25.5 万亩，总产 72 930 吨，平均亩产 286 千克；玉米 29.1 万亩，总产 110 075 吨，平均亩产 378 千克；豆类 1.2 万亩，总产 958 吨，平均亩产 80 千克；薯类（折粮）0.54 万亩，总产 2 946 吨，平均亩产 545 千克；油料 0.59 万亩，总产 798 吨，平均亩产 135 千克；棉花 39.4 万亩，总产籽棉 26 881 吨，平均亩产籽棉 68 千克；药材 0.12 万亩，总产 558 吨，平均亩产 465 千克；蔬菜 9.7 万亩，总产 52 853 吨，平均亩产 545 千克；瓜类 0.98 万亩，总产 23 355 吨，平均亩产 2 383 千克。

三、施肥现状与耕地养分演变

新中国成立以前，永济农田施肥主要是依靠农家肥，以人畜粪尿、秸秆堆肥及少量饼肥等为主。运输不便的边远的山坡土地，则主要依靠豆类作物轮作或轮流休闲养地等种植方式来恢复地力。新中国成立后，1950 年开始施用氮肥，全县用量仅 7.8 吨（实用量，下同）；1953 年开始施用磷肥，全县用量 4 吨。20 世纪 50 年代中期（1955 年），氮肥每亩用量为 0.25 千克（以耕地计，下同），磷肥每亩用量为 0.03 千克；60 年代中期（1965 年）每亩平均氮肥用量 2.82 千克，磷肥用量为 0.34 千克；70 年初期，氮肥用量猛增，中期磷肥用量有所增加，到 1975 年氮肥每亩平均用量达 16.5 千克，磷肥平均每亩用量为 7 千克；80 年代中期（1985 年），氮肥每亩平均用量达 20.4 千克，磷肥每亩平均用量为 8.7 千克；90 年代中期（1995 年），氮肥每亩平均用量 25.1 千克，磷肥每亩平均用量 9.4 千克；21 世纪初（2000 年），氮肥每亩平均用量 38.3 千克，磷肥 29.7 千克，钾肥 5 千克。从 2007—2009 年全市 5 608 个农户调查的统计结果看，平均亩施氮肥 20.6 千克，磷肥 4.4 千克，钾肥 2.6 千克。从肥料结构的调查情况看，20 世纪 50～60 年代以有机肥为主，化肥为辅；70 年代，有机肥和化肥并重（各占一半）；80 年代以来，以化肥为主，有机肥为辅。20 世纪 50 年代（1955 年）有机肥占肥料总投入的 94.12%；60 年代（1965 年）有机肥占肥料总投入的 83.76%；70 年代有机肥占肥料总投入的 57.32%；80 年代（1985 年），有机肥占肥料总投入的 38.92%；90 年代（1995 年）有机肥占肥料总投入的 30.17%；21 世纪初（2000 年），有机肥占肥料总投入的 29.26%；此次调查，有机肥占肥料总投入的 30%。从肥料的增产效果看，永济市 1970 年以前，肥料以有机肥为主，粮食亩产量一直在 150 千克以下，进入 70 年代以来，随着化肥用量的增加，作物产量亦迅速提高。2008 年化肥每亩平均用量是 1969 年的 5.2 倍，粮食每亩产量是 1969 年的 2.2 倍。另外，在不同区域施用钾及硼、锰、铜等微量元素肥料，也表现出明显的增产效果。

20 世纪 90 年代以来，永济市把秸秆还田作为培肥地力的突破口，不断创新还田模式，扩大推广应用范围，使秸秆资源得到了充分利用，加上测土配方施肥技术的推广应用，耕地土壤养分发生了明显变化。2008 年全市土壤有机质平均含量为 17.57 克/千克，比 1991 年的 12.3 克/千克增加了 42.8%；全氮平均含量 1.05 克/千克，比 1991 年的 0.81 克/千克增加了 29.6%；有效磷平均含量 14.77 毫克/千克，比 1991 年的 9.7 毫克/千克增加了 52.3%；速效钾平均含量 196 毫克/千克，比 1991 年的 178 毫克/千克增加了 10.1%。

四、耕地质量的历史变迁

耕地质量主要受地表侵蚀、盐碱危害、土壤肥力及生态环境等因子的制约。新中国成立以来，永济市耕地质量及其开发利用，与农村管理体制、耕作制度改革、地方工业发展、环境保护等因素密切相关。大致分为 4 个阶段。

（一）耕地利用初始阶段

从新中国成立到 1959 年第一次土壤普查。这一阶段历经互助组、合作化以及人民公社三个管理体制变革，当时全县耕地土壤普查贫瘠，水利灌溉条件很差，耕地利用一直沿袭传统的耕作制度，粮棉产量水平低下，粮食平均亩产 86 千克，籽棉平均亩产仅为 26 千克。主要障碍因素：一是严重的水涝灾害，黄河滩涂及涑水平川多数耕地白茫茫一片，属非耕地未被利用；二是化肥施用刚刚起步，全县年用量仅 3 000 吨左右，土壤肥力贫瘠。

（二）耕地利用发展阶段

从人民公社成立到 1978 年中共十一届三中全会召开即第二次土壤普查。这一阶段，全县农田水利设施条件得到了根本性的改善，化肥工业的发展给农业带来了新的生机，使耕地生产能力明显提高，农业土地开发利用初见成效。

1. 盐碱地改造时期 20 世纪 60 年代初期，全县植树造林 536 万株，开挖排碱壕工程 4 处 17.8 千米，使赵杏北滩及姚暹渠两侧 1.8 万亩耕地基本脱碱，逐步恢复种植利用。

2. 水土流失控制时期 从 1966 年起的几年时间，全县学大寨平田整地，大修水平梯田，深翻地，营造"海绵田"，使耕地土壤团粒结构得到了很大改善，保水保肥性显著提高，综合治理水土流失面积达 56.44 万亩，使水土流失基本得到控制。

3. 水利工程发展时期 1976—1979 年，全县动工兴建了 465 米³/秒尊村引黄工程，完成主干渠 61.95 千米，当期收益面积 24 万余亩，对提高耕地质量和耕地开发利用起到了扭转乾坤的作用。

4. 化肥施用发展时期 1977 年，正式投产了以碳酸氢铵为主产品的县化肥厂，当年产量达 3 766 吨，这为耕地养分贫瘠解了燃眉之急，到 1979 年全县耕地平均亩施化肥实物量达 26.4 千克。

5. 重用轻养时期 这一时期社员跟着队长干的大集体管理体制，农业科技投资不足，又受以粮为纲政策的影响，"条带田"、"几收田"耕作制度，使耕地利用呈现广种薄收，重用轻养的恶性循环。加之大量的黄水灌溉制度尚未建立，带来了土壤沙化和土壤次生盐渍化的潜在威胁。受管理滞后和科技滞后的双重影响，造成农业生产停滞不前。

据全市第二次土壤普查结果表明，土壤质地较好，但土壤瘠薄、肥力不足，有70%以上的耕地土壤有机质、全氮、速效磷含量属五至六级。氮、磷化肥施用比例严重失调，大大降低了肥料利用率。加之资源利用不合理，生态失去平衡，沙土漏水漏肥，盐碱危害严重。

（三）耕地质量遭到破坏

农村体制改革的1980—1985年，影响耕地质量的主要原因是环境污染。

1. 污染企业大量发展　1975年，永济建成投产了以"3911"和辛硫磷为主产品的山西农药厂，1980年又投产了以氯乙酸为主产品的永红化工厂，同时，纺织、印染、造纸等一大批地方工业相继出现，这些污染源的"三废"排放对耕地质量产生了灾难性的影响。据1985年调查，全县工业废水年排放量达590.8万吨，废气排放总量503 751.33万米³，废渣固体物为224万吨。据1985年对涑水河段监测表明，水中有害物质超标达84倍。由此产生的污染对临城靠厂及沿涑水河流域的耕地土壤环境造成了极为恶劣的影响，许多耕地农作物生长受到严重抑制，甚至颗粒无收。

2. 林业生产遭到破坏　1982—1985年，在实行农村家庭联产承包制后，队、村、林场相继解体，诸如小樊以梨为主，庄子以杏为主的大片经济林和黄河滩涂以枣为主的防护林带相继遭到破坏，使农业生态失去自然平衡，造成土壤水、肥、气、热失调，耕地质量下降。

（四）综合治理发展阶段

"八五"时期至今，随着国家对农业基础设施建设投入的不断增加和环保治理、科技推动力度的逐渐增强，化肥用量逐年增加。据统计2000年全市化肥用量65 586吨，折纯氮7 121.2吨，五氧化二磷1 260吨，氧化钾720吨；粮食作物平均亩施氮10.6千克、五氧化二磷5.8千克、氧化钾2.5千克；棉花平均亩施氮16.6千克、五氧化二磷7.1千克、氧化钾3.3千克；蔬菜平均亩施氮25.8千克、五氧化二磷18.1千克、氧化钾5.4千克。此次调查结果表明，土壤有机质平均含量16.18克/千克，全氮1.01克/千克，有效磷18.5毫克/千克，速效钾226.1毫克/千克，分别比第二次土壤普查提高了86.4%、77.2%、232.7%、35.3%。耕地质量的提高和利用迈入全新的发展阶段。

1. 重治污染时期　1987年以来，山西农药厂先后投资602万元建成"三废"治理工程，同时停止了污染严重产品的生产；1988年省环保部门拨专款100万余元，建立了永济氧化塘废水回收工程，对废水实行综合治理。到1989年监测，全县废水率控制在3%以下，净化废气体占96%，废物治理率94%，不但使8.7万居民饮水得到净化，而且恢复了沿河1.2万亩耕地的正常耕种。

2. 农业综合开发时期　从1986—1989年，永济县被确定为国家优质棉和省商品粮生产基地，1998年又被山西省农业厅评为国家商品粮基地和农业综合开发示范市。10多年来，国家相继投入农建建设资金2 500余万元，配套打井2 823眼，修节水渠道264.8千米，建成农田林网面积74.42万亩，农业生态环境得到较大改善。

3. 重视土壤培肥时期 20世纪90年代以来，随着农业科技投入的不断增加，永济市政府采取资金倾斜的补助政策，农业部门千方百计组织引导农民，大力推广秸秆还田、生物覆盖、测土配方施肥等技术，年实施小麦高茬收割还田面积35万亩，玉米、豆类鲜秆直接还田面积达10万亩以上。据连续12年的土壤肥力动态监测资料表明，耕地养分提高一个等级，粮食亩产由90年代初的250千克提高到331千克，籽棉亩产由75千克提高到95千克。

4. 优质农产品生产时期 近年来，随着农业产业结构调整的步伐不断加快，2002年永济市政府启动"绿色食品行动计划"，并发布《限制和禁止高毒农药及高残化肥使用的通告》，从源头抓起，努力改善产地环境，同时大抓畜牧养殖业，通过过腹还田增加土壤有机质，使农业由传统农业逐步向有机农业转变。

第二章 耕地地力调查与质量评价的内容与方法

根据《全国耕地地力调查与质量评价技术规程》和《全国测土配方施肥技术规范》（以下简称《规程》和《规范》）的要求，通过肥料效应田间试验、样品采集与制备、采样地块基本情况调查、农户施肥情况调查表、土壤与植株测试、肥料配方设计、配方肥料合理使用、效果反馈与评价、数据汇总、报告撰写等内容、方法与操作规程和耕地地力评价方法的工作过程，进行耕地地力调查和质量评价。这次调查和评价是基于四个方面进行的。一是通过耕地地力调查与评价，合理调整农业结构、满足市场对农产品多样化、优质化的要求以及经济发展的需要；二是全面了解耕地质量现状，为无公害农产品、绿色食品、有机食品生产提供科学依据，为人民提供健康安全的食品；三是针对耕地土壤中的障碍因子，提出中低产田改造、防止土壤退化的意见和措施，提高耕地综合生产能力；四是通过调查，建立永济市耕地资源信息管理系统和测土配方施肥专家咨询系统，对耕地质量和测土配方施肥实行计算机网络管理，形成较为完善的测土配方施肥数据库，为农业增产、农业增效、农民增收提供科学决策依据，保证农业可持续发展。

第一节 工作准备

一、组织准备

山西省农业厅牵头成立测土配方施肥和耕地地力调查领导组、专家组、技术指导组，永济市成立相应的领导组、办公室、野外调查队和室内数据资料汇总组。

二、物质准备

根据《规程》和《规范》要求，进行了充分的物质准备，先后配备了 GPS 定位仪、不锈钢土钻、计算机及软件、钢卷尺、100 厘米^3 环刀、土袋、可封口塑料袋、水样瓶、水样固定剂、化验药品、化验室仪器以及调查表格等。并在原来土壤化验室基础上，进行必要补充和维修，为全面调查和室内分析化验做好了充分的物质准备。

三、技术准备

领导组聘请农业系统有关专家及第二次土壤普查有关人员，组成技术指导组，根据《规程》和《山西省 2005 年区域性耕地地力调查与质量评价实施方案》及《规范》，制定了《永济市测土配方施肥技术规范及耕地地力调查与质量评价技术规程》和技术培训教材。在采样调查前对采样调查人员进行认真、系统的技术培训。

四、资料准备

按照《规程》和《规范》要求，收集了永济市行政规划图、地形图、第二次土壤普查成果图、基本农田保护区划图、土地利用现状图、农田水利分区图等图件。收集了第二次土壤普查成果资料，基本农田保护区地块基本情况、基本农田保护区划统计资料，大气和水质量污染分布及排污资料，果树、蔬菜、棉花面积、品种、产量及污染等有关资料，农田水利灌溉区域、面积及地块灌溉保证率，退耕还林规划，肥料、农药使用品种及数量、肥力动态监测等资料。

第二节　室内预研究

一、确定采样点位

（一）布点与采样原则

为了使土壤调查所获取的信息具有一定的典型性和代表性，提高工作效率，节省人力和资金。采样点参考永济市土壤图，做好采样规划设计，确定采样点位。实际采样时严禁随意变更采样点，若有变更须注明理由。我们在布点和采样时主要遵循了以下原则：一是布点具有广泛的代表性，同时兼顾均匀性。根据土壤类型、土地利用等因素，将采样区域划分为若干个采样单元，每个采样单元的土壤性状要尽可能均匀一致；二是耕地地力调查与污染调查（面源污染与点源污染）相结合，适当加大污染源点位密度；三是尽可能在全国第二次土壤普查时的剖面或农化样取样点上布点；四是采集的样品具有典型性，能代表其对应的评价单元最明显、最稳定、最典型的特征，尽量避免各种非调查因素的影响；五是所调查农户随机抽取，按照事先所确定采样地点寻找符合基本采样条件的农户进行，采样在符合要求的同一农户的同一地块内进行。

（二）布点方法

1. 大田土样布点方法　按照《规程》和《规范》要求，结合永济市实际，将大田样点密度定为平原区、丘陵区。平均每100～200亩一个点位，实际布设大田样点5 608个。一是依据山西省第二次土壤普查土种归属表，把那些图斑面积过小的土种，适当合并至母质类型相同、质地相近、土体构型相似的土种，修改编绘出新的土种图；二是将归并后的土种图与基本农田保护区划图和土地利用现状图叠加，形成评价单元；三是根据评价单元的个数及相应面积，在样点总数的控制范围内，初步确定不同评价单元的采样点数；四是在评价单元中，根据图斑大小、种植制度、作物种类、产量水平等因素的不同，确定布点数量和点位，并在图上予以标注。点位尽可能选在第二次土壤普查时的典型剖面取样点或农化样品取样点上；五是不同评价单元的取样数量和点位确定后，按照土种、作物品种、产量水平等因素，分别统计其相应的取样数量。当某一因素点位数过少或过多时，再根据实际情况进行适当调整。

2. 蔬菜地土样布点方法

（1）按照《规程》，结合永济市实际，芦笋连片种植区样点密度为平均每 2 000 亩一个点位、露地辣椒产区为每 500 亩一个点位、露地瓜菜产区为每 400 亩一个点位、保护地蔬菜产区每 20～30 亩一个点位，据此计算出全市蔬菜样点总数为 120 个。

（2）通过野外调查和收集资料，在土地利用现状图上，按照日光温室、塑料大棚、露天栽培三种类型分别勾绘全市蔬菜地分布情况，并统计出各种类型的面积（包括棚间隙地）、主要品种及其产量水平等。

（3）将蔬菜地类型分布图和土种图叠加，形成评价单元。

（4）在样点总数的控制下，根据评价单元的数量及面积，初步确定各评价单元的采样点数。

（5）根据棚龄或种菜年限（分为 2～3 年、4～5 年、5 年以上）、蔬菜种类及产量水平等因素确定采样点位，并在图上予以标注。选取 32 个样点作为亚耕层取样点位。

（6）在所选的亚耕层采样点中，根据蔬菜地的设施类型和棚龄，进一步确定其中的 10 个点位增测容重。

（7）最后根据土种类型、设施类型、蔬菜种类等因素，分别统计其相应的取样数量。当某一因素点位数过少或过多时，再进行适当调整。

3. 污染调查土样布点方法　农业面源污染样点密度及位置在实地调查基础上进行确定，共计 40 个点位；点源污染主要根据永济市化肥厂、发电厂、电机厂、印染厂、纺织厂、化工厂、涑水河等 7 个重点污染源的分布情况，共确定了 27 个样点。

4. 水样布点方法　根据永济市灌溉用水水源类型（包括地下水、地表水）以及各种水源类型的灌溉面积确定 21 个采样点数，其中深井 15 个、浅井 5 个、黄灌 1 个。

5. 果园土样布点方法　按照《山西省果园土壤养分调查技术规程》要求，结合永济市实际情况，在样点总数的控制范围内根据土壤类型、母质类型、地形部位、果树品种、树龄等因素确定相应的取样数量，共布设果园土壤样点 90 个。同时采集当地主导果品样品进行果品质量分析。

二、确定采样方法

（一）大田土样采集方法

1. 采样时间　在大田作物收获后、秋播作物施肥前进行。按叠加图上确定的调查点位去野外采集样品。通过向农民实地了解当地的农业生产情况，确定最具代表性的同一农户的同一块田采样，田块面积均在 1 亩以上，并用 GPS 定位仪确定地理坐标和海拔高程，记录经纬度，精确到 $0.1''$。依此准确方位修正点位图上的点位位置。

2. 调查、取样　向已确定采样田块的户主，按农户地块调查表格的内容逐项进行调查并认真填写。调查严格遵循实事求是的原则，对那些说不清楚的农户，通过访问地力水平相当、位置基本一致的其他农户或对实物进行核对推算。采样主要采用"S"法，均匀随机采取 15～20 个采样点，充分混合后，四分法留取 1 千克组成一个土壤样品，并装入已准备好的土袋中。

3. 采样工具 主要采用不锈钢土钻，采样过程中努力保持土钻垂直，样点密度均匀，基本符合厚薄、宽窄、数量的均匀特征。

4. 采样深度 为0～20厘米耕作层土样。

5. 采样记录 填写两张标签，土袋内外各具，注明采样编号、采样地点、采样人、采样日期等。采样同时，填写大田采样点基本情况调查表和大田采样点农户调查表。

（二）蔬菜地土样采样方法

1. 保护地在主导蔬菜收获后的晾棚期间采样 露天菜地在主导蔬菜收获后、下茬蔬菜施肥前采样。

2. 野外采样田块确定 根据点位图，到点位所在的村庄向农民实地了解当地蔬菜地的设施类型、棚龄或种菜的年限、主要的蔬菜种类，确定具有代表性的田块进行采样。采样点所在区域蔬菜种植要相对集中连片，面积达90亩以上，种植年限在2年以上。用GPS定位仪进行定位，依此修正点位图上的点位位置。若确定的菜地与事先确定的布点目标不一致，要将其情况向技术组说明，以便调整。

3. 调查、取样 向已确定采样田块（日光温室、塑料大棚、露天菜地）的户主，按调查表格内容逐项进行调查填写，并在该田块里采集土样。耕层样采样深度为0～25厘米，亚耕层样采样深度为25～50厘米（根据点位图的要求确定是否取亚耕层样）。耕层样及亚耕层样采用"X"法、"S"法、棋盘法其中任何一种方法，均匀随机采取10～15个采样点。按照蔬菜地的沟、垄面积比例确定沟、垄取土点位的数量，土样充分混合后，四分法留取1千克。其他同大田土样采集。

4. 测容重位置 打环刀测容重的位置，要选择栽培蔬菜的地方，第一层在10～15厘米，第二层在35～40厘米，每层打3个环刀。

（三）污染调查土样采样方法

1. 野外确定采土地点 根据调查了解的实际情况，修正点位图上的点位位置。

2. 采样点布设方法 根据污染类型及面积大小，确定采样点布设方法。污水灌溉或受污染的水灌溉，采用对角线布点法；受固体废物污染的采用棋盘或同心圆布点法；面积较小、地形平坦时采用梅花布点法；面积较大、地势较复杂的采用S布点法。每个样品一般由5～10个采样点组成，面积大的适当增加采样点。采样深度一般为0～20厘米。

（四）水样采样方法

1. 采样时间为灌溉高峰期。

2. 根据水源水系分布及污染源分布状况，采集灌溉用水、回水水样。直接进入农田的灌溉用水由进入调查区的渠首（来水）取样；井灌水结合抽水取样；排水自排水出口或受纳水体取样。用500毫升聚乙烯瓶采集，采样前用此水洗涤样瓶和塞盖2～3次，每个样点采4瓶水样，每瓶装九成满。其中3瓶分别加不同固定剂：浓硫酸、浓硝酸、氢氧化钠。4瓶水样用同一个样品编号，分别在标签上注明：水样编号—无、水样编号—硫、水样编号—硝、水样编号—碱。安全使用固定剂。采集的水样当天送到实验室处理。采样同时，记录采样编号、采样地点、农户、灌溉情况、采样时间、采样人、污染情况等。

（五）果园土样采集方法

根据点位图所在位置到所在的村庄向农民实地了解当地果园品种、树龄等情况，确定具有代表性的同一农户的同一果园地进行采样。果园在果品采摘后的第一次施肥前采集。用 GPS 定位仪定位，依此修正图位上的点位位置。采样深为 0～40 厘米。采样同时，做好采样点调查记录。

三、确定调查内容

根据《规范》要求，按照《测土配方施肥采样地块基本情况调查表》认真填写。这次调查的范围是基本农田保护区耕地和园地（包括蔬菜、果园和其他经济作物田），调查内容主要有 4 个方面：一是与耕地地力评价相关的耕地自然环境条件，农田基础设施建设水平和土壤理化性状，耕地土壤障碍因素和土壤退化原因等；二是与农产品品质相关的耕地土壤环境状况，如土壤的富营养化、养分不平衡与缺乏微量元素和土壤污染等；三是与农业结构调整密切相关的耕地土壤适宜性问题等；四是农户生产管理情况调查。

以上资料的获得，一是利用第二次土壤普查和土地利用详查等现有资料，通过收集整理而来；二是采用以点带面的调查方法，经过实地调查访问农户获得的；三是对所采集样品进行相关分析化验后取得；四是将所有有限的资料、农户生产管理情况调查资料、分析数据录入到计算机中，并经过矢量化处理形成数字化图件、插值，使每个地块均具有各种资料信息，来获取相关资料信息。这些资料和信息，对分析耕地地力评价与耕地质量评价结果及影响因素具有重要意义。如通过分析农户投入和生产管理对耕地地力土壤环境的影响，分析农民现阶段投入成本与耕地质量直接的关系，有利于提高成果的现实性，引起各级领导的关注。通过对每个地块资源的充实完善，可以从微观角度，对土、肥、气、热、水资源运行情况有更周密的了解，提出管理措施和对策，指导农民进行资源合理利用和分配。通过对全部信息资料的了解和掌握，可以宏观调控资源配置，合理调整农业产业结构，科学指导农业生产。

四、确定分析项目和方法

根据《规程》及《山西省耕地地力调查及质量评价实施方案》和《规范》规定，土壤质量调查样品检测项目为：pH、有机质、全氮、碱解氮、全磷、有效磷、全钾、速效钾、缓效钾、有效硫、阳离子交换量、有效铜、有效锌、有效铁、有效锰、水溶性硼、有效钼等项目；土壤环境检测项目为：pH、铅、镉、汞、砷、六价铬、铜、锌等项目；水样样品检测项目为：硝酸盐氮、pH、矿化度、总磷、汞、铜、锌、铅、镉、砷、铬、镍、COD、氯化物、氟化物、硫化物、悬浮物等项目；果园土壤样品检测项目为：pH、有机质、全氮、有效磷、速效钾、有效钙、有效镁、有效铜、有效锌、有效铁、有效锰、有效硼等项目。其分析方法均按全国统一规定的测定方法进行。

五、确定技术路线

永济市耕地地力调查与质量评价所采用的技术路线见图2-1。

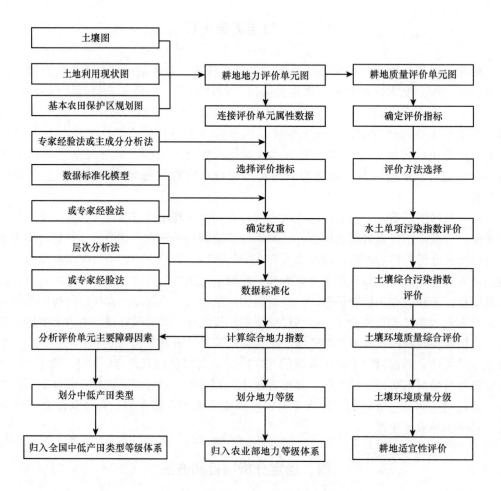

图2-1 耕地地力调查与质量评价技术路线流程

（一）确定评价单元

利用基本农田保护区区划图、土壤图和土地利用现状图叠加的图斑为基本评价单元。相似相近的评价单元至少采集一个土壤样品进行分析，在评价单元图上连接评价单元属性数据库，用计算机绘制各评价因子图。

（二）确定评价因子

根据全国、省级耕地地力评价指标体系并通过农科教专家论证来选择永济市县域耕地地力评价因子。

（三）确定评价因子权重

用模糊数学特尔菲法和层次分析法将评价因子标准数据化，并计算出每一评价因子的权重。

（四）数据标准化

选用隶属函数法和专家经验法等数据标准化方法，对评价指标进行数据标准化处理，对定性指标要进行数值化描述。

（五）综合地力指数计算

用各因子的地力指数累加得到每个评价单元的综合地力指数。

（六）划分地力等级

根据综合地力指数分布的累积频率曲线法或等距法，确定分级方案，并划分地力等级。

（七）归入全国耕地地力等级体系

依据《全国耕地类型区、耕地地力等级划分》（NY/T 309—1996），归纳整理各级耕地地力要素主要指标，结合专家经验，将各级耕地地力归入全国耕地地力等级体系。

（八）划分中低产田类型

依据《全国中低产田类型划分与改良技术规范》（NY/T 310—1996），分析评价单元耕地土壤主要障碍因素，划分并确定中低产田类型。

（九）耕地质量评价

用综合污染指数法评价耕地土壤环境质量。

第三节　野外调查及质量控制

一、调查方法

野外调查的重点是对取样点的立地条件、土壤属性、农田基础设施条件、农户栽培管理成本、收益及污染等情况全面了解、掌握。

1. 室内确定采样位置　技术指导组根据要求，在1∶10 000评价单元图上确定各类型采样点的采样位置，并在图上标注。

2. 培训野外调查人员　抽调技术素质高、责任心强的农业技术人员，尽可能抽调第二次土壤普查人员，经过为期3天的专业培训和野外实习，组成6支野外调查队，共20余人参加野外调查。

3. 根据《规程》和《规范》要求，严格取样　各野外调查支队根据图标位置，在了解农户农业生产情况基础上，确定具有代表性田块和农户，用GPS定位仪进行定位，依据田块准确方位修正点位图上的点位位置。

4. 按照《规程》、省级实施方案要求规定和《规范》规定，填写调查表格，并将采集的样品统一编号，带回室内化验。

二、调查内容

（一）基本情况调查项目

1. 采样地点和地块   地址名称采用民政部门认可的正式名称。地块采用当地的通俗名称。

2. 经纬度及海拔高度   由 GPS 定位仪进行测定。

3. 地形地貌   以形态特征划分为五大地貌类型，即山地、丘陵、平原、高原及盆地。

4. 地形部位   指中小地貌单元。主要包括河流冲积平原的河漫滩，河流一级、二级阶地，冲、洪积扇前缘，冲、洪积扇（中、上）部，洪积扇上部，黄土垣、梁。

5. 坡度   一般分为＜2.0°、2.1°～5.0°、5.1°～8.0°、8.1°～15.0°、15.1°～25.0°、≥25.0°。

6. 侵蚀情况   按侵蚀种类和侵蚀程度记载，根据土壤侵蚀类型可划分为水蚀、风蚀、重力侵蚀、冻融侵蚀、混合侵蚀等，侵蚀程度通常分为无明显侵蚀、轻度、中度、强度、极强度等 6 级。

7. 潜水深度   指地下水深度，分为深位（＞3 米）、中位（2～3 米）、浅位（＜2 米）。

8. 家庭人口及耕地面积   指每个农户实有的人口数量和种植耕地面积（亩）。

（二）土壤性状调查项目

1. 土壤名称   统一按第二次土壤普查时的连续命名法填写，详细到土种。

2. 土壤质地   国际制；全部样品均需采用手摸测定；质地分为：沙土、沙壤、壤土、黏壤、黏土等五级。室内选取 10% 的样品采用比重计法（粒度分布仪法）测定。

3. 质地构型   指不同土层之间质地构造变化情况。一般可分为通体壤、通体黏、通体沙、黏夹沙、底沙、壤夹黏、多砾、少砾、夹砾、底砾、少姜、多姜等。

4. 耕层厚度   用铁锹垂直铲下去，用钢卷尺按实际进行测量确定。

5. 障碍层次及深度   主要指沙土、黏土、砾石、料姜等所发生的层位、层次及深度。

6. 盐碱情况   按盐碱类型划分为苏打盐化、硫酸盐盐化、氯化物盐化、混合盐化等。按盐化程度分为重度、中度、轻度等，碱化也分为轻、中、重度等。

7. 土壤母质   按成因类型分为残积物、坡积物、冲积物、洪积物、黄土状冲积物、黄土质、马兰黄土等类型。

（三）农田设施调查项目

1. 地面平整度   按大范围地形坡度分为平整（＜2°）、基本平整（2°～5°）、不平整（＞5°）。

2. 梯田化水平   分为地面平坦、园田化水平高，地面基本平坦、园田化水平较高，高水平梯田，缓坡梯田，新修梯田，坡耕地等 6 种类型。

3. 田间输水方式　分为管道、防渗渠道、土渠等。

4. 灌溉方式　分为漫灌、畦灌、沟灌、滴灌、喷灌、管灌等。

5. 灌溉保证率　分为充分满足、基本满足、一般满足、无灌溉条件 4 种情况或按灌溉保证率（%）计。

6. 排涝能力　分为强、中、弱 3 级。

（四）生产性能与管理情况调查项目

1. 种植（轮作）制度　分为一年一熟、一年二熟、二年三熟等。

2. 作物（蔬菜）种类与产量　指调查地块上年度主要种植作物及其平均产量。

3. 耕翻方式及深度　指翻耕、旋耕、耙地、耱地、中耕等。

4. 秸秆还田情况　分翻压还田、覆盖还田等。

5. 设施类型棚龄或种菜年限　分为薄膜覆盖、塑料拱棚、温室等，棚龄以正式投入算起。

6. 上年度灌溉情况　包括灌溉方式、灌溉次数、年灌水量、水源类型、灌溉费用等。

7. 年度施肥情况　包括有机肥、氮肥、磷肥、钾肥、复合（混）肥、微肥、叶面肥、微生物肥及其他肥料施用情况，有机肥要注明类型，化肥指纯养分。

8. 上年度生产成本　包括化肥、有机肥、农药、农膜、种子（种苗）、机械人工及其他。

9. 上年度农药使用情况　农药作用次数、品种、数量。

10. 产品销售及收入情况。

11. 作物品种及种子来源。

12. 蔬菜效益　指当年纯收益。

三、采样数量

在永济市 771 255.7 亩耕地上，共采集大田土壤样品 5 608 个，菜田土壤样品 120 个、污染调查土壤样品 67 个、灌溉水样品 21 个、果园土壤样品 90 个。

四、采样控制

野外调查采样是此次调查评价的关键。即要考虑采样代表性、均匀性，也要考虑采样的典型性。我们根据永济市的区划划分特征，分别在山前洪积扇、山前洪积平原、河流一级、二级阶地、河漫滩、栲栳台垣区及不同作物类型、不同地力水平的农田严格按照规程和规范要求均匀布点，并按图标布点实地核查后进行定点采样。在耕地质量调查方面，重点对使用工业水浇灌的农田以及工矿企业周围农田、大量堆放工业废渣、城市垃圾的地点周围的农田进行采样；果园主要集中在栲栳台垣、河流一级、二级阶地和山前洪积平原一带。整个采样过程严肃认真，达到了规程要求，保证了调查采样质量。

第四节　样品分析及质量控制

一、分析项目及方法

（一）物理性状

土壤容重：采用环刀法测定。

（二）化学性状

1. 土壤样品

（1）pH：土液比 1∶2.5，电位法测定。

（2）有机质：采用油浴加热重铬酸钾氧化容量法测定。

（3）全磷：采用氢氧化钠熔融——钼锑抗比色法测定。

（4）有效磷：采用碳酸氢钠或氟化铵—盐酸浸提——钼锑抗比色法测定。

（5）全钾：采用氢氧化钠熔融——火焰光度计或原子吸收分光光度计法测定。

（6）速效钾：采用乙酸铵浸提——火焰光度计或原子吸收分光光度计法测定。

（7）缓效钾：采用硝酸提取——火焰光度法测定。

（8）全氮：采用凯氏蒸馏法测定。

（9）碱解氮：采用碱解扩散法测定。

（10）有效铜、锌、铁、锰：采用 DTPA 提取——原子吸收光谱法测定。

（11）有效钼：采用草酸—草酸铵浸提——极谱法测定。

（12）水溶性硼：采用沸水浸提——甲亚胺－H 比色法或姜黄素比色法测定。

（13）有效硫：采用磷酸盐—乙酸或氯化钙浸提——硫酸钡比浊法测定。

（14）有效硅：采用柠檬酸浸提——硅钼蓝色比色法测定。

（15）交换性钙和镁：采用乙酸铵提取——原子吸收光谱法测定。

（16）阳离子交换量：采用 EDTA—乙酸铵盐交换法测定。

2. 土壤污染样品

（1）pH：采用玻璃电极法。

（2）铅、镉：采用石墨炉原子吸收分光光度法（GB/T 17141—1997）。

（3）总汞：采用冷原子吸收光谱法（GB/T 17136—1997）。

（4）总砷：采用二乙基二硫代氨基甲酸银分光光度法（GB/T 17134—1997）。

（5）总铬：采用火焰原子吸收分光光度法（GB/T 17137—1997）。

（6）铜、锌：采用火焰原子吸收分光光度法（GB/T 17138—1997）。

3. 水样样品

（1）硝酸盐氮：采用酚二磺酸分光光度法（GB/T 7480—1987）。

（2）pH：采用玻璃电极法（GB/T 6920—1986）。

（3）矿化度：重量法（参照《农业环境监测实用手册》）。

（4）总磷：采用钼酸铵分光光度法（GB/T 11893—1989）。

（5）总汞：采用冷原子吸收分光光度法（GB/T 7468—1987）。

（6）铜、锌、铅、镉：采用原子吸收分光光度法（GB/T 7475—1987）。

（7）总砷：采用二乙基二硫代氨基甲酸银分光光度法（GB/T 7475—1987）。

（8）六价铬：采用火焰原子吸收分光光度法（GB/T 17137—1997）。

（9）镍：采用火焰原子吸收分光光度法（GB/T 11912—1989）。

（10）化学需氧量（COD）：采用重铬酸盐法（GB/T 11914—1989）。

（11）氯化物：采用离子选择电极法（GB/T 7484—1987）。

（12）氟化物：采用离子选择电极法（GB/T 7484—1987）。

（13）硫化物：采用亚甲基蓝分光光度法（GB/T 16489—1996）。

（14）悬浮物：采用重量法（GB/T 11901—1989）。

二、分析测试质量控制

分析测试质量主要包括野外调查取样后样品风干、处理与实验室分析化验质量，其质量的控制是调查评价的关键。

（一）样品风干及处理

常规样品如大田样品、菜田样品、果园土壤样品，及时放置在干燥、通风、卫生、无污染的室内风干，风干后送化验室处理。

将风干后的样品平铺在制样板上，用木棍或塑料棍碾压，并将植物残体、石块等侵入体和新生体剔除干净。细小已断的植物须根，可采用静电吸附的方法清除。压碎的土样用 2 毫米孔径筛过筛，未通过的土粒重新碾压，直至全部样品通过 2 毫米孔径筛为止。通过 2 毫米孔径筛的土样可供 pH、盐分、交换性能及有效养分等项目的测定。

将通过 2 毫米孔径筛的土样用四分法取出一部分继续碾磨，使之全部通过 0.25 毫米孔径筛，供有机质、全氮、碳酸钙等项目的测定。

用于微量元素分析的土样，其处理方法同一般化学分析样品，但在采样、风干、研磨、过筛、运输、储存等诸环节都要特别注意，不要接触容易造成样品污染的铁、铜等金属器具。采样、制样推荐使用不锈钢、木、竹或塑料工具，过筛使用尼龙网筛等。通过 2 毫米孔径尼龙筛的样品可用于测定土壤有效态微量元素。

将风干土样反复碾碎，用 2 毫米孔径筛过筛。留在筛上的碎石称量后保存，同时将过筛的土壤称重，计算石砾质量百分数。将通过 2 毫米孔径筛的土样混匀后盛于广口瓶内，用于颗粒分析及其他物理性质测定。若风干土样中有铁锰结核、石灰结核、石子或半风化体，不能用木棍碾碎，应首先将其细心拣出称量保存，然后再进行碾碎。

（二）实验室质量控制

1. 在测试前采取的主要措施

（1）按《规程》要求制定了周密的采样方案，尽量减少采样误差（把采样作为分析检验的一部分）。

（2）正式开始分析前，对检验人员进行了为期 2 周的培训。对监测项目、监测方法、操作要点、注意事项一一进行培训，并进行了质量考核，为检验人员掌握了解项目分析技术、提高业务水平、减少误差等奠定了基础。

（3）收样登记制度。制定了收样登记制度，将收样时间、制样时间、处理方法与时间、分析时间一一登记，并在收样时确定样品统一编码、野外编码及标签等，从而确保了样品的真实性和整个过程的完整性。

（4）测试方法确认（尤其是同一项目有几种检测方法时）。根据实验室现有条件、要求规定及分析人员掌握情况等确立最终采取的分析方法。

（5）测试环境确认。为减少系统误差，我们对实验室温湿度、试剂、用水、器皿等一一检验，保证其符合测试条件。对有些相互干扰的项目分开实验室进行分析。

（6）检测用仪器设备及时进行计量检定，定期进行运行状况检查。

2. 在检测中采取的主要措施

（1）仪器使用实行登记制度，并及时对仪器设备进行检查维修和调整。

（2）严格执行项目分析标准或规程，确保测试结果准确性。

（3）坚持平行试验、必要的重显性试验，控制精密度，减少随机误差。

每个项目开始分析时每批样品均须做 100％平行样品，结果稳定后，平行次数减少 50％，最少保证做 10％～15％平行样品。每个化验人员都自行编入明码样做平行测定，质控员还编入 10％密码样进行质量控制。

平行双样测定结果的误差在允许的范围之内为合格；平行双样测定全部不合格者，该批样品须重新测定；平行双样测定合格率＜95％时，除对不合格的重新测定外，再增加 10％～20％的平行测定率，直到总合格率达 95％。

（4）坚持带质控样进行测定。

①与标准样对照。分析中，每批次带标准样品 10％～20％，以测定的精密度合格的前提下，标准样测定值在标准保证值（95％的置信水平）范围的为合格，否则本批结果无效，进行重新分析测定。

②加标回收法。对灌溉水样由于无标准物质或质控样品，采用加标回收试验来测定准确度。

③加标率，在每批样品中，随机抽取 10％～20％试样进行加标回收测定。

④加标量，被测组分的总量不得超出方法的测定上限。加标浓度宜高，体积应小，不应超过原定试样体积的 1％。

加标回收率在 90％～110％范围的为合格。

$$回收度（\%）=\frac{测得总量-样品含量}{标准加入量}\times100$$

根据回收率大小，也可判断是否存在系统误差。

（5）注重空白试验。全程空白值是指用某一方法测定某物质时，除样品中不含该物质外，整个分析过程中引起的信号值或相应浓度值。它包含了试剂、蒸馏水中杂质带来的干扰，从待测试样的测定值中扣除，可消除上述因素带来的系统误差。如果空白值过高，则要找出原因，采取其他措施（如提纯试剂、更新试剂、更换容器等）加以消除。保证每批次样品做两个以上空白样，并在整个项目开始前按要求做全程序空白测定，每次做两个平行空白样，连测 5 天共得 10 个测定结果，计算批内标准偏差 S_{wb}。

$$S_{wb} = \left[\sum (X_i - X_{\text{平}})^2 / m(n-1) \right]^{1/2}$$

式中：n——每天测定平均样个数；

　　　　m——测定天数。

（6）做好校准曲线。比色分析中标准系列保证设置 6 个以上浓度点。根据浓度和吸光值按一元线性回归方程 $Y = a + bX$ 计算其相关系数。

式中：Y——吸光度；

　　　　X——待测液浓度；

　　　　a——截距；

　　　　b——斜率。

要求标准曲线相关系数 $r \geqslant 0.999$。

校准曲线控制：①每批样品皆需做校准曲线；②标准曲线力求 $r \geqslant 0.999$，且有良好重现性；③大批量分析时每测 10～20 个样品要用一标准液校验，检查仪器状况；④待测液浓度超标时不能任意外推。

（7）用标准物质校核实验室的标准滴定溶液。标准物质的作用是校准。对测量过程中使用的基准纯、优级纯的试剂进行校验。校准合格才准用，确保量值准确。

（8）详细、如实记录测试过程，使检测条件可再现、检测数据可追溯。对测量过程中出现的异常情况也及时记录，及时查找原因。

（9）认真填写测试原始记录，测试记录做到：如实、准确、完整、清晰。记录的填写、更改均制定了相应制度和程序。当测试由一人读数一人记录时，记录人员复读多次所记的数字，减少误差发生。

3. 检测后主要采取的技术措施

（1）加强原始记录校核、审核，实行"三审三校"制度，对发现的问题及时研究、解决，或召开质量分析会，达成共识。

（2）运用质量控制图预防质量事故发生。对运用均值—极差控制图的判断，参照《质量专业理论与实名》中的判断准则。对控制样品进行多次重复测定，由所得结果计算出控制样的平均值 X 及标准差 S（或极差 R），就可绘制均值—标准差控制图（或均值—极差控制图），纵坐标为测定值，横坐标为获得数据的顺序。将均值 X 作成与横坐标平行的中心级 CL，$X \pm 3S$ 为上下控制限 UCL 及 LCL，$X \pm 2S$ 为上下警戒限 UWL 及 LWL，在进行试样列行分析时，每批带入控制样，根据差异判异准则进行判断。如果在控制限之外，该批结果为全部错误结果，则必须查出原因，采取措施，加以消除，除"回控"后再重复测定，并控制不再出现。如果控制样的结果落在控制限和警戒限之间，说明精密度已不理想，应引起注意。

（3）控制检出限。检出限是指对某一特定的分析方法在给定的置信水平内，可以从样品中检测的待测物质的最小浓度或最小量。根据空白测定的批内标准偏差（S_{wb}）按下列公式计算检出限（95% 的置信水平）。

①若试样一次测定值与零浓度试样一次测定值有显著性差异时，检出限（L）按下列公式计算：

$$L = 2 \times Z^{1/2} t_f S_{ub}$$

式中：L——方法检出限；

t_f——显著水平为 0.05（单侧）、自由度为 f 的 t 值；

S_{ub}——批内空白值标准偏差；

f——批内自由度，$f = m\,(n-1)$，m 为重复测定次数，n 为平行测定次数。

②原子吸收分析方法中检出限计算：$L = 3\,S_{ub}$。

③分光光度法以扣除空白值后的吸光值为 0.010 相对应的浓度值为检出限。

（4）及时对异常情况处理。

①异常值的取舍。对检测数据中的异常值，按 GB 4883 标准规定采用 Grubbs 法或 Dixon 法加以判断处理。

②因外界干扰（如停电、停水），检测人员应终止检测，待排除干扰后重新检测，并记录干扰情况。当仪器出现故障时，故障排除后校准合格的，方可重新检测。

（5）使用计算机采集、处理、运算、记录、报告、存储检测数据时，应制定相应的控制程序。

（6）检验报告的编制、审核、签发。检验报告是实验工作的最终结果，是试验室的产品，因此对检验报告质量要高度重视。检验报告应做到完整、准确、清晰、结论正确。必须坚持三级审核制度，明确制表、审核、签发的职责。

除此之外，为保证分析化验质量，提高实验室之间分析结果的可比性，山西省土壤肥料工作站抽查5%～10%样品在省测试中心进行复核，并编制密码样，对实验室进行质量监督和控制。

4. 技术交流　在分析过程中，发现问题及时交流，改进方法，不断提高技术水平。

5. 数据录入　分析数据按规程和方案要求审核后编码整理，和采样点一一对照，确认无误后进行录入。采取双人录入相互对照的方法，保证录入正确率。

第五节　评价依据、方法及评价标准体系的建立

一、评价原则依据

（一）耕地地力评价

经专家评议，永济市确定了三大因素 15 个因子为耕地地力评价指标。

1. 立地条件　指耕地土壤的自然环境条件，它包含与耕地地力直接相关的地貌类型及地形部位、成土母质、地面坡度等。

（1）地貌类型及其特征描述：山西省由平原到山地垂直分布的主要地形地貌有河谷平原（河漫滩、一级阶地、二级阶地、三级阶地或称高阶地）、山前倾斜平原（洪积扇顶部、中部、下部或称前缘、山前交接洼地、河间洼地）、黄土台垣（垣地）、黄土丘陵（梁地、坡地、梯田、沟坝地）和山地（石质山、土石山）等，这些地貌类型在永济市均有分布。

（2）成土母质及其主要分布：山西省土壤母质类型主要有残坡积、洪积、冲积、洪冲

积、黄土质、黄土状、红黄土状、红土质、黑垆土、沟淤、堆垫等。其中在永济市耕地上分布的母质类型有洪积（中条山前洪积扇裙）、冲积（涑水平川和黄河沿岸的河漫滩及一级、二级阶地）、黄土（西北部丘陵垣地）、黄土状（栲栳垣、丘陵垣地的低洼处）、湖积、淤积（伍姓湖流域低洼地带）等。

（3）地面坡度：地面坡度反映水土流失程度，直接影响土壤肥力。永济市将地形坡度的耕地依坡度大小分成 6 级（<2°、2°～5°、5°～8°、8°～15°、15°～25°、≥25°）进入地力评价系统。

2. 土壤属性

（1）土体构型：指土壤剖面中不同土层间质地构造变化情况，直接反映土壤发育层次及障碍层次，影响根系发育、水肥保持及有效供给，包括有效土层厚度、耕作层厚度、质地构型等 3 个因素。

①有效土层厚度：指土壤层和松散的母质层之和，按其厚度（厘米）深浅从高到低依次分为 6 级（>150、101～150、76～100、51～75、26～50、≤25）进入地力评价系统。

②耕层厚度：按其厚度（厘米）深浅从高到低依次分为 6 级（>30、26～30、21～25、16～20、11～15、≤10）进入地力评价系统。

③质地构型：永济市耕地质地构型主要分为通体型（包括通体壤、通体黏、通体沙）、夹砂（包括壤夹沙、黏夹沙）、底沙、夹黏（包括壤夹黏、沙夹黏）、深黏、夹砾、底砾、通体少砾、通体多砾、通体少姜、浅姜、通体多姜等。

（2）耕层土壤理化性状：分为较稳定的理化性状（容重、质地、有机质、盐渍化程度、pH）和易变化的化学性状（有效磷、速效钾）两大部分。

①容重（克/厘米^3）：影响作物根系发育及水肥供给，进而影响产量。从高到低依次分为 6 级（≤1.00、1.01～1.14、1.15～1.26、1.27～1.30、1.31～1.40、>1.40）进入地力评价系统。

②质地：影响水肥保持及耕作性能。按卡庆斯基制的 6 级划分体系来描述，分别为沙土、沙壤土、轻壤土、中壤土、重壤土、黏土。

③有机质：土壤肥力的重要指标，直接影响耕地地力水平。按其含量（克/千克）从高到低依次分为 6 级（>25.00、20.01～25.00、15.01～20.00、10.01～15.00、5.01～10.00、≤5.00）进入地力评价系统。

④盐渍化程度：直接影响作物出苗及能否正常生长发育，以全盐量的高低来衡量（具体指标因盐碱类型而不同），分为无、轻度、中度、重度 4 种情况。

⑤pH：过大或过小，作物生长发育受抑。按照永济市耕地土壤的 pH 范围，按其测定值由低到高依次分为 6 级（6.0～7.0、7.0～7.9、7.9～8.5、8.5～9.0、9.0～9.5、≥9.5）进入地力评价系统。

⑥有效磷：按其含量（毫克/千克）从高到低依次分为 6 级（>25.00、20.1～25.00、15.1～20.00、10.1～15.00、5.1～10.00、≤5.00）进入地力评价系统。

⑦速效钾：按其含量（毫克/千克）从高到低依次分为 6 级（>200、151～200、101～150、81～100、51～80、≤50）进入地力评价系统。

3. 农田基础设施条件

（1）灌溉保证率：指降水不足时的有效补充程度，是提高作物产量的有效途径，分为充分满足，可随时灌溉；基本满足，在关键时期可保证灌溉；一般满足，大旱之年不能保证灌溉；无灌溉条件等 4 种情况。

（2）园（梯）田化水平：按园田化和梯田类型及其熟化程度分为地面平坦、园田化水平高，地面基本平坦、园田化水平较高，高水平梯田，缓坡梯田、熟化程度 5 年以上，新修梯田；坡耕地等 6 种类型。

（二）大田土壤环境质量评价

此次大田环境质量评价涉及土壤和灌溉水 2 个环境要素。

1. 土壤单要素评价

参评因子共有 8 个，分别为土壤 pH、铅、镉、汞、砷、铬、铜、锌。评价标准采用土壤环境质量国家标准（GB 15618—1995）中的二级标准，评价结果遵循"单因子最大污染"的原则，通过对单因子污染指数和多因子综合污染指数进行综合评判，将污染程度分为清洁（n）、轻度污染（l）、中度污染（m）、重度污染（h）等 4 个等级。

2. 灌溉水单要素评价

参评因子共有 12 个，分别为铅、镉、汞、砷、铬、pH、铜、锌、COD、氟、氯、总磷等。评价标准采用农田灌溉水质标准（GB 5084—92）中的有关标准，通过对灌溉水单因子污染指数和多因子综合污染指数进行综合评判，将污染程度分为清洁（n）、轻度污染（l）、中度污染（m）、重度污染（h）等 4 个等级。

3. 环境综合评价

应用加权平均值法，按照一定权重，以土壤或灌溉水单要素多因子综合污染指数来计算环境总评的多要素综合污染指数，据此将污染程度分为清洁（n）、轻度污染（l）、中度污染（m）、重度污染（h）等 4 个等级。

二、评价方法及流程

（一）耕地地力评价

1. 技术方法

（1）文字描述法：应用这种传统对一些概念性的评价因子（如地形部位、土壤母质、质地构型、质地、梯田化水平、盐渍化程度等）进行定性描述。

（2）专家经验法（特尔菲法）：在全省农科教系统邀请土肥界具有一定学术水平和农业生产实践经验的 34 名专家，参与评价因素的筛选和隶属度确定（包括概念型和数值型评价因子的评分），见表 2-1。

（3）模糊综合评判法：应用这种数理统计的方法对数值型评价因子（如地面坡度、有效土层厚度、耕层厚度、土壤容重、有机质、有效磷、速效钾、酸碱度、灌溉保证率等）进行定量描述，即利用专家给出的评分（隶属度）建立某一评价因子的隶属函数，见表2-2。

表2-1 各评价因子专家打分意见

因 子	平均值	众数值	建议值
立地条件（C_1）	1.6	1（17）	1
土体构型（C_2）	3.7	3（15）5（10）	3
较稳定的理化性状（C_3）	4.47	3（13）5（13）	4
易变化的化学性状（C_4）	4.2	5（13）3（11）	5
农田基础建设（C_5）	1.47	1（17）	1
地形部位（A_1）	1.8	1（23）	1
成土母质（A_2）	3.9	3（9）5（12）	5
地形坡度（A_3）	3.1	3（14）5（7）	3
有效土层厚度（A_4）	2.8	1（14）3（9）	1
耕层厚度（A_5）	2.7	3（17）1（10）	3
剖面构型（A_6）	2.8	1（12）3（11）	1
耕层质地（A_7）	2.9	1（13）5（11）	1
容重（A_8）	5.3	7（12）5（11）	6
有机质（A_9）	2.7	1（14）3（11）	3
盐渍化程度（A_{10}）	3.0	1（13）3（10）	1
pH（A_{11}）	4.5	3（10）7（10）	5
有效磷（A_{12}）	1.0	1（31）	1
速效钾（A_{13}）	2.7	3（16）1（10）	3
灌溉保证率（A_{14}）	1.2	1（30）	1
园（梯）田化水平（A_{15}）	4.5	5（15）7（7）	5

表2-2 永济市耕地地力评价数字型因子分级及其隶属度

评价因子	量纲	1级 量值	2级 量值	3级 量值	4级 量值	5级 量值	6级 量值
地面坡度	°	<2.0	2.0～5.0	5.1～8.0	8.1～15.0	15.1～25.0	≥25
有效土层厚度	厘米	>150	101～150	76～100	51～75	26～50	≤25
耕层厚度	厘米	>30	26～30	21～25	16～20	11～15	≤10
土壤容重	克/厘米^3	≤1.10	1.11～1.20	1.21～1.27	1.28～1.35	1.36～1.42	>1.42
有机质	克/千克	>25.0	20.01～25.00	15.01～20.00	10.01～15.00	5.01～10.00	≤5.00
pH		6.7～7.0	7.1～7.9	8.0～8.5	8.6～9.0	9.1～9.5	≥9.5
有效磷	毫克/千克	>25.0	20.1～25.0	15.1～20.0	10.1～15.0	5.1～10.0	≤5.0
速效钾	毫克/千克	>200	151～200	101～150	81～100	51～80	≤50
灌溉保证率		充分满足	基本满足	基本满足	一般满足	无灌溉条件	

（4）层次分析法：用于计算各参评因子的组合权重。本次评价，把耕地生产性能（即耕地地力）作为目标层（G 层），把影响耕地生产性能的立地条件、土体构型、较稳定的理化性状、易变化的化学性状、农田基础设施条件作为准则层（C 层），再把影响准则层中的各因素的项目作为指标层（A 层），建立耕地地力评价层次结构图。在此基础上，由 34 名专家分别对不同层次内各参评因素的重要性作出判断，构造出不同层次间的判断矩阵。最后计算出各评价因子的组合权重。

（5）指数和法：采用加权法计算耕地地力综合指数，即将各评价因子的组合权重与相应的因素等级分值（即由专家经验法或模糊综合评判法求得的隶属度）相乘后累加，如：

$$IFI = \sum B_i \times A_i (i = 1, 2, 3, \cdots, 15)$$

式中：IFI——耕地地力综合指数；

　　　B_i——第 i 个评价因子的等级分值；

　　　A_i——第 i 个评价因子的组合权重。

2. 技术流程

（1）应用叠加法确定评价单元：把基本农田保护区规划图与土地利用现状图、土壤图叠加形成的图斑作为评价单元。

（2）空间数据与属性数据的连接：用评价单元图分别与各个专题图叠加，为每一评价单元获取相应的属性数据。根据调查结果，提取属性数据进行补充。

（3）确定评价指标：根据全国耕地地力调查评价指数表，由山西省土壤肥料工作站组织 34 名专家，采用特尔菲法和模糊综合评判法确定稷山县耕地地力评价因子及其隶属度。

（4）应用层次分析法确定各评价因子的组合权重。

（5）数据标准化：计算各评价因子的隶属函数，对各评价因子的隶属度数值进行标准化。

（6）应用累加法计算每个评价单元的耕地地力综合指数。

（7）划分地力等级：分析综合地力指数分布，确定耕地地力综合指数的分级方案，划分地力等级。

（8）归入农业部地力等级体系：选择 10% 的评价单元，调查近 3 年粮食单产（或用基础地理信息系统中已有资料），与以粮食作物产量为引导确定的耕地基础地力等级进行相关分析，找出两者之间的对应关系，将评价的地力等级归入农业部确定的等级体系（NY/T 309—1996《全国耕地类型区、耕地地力等级划分》）。

（9）采用 GIS、GPS 系统编绘各种养分图和地力等级图等图件。

（二）大田土壤环境质量评价

1. 技术方法

应用因子数学模式法，计算各污染因子的单因子污染指数和综合污染指数，二者相结合确定大田环境质量的评级。

（1）单因子评级式：

$$P_i = \frac{C_i}{S_i}$$

式中：P_i——土壤污染物 i 的污染指数；

C_i——土壤污染物 i 的实测值；

S_i——土壤污染物 i 的评价标准值。

$P_i < 1$，表示未污染；$P_i \geqslant 1$，表示污染，P_i 越大，污染越严重。

（2）多因子评级式（采用指数叠加法）：

$$P = \sum_{i=1}^{n} P_i$$

式中：P——土壤全部参评污染因子污染指数 $P_i \geqslant 1$ 的和；

P_i——土壤污染物 i 的污染指数；

n——土壤污染物种类。

如果耕地土壤全部参评污染因子的单因子污染指数 P_i 值都小于 1，则 P 记为 1，表示未污染。$P > 1$，表示污染，P 越大，污染越严重。

2. 技术流程

（1）土壤单要素评价

第一步：单因子评价。即采用单因子评级式，以土壤环境质量国家标准（GB 15618—1995）中的二级标准作为评价标准来计算土壤单因子污染指数，对照分级标准确定各单因子的污染等级。

第二步：多因子评价。应用指数叠加法计算各污染因子（$P_i \geqslant 1$）的污染综合指数，对照污染程度分级标准初步确定土壤单要素的综合污染等级。

第三步：划分污染类型。采用三级续分制划分土壤污染类型。这三级的名称从高级到低级的含义分别为：污染类（按超过标准的污染因子的数目划分，用罗马数字表示）；污染亚类（按污染因子名称划分，用污染因子名称在类的右下角表示，最多标明三个因子）；污染等级（按土壤单要素环境污染程度划分，用表示轻、中、重度污染的小写英文字母 l、m、h 在类的右上角表示）。

在此，判定土壤单要素环境污染程度是采取土壤单要素环境污染综合指数值与最大污染的单因子污染程度相结合的方法。具体做法是先按土壤单要素污染综合指数大小进行环境污染等级的初评，然后再根据污染程度最大的因子类型对初评结果给予修正。若土壤单因子污染程度较初评结果轻时，初评的污染程度级就作为该土壤的环境污染等级，否则按单因子最大污染原则，以该单因子的污染程度作为土壤单要素环境污染的等级。

（2）灌溉水单要素评价

评价标准采用农田灌溉水质标准（GB 5048—92），评价办法与土壤单要素相同。

（3）环境质量综合评价

利用土壤、灌溉水单要素综合指数，用加权平均值法（这里土壤权重 $W_\pm$ 取值 0.65、灌溉水权重 W_π 取值 0.35）计算大田环境质量的综合指数，对照分级标准确定污染等级。

三、评价标准体系建立

（一）耕地地力评价标准体系建立

1. 耕地地力要素的层次结构（图 2 - 2）。

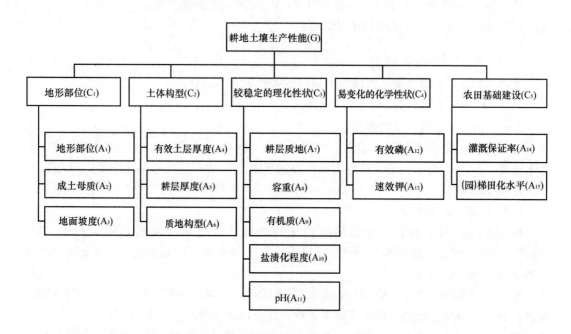

图 2 - 2 耕地地力要素层次结构

2. 耕地地力要素的隶属度

（1）概念性评价因子：各评价因子的隶属度及其描述见表 2 - 3。

（2）数值型评价因子：各评价因子的隶属函数（经验公式）见表 2 - 4。

表 2 - 4 永济市耕地地力评价数值型因子隶属函数

函数类型	评价因子	经验公式	C	U_t
戒下型	地面坡度（°）	$y = 1/[1 + 6.492 \times 10^{-3} \times (u-c)^2]$	3.0	$\geqslant 25$
戒上型	有效土层厚度（厘米）	$y = 1/[1 + 1.118 \times 10^{-4} \times (u-c)^2]$	160.0	$\leqslant 25$
戒上型	耕层厚度（厘米）	$y = 1/[1 + 4.057 \times 10^{-3} \times (u-c)^2]$	33.8	$\leqslant 10$
戒下型	土壤容重（克/厘米^3）	$y = 1/[1 + 3.994 \times (u-c)^2]$	1.08	$\geqslant 1.42$
戒上型	有机质（克/千克）	$y = 1/[1 + 2.912 \times 10^{-3} \times (u-c)^2]$	28.4	$\leqslant 5.00$
戒下型	pH	$y = 1/[1 + 0.5156 \times (u-c)^2]$	7.00	$\geqslant 9.50$
戒上型	有效磷（毫克/千克）	$y = 1/[1 + 3.035 \times 10^{-3} \times (u-c)^2]$	28.8	$\leqslant 5.00$
戒上型	速效钾（毫克/千克）	$y = 1/[1 + 5.389 \times 10^{-5} \times (u-c)^2]$	228.76	$\leqslant 50$

表 2-3　永济市耕地地力评价概念性因子隶属度及其描述

地形部位

描述	河漫滩	一级阶地	二级阶地	高阶地	垣地	洪积扇（上、中、下）			倾斜平原	梁地	峁地	坡麓	沟谷
隶属度	0.7	1.0	0.9	0.7	0.4	0.8	0.6	0.8	0.8	0.2	0.2	0.1	0.6

母质类型

描述	洪积物	河流冲积物	黄土状冲积物	残积物	保德红土	马兰期黄土	离石黄土
隶属度	0.7	0.9	1.0	0.2	0.3	0.5	0.6

质地构型

描述	通体壤	底沙	壤夹沙	黏夹高	通体黏	沙夹黏	通体沙	夹砾	底砾	少砾	多砾	少姜	多姜	浅姜	浅钙积	夹白干	底白干
隶属度	1.0	0.7	0.9	0.6	1.0	0.3	0.3	0.4	0.7	0.8	0.2	0.8	0.2	0.4	0.4	0.4	0.7

耕层质地

描述	沙土	沙壤	轻壤	中壤	重壤	黏土
隶属度	0.2	0.6	0.8	1.0	0.8	0.4

园（梯）田化水平

描述	地面平坦园田化水平高	地面基本平坦园田化水平较高	高水平梯田	缓坡梯田熟化程度5年以上	新修梯田	坡耕地
隶属度	1.0	0.8	0.6	0.4	0.2	0.1

盐渍化程度

描述		无	轻	中	重
全盐量	苏打为主	<0.1%	0.1%~0.3%	0.3%~0.5%	≥0.5%
	氯化物为主	<0.2%	0.2%~0.4%	0.4%~0.6%	≥0.6%
	硫酸盐为主	<0.3%	0.3%~0.5%	0.5%~0.7%	≥0.7%
隶属度		1.0	0.7	0.4	0.1

灌溉保证率

描述	充分满足	基本满足	一般满足	无灌溉条件
隶属度	1.0	0.7	0.4	0.1

3. 耕地地力要素的组合权重　应用层次分析法所计算的各评价因子的组合权重见表 2-5。

表 2-5　永济市耕地地力评价因子层次分析结果

指标层	准则层					组合权重
	C_1	C_2	C_3	C_4	C_5	$\sum C_i A_i$
	0.359 2	0.119 8	0.089 9	0.071 9	0.359 2	1.000 0
A_1 地形部位	0.652 2					0.234 3
A_2 成土母质	0.130 4					0.046 8
A_3 地形坡度	0.217 4	0.128 6				0.078 1
A_4 有效土层厚度		0.142 8				0.051 3
A_5 耕层厚度		0.428 6				0.017 1
A_6 质地构型			0.370 4			0.051 3
A_7 耕层厚度			0.061 7			0.033 3
A_8 土壤容重			0.123 5			0.005 5
A_9 有机质			0.370 4			0.011 1
A_{10} 盐渍化程度			0.074 0			0.033 3
A_{11} pH				0.750 0		0.006 8
A_{12} 有效磷						0.053 9
A_{13} 速效钾				0.250 0		0.018 0
A_{14} 灌溉保证率					0.833 3	0.299 3
A_{15} 梯田化水率					0.166 7	0.059 9

4. 耕地地力分级标准　永济市耕地地力分级标准见表 2-6。

表 2-6　永济市耕地地力等级标准

级别	生产性能综合指数	级别	生产性能综合指数
一级地	≥0.90	六级地	0.40～0.50
二级地	0.80～0.90	七级地	0.30～0.40
三级地	0.70～0.80	八级地	0.20～0.30
四级地	0.60～0.70	九级地	0.10～0.20
五级地	0.50～0.60	十级地	＜0.10

（二）大田土壤环境质量评价

1. 环境（土壤、灌溉水）质量标准值　土壤采用环境质量国家标准（GB/T 18407.1—2001）中的二级标准作为土壤环境质量参评因子的标准值，见表 2-7；灌溉水采用农田灌溉水质标准（GB 5048—92），见表 2-8。

表 2-7　大田土壤环境质量评价标准值

项 目		含量限值（毫克/千克）		
		pH＜6.5	pH6.5～7.5	pH＞7.5
镉	≤	0.3	0.3	0.6
汞	≤	0.3	0.5	1
砷（水田）	≤	30	25	20
（旱地）	≤	40	30	25
铜（农田）	≤	50	100	100
（果园）	≤	150	200	200
铅	≤	250	300	350
铬（水田）	≤	250	300	350
（旱地）	≤	150	200	250
锌	≤	200	250	300

表 2-8　灌溉水环境质量评价标准值

项 目		农田灌溉水质标准 (GB 5048—92)		绿色食品 (NY/T 391—2000)	无公害农产品 (NY 5010—2001)
		旱作	蔬菜		
生化需氧量	≤	150	80	—	—
化学需氧量	≤	300	150	—	150
悬浮物	≤	200	100	—	—
阳离子表面活性剂	≤	8.0	5.0	—	—
凯氏氮	≤	30	30	—	—
总磷（P 计）	≤	10	10	—	—
氯化物	≤	250		—	—
硫化物	≤	1.0		—	—
总汞	≤	0.001		0.001	0.001
总镉	≤	0.005		0.005	0.005
总砷	≤	0.1	0.05	0.05	0.05
铬（六价）	≤	0.1		0.1	0.1
铅	≤	0.1		0.1	0.1
总铜	≤	1.0		—	—
总锌	≤	2.0		—	—
总硒	≤	0.02		—	—
氟化物	≤	2.0～3.0		2.0	2.0
氢化物	≤	0.5		—	0.5

2. 单因子污染程度分级标准　单因子污染程度分级按单因子评级式计算的 P_i 值大小划分为四级：

非污染（n）：污染物 i 的实测值 $C_i < S_i$，$P_i < 1$；

轻度污染（l）：污染物 i 的实测值 $S_i < C_i \leqslant 2S_i$，$1 \leqslant P_i < 2$；

中度污染（m）：污染物 i 的实测值 $2S_i < C_i \leqslant 3S_i$，$2 \leqslant P_i < 3$；

重度污染（h）：污染物 i 的实测值 $C_i \geqslant 3S_i$，$P_i \geqslant 3$。

3. 单要素（土壤或灌溉水）多因子污染程度分级标准　多因子污染程度分级按指数叠加法计算的 P 值大小划分为四级：

非污染（n）：$P \leqslant 1.0$；

轻度污染（l）：$1.0 < P \leqslant 2.5$；

中度污染（m）：$2.5 < P \leqslant 7.0$；

重度污染（h）：$P > 7.0$。

4. 环境（土壤＋灌溉水）综合评价分级标准　按加权平均值法计算的 P 值大小划分为五级，同单要素多因子污染程度分级标准。

第六节　耕地资源管理信息系统的建立

一、耕地资源管理信息系统的总体设计

（一）总体目标

耕地资源信息系统以一个县行政区域内耕地资源为管理对象，应用 GIS 技术对辖区内的地形、地貌、土壤、土地利用、农田水利、土壤污染、农业生产基本情况、基本农田保护区等资料进行统一管理，构建耕地资源基础信息系统，并将此数据平台与各类管理模型结合，对辖区内的耕地资源进行系统的动态管理，为农业决策者、农民和农业技术人员提供耕地质量动态变化、土壤适宜性、施肥咨询、作物营养诊断等多方位的信息服务。

本系统行政单元为村，农田单元为基本农田保护块，土壤单元为土种，系统基本管理单元为土壤、基本农田保护块、土地利用现状叠加所形成的评价单元。

（二）系统结构（图 2-3）

（三）县域耕地资源管理信息系统建立工作流程（图 2-4）

（四）CLRMIS 软、硬件配置

（1）硬件：P3/P4 及其兼容机，$\geqslant 128M$ 的内存，$\geqslant 20G$ 的硬盘，$\geqslant 32M$ 的显存，A4 扫描仪，彩色喷墨打印机。

（2）软件：Windows 98/2000/XP，Excel 97/2000/XP 等。

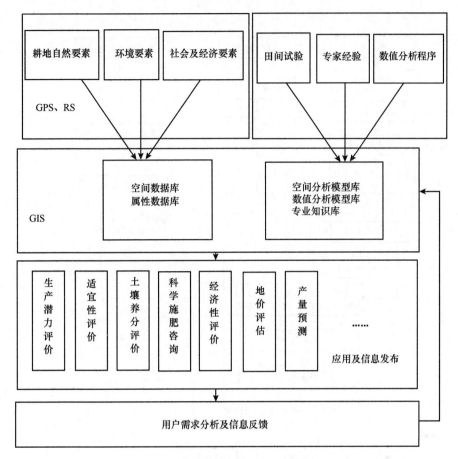

图 2-3 耕地资源管理信息系统结构

二、资料收集与整理

(一)图件资料收集与整理

图件资料指印刷的各类地图、专题图以及商品数字化矢量和栅格图。图件比例尺为1∶50 000和1∶10 000。

(1)地形图：统一采用中国人民解放军总参谋部测绘局测绘的地形图。由于近年来公路、水系、地形地貌等变化较大，因此采用水利、公路、规划、国土等部门的有关最新图件资料对地形图进行修正。

(2)行政区划图：由于近年撤乡并镇等工作致使部分地区行政区划变化较大，因此按最新行政区划进行修正，同时注意名称、拼音、编码等的一致。

(3)土壤图及土壤养分图：采用第二次土壤普查成果图。

(4)基本农田保护区现状图：采用国土资源局（以下简称国土局）最新划定的基本农田保护区图。

(5)地貌类型分区图：根据地貌类型将辖区内农田分区，采用第二次土壤普查分类系

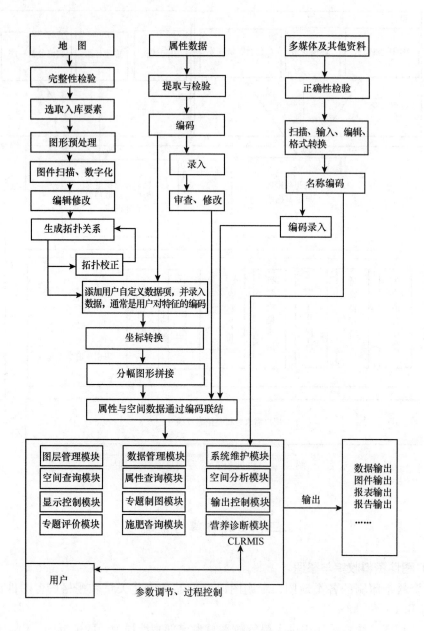

图 2-4　县域耕地资源管理信息系统建立工作流程

统绘制成图。

（6）土地利用现状图：现有的土地利用现状图。

（7）主要污染源点位图：调查本地可能对水体、大气、土壤形成污染的矿区、工厂等，并确定污染类型及污染强度，在地形图上标明准确位置及编号。

（8）土壤肥力监测点点位图：在地形图上标明准确位置及编号。

（9）土壤普查土壤采样点点位图：在地形图上标明准确位置及编号。

（二）数据资料收集与整理

（1）基本农田保护区一级、二级地块登记表，国土局基本农田划定资料。

（2）其他有关基本农田保护区划定统计资料，国土局基本农田划定资料。

（3）近几年粮食单产、总产、种植面积统计资料（以村为单位）。

（4）其他农村及农业生产基本情况资料。

（5）历年土壤肥力监测点田间记载及化验结果资料。

（6）历年肥情点资料。

（7）县、乡、村名编码表。

（8）近几年土壤、植株化验资料（土壤普查、肥力普查等）。

（9）近几年主要粮食作物、主要品种产量构成资料。

（10）各乡（镇）历年化肥销售、使用情况。

（11）土壤志、土种志。

（12）特色农产品分布、数量资料。

（13）主要污染源调查情况统计表（地点、污染类型、方式、强度等）。

（14）当地农作物品种及特性资料，包括各个品种的全生育期、大田生产潜力、最佳播期、移栽期、播种量、栽插密度、百千克籽粒需氮量、需磷量、需钾量等，及品种特性介绍。

（15）一元、二元、三元肥料肥效试验资料，计算不同地区、不同土壤、不同作物品种的肥料效应函数。

（16）不同土壤、不同作物基础地力产量占常规产量比例资料。

（三）文本资料收集与整理

（1）全市及各镇（街道）基本情况描述。

（2）各土种性状描述，包括其发生、发育、分布、生产性能、障碍因素等。

（四）多媒体资料收集与整理

（1）土壤典型剖面照片。

（2）土壤肥力监测点景观照片。

（3）当地典型景观照片。

（4）特色农产品介绍（文字、图片）。

（5）地方介绍资料（图片、录像、文字、音乐）。

三、属性数据库建立

（一）属性数据内容

表 2-9　CLRMIS 主要属性资料及其来源

编号	名　称	来　源
1	湖泊、面状河流属性表	水利局
2	堤坝、渠道、线状河流属性数据	水利局
3	交通道路属性数据	交通局

（续）

编号	名　称	来　源
4	行政界线属性数据	农业局
5	耕地及蔬菜地灌、分果数据	农业局
6	土地利用现状属性数据	国土局、卫星图片解译
7	土壤、植株样品分析化验结果数据表	本次调查资料
8	土壤名称编码表	土壤普查资料
9	土种属性数据表	土壤普查资料
10	基本农田保护块属性数据表	国土局
11	基本农田保护区基本情况数据表	国土局
12	地貌、气候属性表	土壤普查资料
13	县乡村名编码表	统计局

（二）属性数据分类与编码

数据的分类编码是对数据资料进行有效管理的重要依据。编码的主要目的是节省计算机内存空间，便于用户理解使用。地理属性进入数据库之前进行编码是必要的，只有进行了正确的编码，空间数据库与属性数据库才能实现正确连接。编码格式有英文字母与数学组合。本系统主要采用数字表示的层次型分类编码体系，它能反映专题要素分类体系的基本特征。

（三）建立编码字典

数据字典是数据库应用设计的重要内容，是描述数据库中各类数据及其组合的数据集合，也称元数据。地理数据库的数据字典主要用于描述属性数据，其本身是一个特殊用途的文件，在数据库整个生命周期里都起着重要的作用。它避免重复数据项的出现，并提供了查询数据的唯一入口。

（四）数据库结构设计

属性数据库的建立与录入可独立于空间数据库和 GIS 系统，可以在 Access、dBase、Foxbase 和 Foxpro 下建立，最终统一以 dBase 的 dbf 格式保存入库。下面以 dBase 的 dbf 数据库为例进行描述。

1. 湖泊、面状河流属性数据库 lake. dbf

字段名	属性	数据类型	宽度	小数位	量纲
lacode	水系代码	N	4	0	代码
laname	水系名称	C	20		
lacontent	湖泊贮水量	N	8	0	万米^3
laflux	河流流量	N	6		米^3/秒

2. 堤坝、渠道、线状河流属性数据 stream. dbf

字段名	属性	数据类型	宽度	小数位	量纲
ricode	水系代码	N	4	0	代码
riname	水系名称	C	20		
riflux	河流、渠道流量	N	6		米^3/秒

3. 交通道路属性数据库 traffic. dbf

字段名	属性	数据类型	宽度	小数位	量纲
rocode	道路编码	N	4	0	代码
roname	道路名称	C	20		
rograde	道路等级	C	1		
rotype	道路类型	C	1		（黑色/水泥/石子/土）

4. 行政界线（省、市、县、乡、村）属性数据库 boundary. dbf

字段名	属性	数据类型	宽度	小数位	量纲
adcode	界线编码	N	1	0	代码
adname	界线名称	C	4		

adcode	name
1	国界
2	省界
3	市界
4	县界
5	乡界
6	村界

5. 土地利用现状属性数据库* landuse. dbf

字段名	属性	数据类型	宽度	小数位	量纲
lucode	利用方式编码	N	2	0	代码
luname	利用方式名称	C	10		

* 土地利用现状分类表。

6. 土种属性数据表 soil. dbf

字段名	属性	数据类型	宽度	小数位	量纲
sgcode	土种代码	N	4	0	代码
stname	土类名称	C	10		
ssname	亚类名称	C	20		
skname	土属名称	C	20		
sgname	土种名称	C	20		
pamaterial	成土母质	C	50		
profile	剖面构型	C	50		

土种典型剖面有关属性数据

字段名	属性	数据类型	宽度	小数位	量纲
text	剖面照片文件名	C	40		
picture	图片文件名	C	50		
html	HTML 文件名	C	50		
video	录像文件名	C	40		

＊土壤系统分类表。

7. 土壤养分（pH、有机质、氮等等）**属性数据库 nutr ＊＊＊＊. dbf**

本部分由一系列的数据库组成，视实际情况不同有所差异，如在盐碱土地区还包括盐分含量及离子组成等。

（1）pH 库 nutrph. dbf。

字段名	属性	数据类型	宽度	小数位	量纲
code	分级编码	N	4	0	代码
number	pH	N	4	1	

（2）有机质库 nutrom. dbf。

字段名	属性	数据类型	宽度	小数位	量纲
code	分级编码	N	4	0	代码
number	有机质含量	N	5	2	百分含量

（3）全氮量库 nutrN. dbf。

字段名	属性	数据类型	宽度	小数位	量纲
code	分级编码	N	4	0	代码
number	全氮含量	N	5	3	百分含量

（4）速效养分库 nutrP. dbf。

字段名	属性	数据类型	宽度	小数位	量纲
code	分级编码	N	4	0	代码
number	速效养分含量	N	5	3	毫克/千克

8. 基本农田保护块属性数据库 farmland. dbf

字段名	属性	数据类型	宽度	小数位	量纲
plcode	保护块编码	N	7	0	代码
plarea	保护块面积	N	4	0	亩
cuarea	其中耕地面积	N	6		
eastto	东至	C	20		
westto	西至	C	20		
sorthto	南至	C	20		
northto	北至	C	20		
plperson	保护责任人	C	6		
plgrad	保护级别	N	1		

9. 地貌、气候属性表 landform. dbf

字段名	属性	数据类型	宽度	小数位	量纲
landcode	地貌类型编码	N	2	0	代码
landname	地貌类型名称	C	10		
rain	降水量	C	6		

＊地貌类型编码表。

10. 基本农田保护区基本情况数据表（略）

11. 县、乡、村名编码表

字段名	属性	数据类型	宽度	小数位	量纲
vicodec	单位编码—县内	N	5	0	代码
vicoden	单位编码—统一	N	11		
viname	单位名称	C	20		
vinamee	名称拼音	C	30		

（五）数据录入与审核

数据录入前仔细审核，数值型资料注意量纲、上下限，地名应注意汉字多音字、繁简体、简全称等问题，审核定稿后再录入。录入后仔细检查，保证数据录入无误后，将数据库转为规定的格式（DBASE 的 DBF 文件格式文件），再根据数据字典中的文件名编码命名后保存在规定的子目录下。

文字资料以 TXT 格式命名保存，声音、音乐以 WAV 或 MID 文件保存，超文本以 HTML 格式保存，图片以 BMP 或 JGP 格式保存，视频以 AVI 或 MPG 格式保存，动画以 GIF 格式保存。这些文件分别保存在相应的子目录下，其相对路径和文件名录入相应的属性数据库中。

四、空间数据库建立

（一）数据采集的工艺流程

在耕地资源数据库建设中，数据采集的精度直接关系到现状数据库本身的精度和今后的应用，数据采集的工艺流程是关系到耕地资源信息管理系统数据库质量的重要基础工作。因此对数据的采集制定了一个详尽的工艺流程。首先对收集的资料进行分类检查、整理与预处理；其次，按照图件资料介质的类型进行扫描，并对扫描图件进行扫描校正；再次，进行数据的分层矢量化采集、矢量化数据的检查；最后，对矢量化数据进行坐标投影转换与数据拼接工作以及数据、图形的综合检查和数据的分层与格式转换。

具体数据采集的工艺流程见图 2-5。

（二）图件数字化

1. 图件的扫描 由于所收集的图件资料为纸介质的图件资料，所以我们采用灰度法进行扫描。扫描的精度为 300dpi。扫描完成后将文件保存为 ＊. TIF 格式。在扫描过程中，

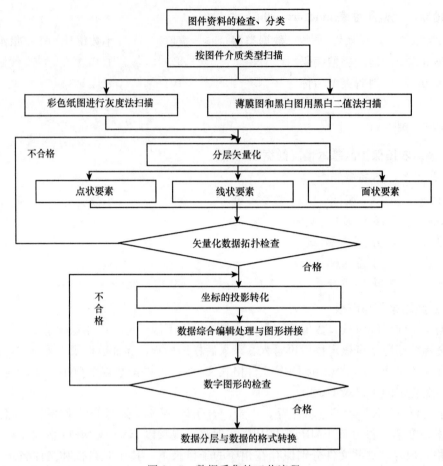

图 2-5　数据采集的工艺流程

为了能够保证扫描图件的清晰度和精度，我们对图件先进行预扫描。在预扫描过程中，检查扫描图件的清晰度，其清晰度必须能够区分图内的各要素，然后利用 Lontex Fss8300 扫描仪自带的 CAD image/scan 扫描软件进行角度校正，角度校正后必须保证图幅下方两个内图廓点的连线与水平线的角度误差小于 0.2°。

2. 数据采集与分层矢量化　对图形的数字化采用交互式矢量化方法，确保图形矢量化的精度。在耕地资源信息系统数据库建设中需要采集的要素有：点状要素、线状要素和面状要素。由于所采集的数据种类较多，所以必须对所采集的数据按不同类型进行分层采集。

（1）点状要素的采集：可以分为 2 种类型，一种是零星地类，另一种是注记点。零星地类包括一些有点位的点状零星地类的无点位的零星地类。对于有点位的零星地类，在数据的分层矢量化采集时，将点标记置于点状要素的几何中心点，对于无点位的零星地类在分层矢量化采集时，将点标记置于原始图件的定位点。农化点位、污染源点位等注记点的采集按照原始图件资料中的注记点，在矢量化过程中——标注相应的位置。

（2）线状要素的采集：在耕地资源图件资料上的线状要素主要有水系、道路、带有宽度的线状地物界、地类界、行政界线、权属界线、土种界、等高线等，对于不同类型的线状要素，进行分层采集。线状地物主要是指道路、水系、沟渠等，线状地物数据采集时考虑到有些线状地物，由于其宽度较宽，如一些较大的河流、沟渠，它们在地图上可以按照图件资料的宽度比例表示为一定的宽度，则按其实际宽度的比例在图上表示；有些线状地物，如一些道路和水系，由于其宽度不能在图上表示，在采集其数据时，则按栅格图上的线状地物的中轴线来确定其在图上的实际位置。对地类界、行政界、土种界和等高线数据的采集，保证其封闭性和连续性。线状要素按照其种类不同分层采集、分层保存，以备数据分析时进行利用。

（3）面状要素的采集：面状要素要在线状要素采集后，通过建立拓扑关系形成区后进行，由于面状要素是由行政界线、权属界线、地类界线和一些带有宽度的线状地物界等结状要素所形成的一系列的闭合性区域，其主要包括行政区、权属区、土壤类型区等图斑。所以对于不同的面状要素，因采用不同的图层对其进行数据的采集。考虑到实际情况，将面状要素分为行政区层、地类层、土壤层等图斑层。将分层采集的数据分层保存。

（三）矢量化数据的拓扑检查

由于在矢量化过程中不可避免地要存在一些问题，因此，在完成图形数据的分层矢量化以后，要进行下一步工作时，必须对分层矢量化以后的数据进行矢量化数据的拓扑检查。在对矢量化数据的拓扑检查中主要是完成以下几方面的工作：

1. 消除在矢量化过程中存在的一些悬挂线段　在线状要素的采集过程中，为了保证线段完全闭合，某些线段可能出现相互交叉的情况，这些均属于悬挂线段。在进行悬挂线段的检查时，首先使用 MapGIS 的线文件拓扑检查功能，自动对其检查和清除。如果其不能够自动清除的，则对照原始图件资料进行手工修正。对线状要素进行矢量化数据检查完成以后，随即由作图员对所矢量化的数据与原始图件资料相对比进行检查。如果在对检查过程中发现有一些通过拓扑检查所不能够解决的问题，矢量化数据的精度不符合精度要求的，或者是某些线状要素存在着一定的位移而难以校正的，则对其中的线状要素进行重新矢量化。

2. 检查图斑和行政区等面状要素的闭合性　图斑和行政区是反映一个地区耕地资源状况的重要属性。在对图件资料中的面状要素进行数据的分层矢量化采集中，由于图件资料中所涉及的图斑较多，在数据的矢量化采集过程中，有可能存在着一些图斑或行政界的不闭合情况，可以利用 MapGIS 的区文件拓扑检查功能，对在面状要素分层矢量化采集过程中所保存的一系列区文件进行矢量化数据的拓扑检查。在拓扑检查过程中可以消除大多数区文件的不闭合情况。对于不能够自动消除的，通过与原始图件资料的相互检查，消除其不闭合情况。如果通过对矢量化以后的区文件的拓扑检查，可以消除在矢量化过程中所出现的上述问题，则进行下一步工作，如果在拓扑检查以后还存在一些问题，则对其进行重新矢量化，以确保系统建设的精度。

（四）坐标的投影转换与图件拼接

1. 坐标转换　在进行图件的分层矢量化采集过程中，所建立的图面坐标系（单位为毫米），而在实际应用中，则要求建立平面直角坐标系（单位为米）。因此，必须利用

MapGIS 所提供的坐标转换功能，将图面坐标转换成为正投影的大地直角坐标系。在坐标转换过程中，为了能够保证数据的精度，可根据提供数据源的图件精度的不同，在坐标转换过程中，采用不同的质量控制方法进行坐标转换工作。

2. 投影转换 县（市）级土地利用现状数据库的数据投影方式采用高斯投影，也就是将进行坐标转换以后的图形资料，按照大地坐标系的经纬度坐标进行转换，以便以后进行图件拼接。在进行投影转换时，对 1∶10 000 土地利用图件资料，投影的分带宽度为 3°。但是根据地形的复杂程度，行政区的跨度和图幅的具体情况，对于部分图形采用非标准的 3°分带高斯投影。

3. 图件拼接 永济市提供的 1∶10 000 土地利用现状图是采用标准分幅图，在系统建设过程中应图幅进行拼接。在图斑拼接检查过程中，相邻图幅间的同名要素误差应小于 1 毫米，这时移动其任何一个要素进行拼接，同名要素间距在 1～3 毫米的处理方法是将 2 个要素各自移动一半，在中间部分结合，这样图幅拼接完全满足了精度要求。

五、空间数据库与属性数据库的连接

MapGIS 系统采用不同的数据模型分别对属性数据和空间数据进行存储管理，属性数据采用关系模型，空间数据采用网状模型。两种数据的连接非常重要。在一个图幅工作单元 Coverage 中，每个图形单元由一个标识码来唯一确定。同时一个 Coverage 中可以若干个关系数据库文件即要素属性表，用以完成对 Coverage 的地理要素的属性描述。图形单元标识码是要素属性表中的一个关键字段，空间数据与属性数据以此字段形成关联，完成对地图的模拟。这种关联是 MapGIS 的两种模型联成一体，可以方便地从空间数据检索属性数据或者从属性数据检索空间数据。

对属性与空间数据的连接采用的方法是：在图件矢量化过程中，标记多边形标识点，建立多边形编码表，并运用 MapGIS 将用 FoxPro 建立的属性数据库自动连接到图形单元中，这种方法可由多人同时进行工作，速度较快。

第三章 耕地土壤的立地条件与农田基础设施

第一节 立地条件状况

立地条件即耕地土壤的自然环境条件与耕地地力直接相关的地形地貌、成土母质、水资源和水文地质。

一、地形地貌特点及分类

永济市地处中条山北麓，海拔一般为335～2 000米，按地形、地貌可分为5个类型区（表3-1）：

（一）土石山区

中条山侵蚀型地貌，面积为246.9千米²。最高1 993.6米（雪花山），山势陡峻，峰高谷深，主沟垂直，山脉发育呈现梳状排列，相对高差1 000米左右，部分基岩裸露，植被发育一般。

（二）黄台垣区

栲栳台垣，属侵蚀堆积型地貌，面积为215.3千米²，海拔375～400米，地面较平坦，微具起伏，并向东南倾斜。

（三）平川区

涑水平川区：面积为339.5千米²，海拔375～345米，涑水河、姚暹渠与伍姓湖坐落其间，东部地势平坦开阔，西部地势狭窄。

山前倾斜平原：位于中条山前沿，东西呈现斜长带，达47千米，南北宽3～6千米，洪积扇成群，构成起伏不平的地貌，总趋势由南而北倾斜，面积189.3千米²，海拔400～350米。

（四）黄土丘陵沟壑区

属堆积型地貌，坐落在黄河阶地与栲栳台垣之间，以及中条山龙头部分，其沟道密布，植被较好，梯田标准较高，水土流失不显著，面积为33.7千米²。

（五）黄河阶地区

堆积型地貌，坐落在市境的两部，呈南北狭长带，从北而南，由窄变宽，特别是在蒲州老城处，较为发育。一级阶地较平坦，其纵向坡度为1/3左右，横向倾斜较陡，其高程在355～335米，宽1～4千米，阶地两边沿地势较低，局部较低洼地区，土地盐碱。

表 3-1　永济市地形地貌情况表

区	亚区	分布范围	地 貌 形 态 描 述
基岩山区		位于永济市南端，东起丁家窑西至龙头一线	中条山前有一条东西、南北向大正断层，中条山处于断层线南翼上升盘。山势陡，山峰高峻，沟谷深切，多呈"V"形谷，壁起立，深达百米，沿山脊呈现梳状排列。绝对高程 1 500～1 800 米，最高峰为雪花山高达 1 993.8 米，相对高程 900～1 500 米。地层为前震旦系，片麻岩，大理岩，寒武系页岩，灰岩组成，基岩裸露，植被较稀
山前倾斜平原		位于中条山前从土乐至辛店一带，长达 47 千米，南北宽 4～5 千米	地势呈 NE，SW 向展布，长达 47 千米，南北宽 4～5 千米，最宽达 7 千米，由 24 个洪积扇连接而成。席张—黄家窑，洪积扇呈串殊状，洪积台地面宽且高，地面标高 345～360 米
			苋家窑至水峪口段，现代洪积扇组成物有直径达 15 米^3 大巨砾，在现代洪积扇又发育了小冲积锥，叠加在较老一级洪积扇上，前后可见四级洪积扇，坡度达 8° 以上，地面标高 350～360 米
			太峪口至辛店洪积台地较低，扇面较小，地面标高 390～430 米
冲湖积平原	湖积平原	位于伍姓湖一带	地势为一平坦洼地，由湖相亚沙土及粉细沙土等细粒物质组成。雨季雨水溢出，而成湖沼，地面标高 340～350 米
	涑水平川	位于三娄寺、开张、赵柏、孟盟桥一带	在涑水河沿岸分布面积较大，大部分地区地势平坦开阔，在城关至孟盟桥一带，地势变窄成谷状，标高 262～350 米。由一套冲湖积，淤泥质亚黏土亚沙土粗、中、细沙质细粒物质组成
	栲栳台垣	分布于张营、东信昌、吕坂、青台、赵柏一带	地貌为一级陇起台垣，由北西向东南逐渐变化，标高在 375 米以上，由上更新统冲积黄土，中更新统亚沙土及粉细沙组成，地势鞍状起伏，成陇岗和洼地
	黄河阶地	北起小樊南至新胜镇一带	地势平坦，标高在 350 米，高出河床 10 米左右，宽度 1～3 千米，最宽 4.5 千米，为全新统冲积相中，细沙，低洼地带被洪水淹没

二、成土母质类型及特征

本市的成土母质主要有以下几种类型：

（一）山地基岩

张家窑以东主要为沉积的石灰岩，以西主要为花岗片麻岩。这两种岩石类型蕴涵丰富养分，但由于母岩仍处于风化半风化阶段，影响着山地土壤的发育，其土层相对较薄，多数在 50～100 厘米，耕作时间较短，土壤熟化程度不高，有的土壤质地较粗，另外还有零星的黄土夹杂其间。

（二）洪积、冲积母质

山前洪积扇和山前平原多属此类。特点是分选差、质地粗，为砾石泥沙的混合堆积，洪积扇有时亦有洪水堆积的黄土。山前平原则受着冲积黄土和洪积沙粒的双重影响，土壤质地稍细。

（三）冲积母质

主要分布于涑水平川和黄河沿岸的河漫滩及一级阶地，前者多为冲积黄土，质地较细，后者多受河砂淤积，质地稍粗。冲积母质受水选作用较强，有明显的成层性与带状分布规律，一般距河道越近质地越粗，越远则越细。

（四）黄土及黄土状母质

西北部丘陵垣地属此类型，为早年冲积黄土，首阳低山区则为早年风成黄土，均富含钙质和钾素。

（五）湖积母质

分布于原伍姓湖低洼地带，为早年湖泊物质沉积而成，含较高的有机质和大量盐分。

三、水资源及水文状况分布

（一）水资源状况及分布

永济市地下水总贮量为 2.6 亿米^3，埋藏深度和流量常随地形变化而异。根据水利资料，大致分为 5 个区：一区：山前倾斜平原中埋淡水区，分布于山前洪积扇及倾斜平原上端，东自虞乡镇土乐村，西至韩阳镇的辛店村（马铺头至庄子一段除外），地下水深 15～70 米，矿化度 0～0.5 克/升。二区：山前倾斜平原浅埋淡水区，分布于山前洪积扇的前沿及山前平原。包括马铺头至清华和清华至土乐以及庄子到辛店一带，地下水深 5～20 米，矿化度 0～0.5 克/升。三区：涑水平川浅埋咸水区，包括涑水平川和交接洼地以及伍姓湖洼地。地下水位变化较大，易受气候、灌水影响，变动范围常在 2～4 米。除伍姓湖地下水位多在 1 米以上，有的甚至溢出地表。大部分地区地下水位多在 2～7 米，矿化度多在 2～5 克/升。其中姚暹渠沿线地下水矿化度最高，大于 5 克/升，因地下水很浅，故使土壤发生盐渍化。四区：台垣中深埋淡水区，黄土台垣（丘陵垣地）包括张营、栲栳、蒲州 3 个乡（镇）和城北、开张等镇的个别村，地下水在 25～60 米，矿化度在 0.5～1 克/升。五区：河滩阶地浅水区，黄河沿岸的河漫滩及一级阶地属之。地下水位 1～1.5 米，常因黄河的涨落而急剧变化，对土壤发育影响很大。在一级阶地与河漫滩的交接地方地下水流不畅，埋藏较浅，矿化度较高，易发生盐化土壤。

（二）水文状况

境内主要有涑水河、姚暹渠（人工排洪渠），湾湾河及过境河流黄河，尚有山涧沟溪，湖泊及引黄渠系等。见表 3-2。

黄河发源于青海，经本市张营镇北阳一带入境，到韩阳镇长旺出境。在永济市全长 47 千米，最宽 18 千米，最窄处 7.5 千米。黄河在永济未设水文站，故借用龙门店资料。其龙门站多年平均流量为 1 100 米^3/秒，最大洪峰流量为 21 000 米^3/秒，频率为 3%，历史调查洪峰流量为 27 000 米^3/秒，频率 2%。

涑水河发源于绛县陈家峪，流经伍姓湖，到永济市西部汇入黄河，本市境内长 16.5 千米，过水能力为 15 米^3/秒。1964 年疏通涑水河，伍姓湖积水排干，涑水河几乎处于断流。1972 年以来，永济工业区厂矿兴建，废水和污水大量排放，使涑水河严重污染。

姚暹渠境内长 22.5 千米，是一条人工开挖的排洪渠，常年干涸。

湾湾河发源于永济市虞乡（镇）陶家窑峪。最后流入伍姓湖，是季节性河流。长 15 千米，其流域面积 6.74 千米^2，流域长度 5.2 千米，为山石山区。

中条山溪流有大小沟道 44 条，最长的沟有 8 千米，最短的仅有 1 千米。一般年份有清水流出的 29 条，多年平均总清水流量为 0.304 米^3/秒。

永济市境内有 2 个湖泊。一是伍姓湖：地处市城东北约 2.5 千米，西界三张村，北靠伍姓村，南近同蒲路，东至孙常村北。东西最长约 10 千米，南北最宽约 5 千米，面积约 20 千米^2，湖水来源主要是上游涑水河，姚暹渠、湾湾河水汇入，山区沟溪汇入，以及山前洪积扇下部潜水溢出等。目前，发电厂、废水污水汇入，也是湖水的主要来源，枯水期几乎干涸，丰水期积水达 4 千米^2。二是鸭子池：在东西阳朝村北，是中条山诸峪水汇集之处。2010 年已干涸，国营虞乡农场已开垦为耕地。

引黄渠系：全市引黄渠系几乎覆盖了除韩阳乡和卿头镇部分面积之外的全部区域，固定渠道长度达 1 230 千米，设计灌溉面积为 58 万亩，多年平均灌水量为 800 多万米^3。成为本县地表水对地下浅层水补给的重要来源，使地下水质水量有了不同程度的改善。

表 3-2　永济市主要河流特征

河名	发源地点	市境内			河道	
		长度（千米）	纵坡	底质	工程防洪标准	洪峰流量
黄河	青海	47	1/3 000	沙	5%	21 000
涑水河	绛县陈家峪	16.6	1/1 500	黄土	5%	15
姚暹渠	夏县注入伍姓湖	22.5	1/5 000	黄土	3%	15
湾湾河	永济市虞乡镇陶家窑村	15		沙	20%	15

四、地质状况

（一）地层状况

永济市除中条山区，露有古老的片麻岩、花岗岩侵入体，震旦系石英岩和寒武及奥陶系灰岩外，其他均为新生界地层分布，包括渐新统平陆群，上新统深红色黏土，泥岩，灰质泥岩等。特别是第四纪地层尤为发育，现分别概述如下。

下更新统以湖相为主，埋深约 350 米，岩性主要为灰色黏土，亚沙土及粗、中细砂。在盆地中心沉积较厚，向中条山前逐渐减薄，颗粒也变细，河湖交替沉积特点明显。

中更新统，冲洪积物，分布山前倾斜平原，一般厚度 60~100 米，最深达 160~220 米，岩性为黄红色黏土、亚黏土、亚沙土、夹杂有粗砂及卵砾石。该时期的冲积黄土分布在栲栳垣，总厚度为 85~150 米。另外为河湖相沉积物。在盆地内部埋深 40 米左右。总厚度为 180 米。

上更新统地层分布较广，但厚度较薄，在盆地内，栲栳垣，中条山前和黄河一级阶地均有，总厚度 15~30 米，且岩性不同。

全新统地层主要分布在冲湖积平原，现代河流的河床，黄河漫滩和黄河一级阶地。

（二）地质构造

永济市位于涑水盆地，该盆地受控于燕山时期形成的汾渭地堑的控制，运城凹陷，贯穿包括永济在内的整个涑水河盆地，呈 NE—SW 向展布。从重力测量和地震测量资料看，西北侧沉降小，南北侧沉降大，沉降中心位于永济市东部与运城接壤地带，如石桥钻孔深 1 168.54 米，新生界尚未揭穿，据有关资料推断，石桥一带基岩埋深在 5 000～6 000 米。

中条山北麓大断层：该断层出现燕山运动期，之后，又受喜马拉雅山脉期的构造运动影响，使断裂大大加剧，第四纪至今仍在剧烈活动，该断裂在全市境内长达 50 千米，走向东北、为一高角度正断层，断面倾角 67°以上，断距近千米，控制了盆地的基本特征，即南深北浅，南陡北缓的地势。

根据卫星照片判读，在栲栳垣东南侧，有一断层存在，西南断距较大，至东北，即临猗好义一带，断距大减，垂直断距一般为 30～40 米。

第二节　农田基础设施

土地、水、气候和生物资源，是农业资源的重要组成部分，而土地（农田）及水又是农业资源的核心。永济市农业自然资源比较丰富，而农田水利基础设施条件则有得天独厚的优势，现分述如下。

一、农田土壤基础设施

农田系统主要以农田基本建设的指标来衡量，它是改造和建设土壤的重要环境因素，特别与地貌平整、灌溉保证率、排涝能力、园田防护林及道路等要素密切相关。

新中国成立以来，永济市人民全面贯彻农业"八字宪法"，连年大搞农田基本建设，特别是 20 世纪 60 年代的农业学大寨运动和 90 年代以来的农业综合开发治理工程的实施，使永济市农田基础设施条件得到了很大改善，农作物高产优质低成本的增效能力日益增强。

（一）农田侵蚀逐渐减弱

永济市农田主要分布于盆地、丘陵、滩涂及山地四大地貌类型，改善农田环境，注重狠抓农田基础设施建设，经过连续多年夏冬两季的机修，人工平整土地，使全市各类地貌的土地地面径流量，土壤侵蚀度得到不同程度的减弱，保水保肥能力日益提高。全市 77.12 万亩耕地，达到平整可浇水地 69.74 万亩，标准式梯田 6.54 万亩，15°～25°的坡度耕地只有 0.5 万亩左右，大于 25°以上的坡耕地仅为 0.3 万亩。据水利部门测算，地面年径流系数与侵蚀度分别控制在 0.05，从而为节约水资源，提高作物利用率，降低生产成本，农业增效奠定了良好的基础。

（二）防沙、控虫、固水的生态环境得以改善

永济市有 31 万亩的黄河滩涂，质地以河沙土为主，沙化严重。历史沙尘弥漫现象多次呈现，给农田生态造成了极为恶劣的影响。同时土壤沙化也带来了许多弃耕

荒地，使东亚飞蝗有了较优越的繁衍滋生环境。多年来，永济人民大力营造黄河滩涂防护林工程，种植以刺槐、泡桐为主的林带 6 条，林木覆盖率达到 29.2%，同时努力开垦荒滩，扩大以芦笋为主的经济作物种植，进行生态防蝗统治工程 12 万亩，已养殖水面 1.2 万亩，这些极为有效的措施都为永济市农田生态环境带来了质的变化。

（三）农田肥力基础明显提高

据第二次土壤普查结果表明，永济市农田土壤肥力呈现有机质低、氮少、磷缺、钾较丰的状况，水、肥、气三项比极为不协调，导致永济农业生产多年来不高不稳，徘徊不前的局面。从 20 世纪 80 年代末至今，永济农业部门大力实施以小麦高茬覆盖，玉米秆还田为主的培肥沃土工程，近两年又实施了耕地综合生产能力建设工程，收到了极为明显的效果。据本次耕地地力调查反映，与 90 年代初期相比，各类土属耕层土壤容重平均降低 0.06 克/厘米³ 左右，尤以台垣及涑水平川两大土属降幅较大为 0.1 克/厘米³ 左右。土壤有机质提高了 5.27 克/千克，提高了 42.8%。

二、农田灌排系统设施

永济农田灌排系统较为完善，尤以水利灌溉条件在全省可谓首屈一指。

（一）灌溉设施与利用

机电深井与节水管、喷灌全市域范围拥有机电井保有量 3 642 余眼，灌溉机械 5 892 余台，单井涌水量多在 60 吨/年以上。近年来，水利部门大力发展节水管灌，喷灌事业，管灌面积达 35 万余亩，固定式喷灌与半固定式渗灌 59 处，这些设施为农业生产最大限度地发挥效益而服务着。

（二）灌溉水资源与设施利用

永济市现有条山小型水库 22 座，总库容 57.5 万米³。拥有大小电灌站 126 座，总装机 1.1 万千瓦，尤其以尊村、小樊、姚温三座引黄提灌站，设计流量达 50 米³/秒。全市水利渠系配套，防渗渠道达 976 千米。可以说，一条主干渠贯南北，条条支斗遍全市，即使在枯水旱年（$P=75\%$）情况下，也能保证 65 万亩农田得以丰产稳产。

（三）排水系统滞后，盆中腹地将有潜在威胁

永济市排水系统主要用于排碱压盐，曾在 20 世纪 60 年代初，人工开挖各种排碱沟长达百余千米。随着气候干旱的发展，地下水位日渐降低的状况，多年来，该项工程没有得到人们的应有重视和保护，排水系统甚微留存，有的基本填平，近几年盐碱地的土壤积水问题时有发生，如不及时进行改造，开挖排碱沟，在气候突变的将来，势必存在潜在威胁。

三、农田配套系统设施

农田配套系统主要指电、林、路的装备状况。从 20 世纪 90 年代以来，永济致力于农业综合开发，取得了显著成效。

（一）大力实施引电下滩，农网改造工程

自 20 世纪 90 年代以来，国家农业综合开发大力扶持，先后投入资金 9 700 多万元，完成黄河滩余 35 千伏变电站 1 座，架设高低压输电线路 138 千米，增容变台 78 个，3 900 千瓦，基本农田电力作业得到了基本保证。

（二）方田林网道路基本形成

目前全市已建立卿头、开张、栲栳、城西等 10 多处具有千亩以上的规模方田。综合开发治理面积 30 余万亩。方田林网栽植白毛杨和桧柏树种 15 万余株，新修和拓宽方田道路 820 余千米，全部沙石硬化，便于耕作通畅。

第四章 耕地土壤属性

第一节 耕地土壤类型

一、土壤类型及分布

根据全国第二次土壤普查技术规程和山西省土壤分类系统归类标准,永济市耕地土壤共分三大土类,8个亚类,15个土属,35个土种。其分布受地形、地貌、水文、地质条件影响,随地形呈明显变化。

(一) 褐土类

有4个亚类,8个土属,17个土种,总面积509 908.88亩。具体分布如下:

(1) 淋溶褐土亚类:有3个土属3个土种。主要分布在中条山上,海拔1 200米左右,面积17 651.28亩,约占耕地土壤的2.29%。其中麻沙质淋溶褐土土属,有1个土种,面积10 003.86亩;灰泥质淋溶褐土土属,有1个土种,面积3 577.89亩;石灰岩质草灌褐土土属,有1个土种,面积4 069.53亩。

(2) 石灰性褐土亚类:有1个土属,3个土种。主要分布在栲栳台垣上的张营、栲栳、蒲州、开张等镇,海拔350～410米,面积161 885.0亩,约占耕地土壤的20.99%。

(3) 褐土性土亚类:有3个土属,9个土种。广泛分布于山麓、丘陵、坡地、沟壑残垣与洪积扇上部,涉及蒲州、城北、开张、栲栳、张营、城西、虞乡、韩阳、城东等9个镇、街道,海拔340～600米,面积152 969.1亩,约占耕地土壤的19.83%。其中黄土质褐土性土土属,有2个土种,面积64 941.3亩;沟淤褐土性土土属,有1个土种,面积3 128.6亩;洪积褐土性土土属,有6个土种,面积84 899.2亩。

(4) 潮褐土亚类:有1个土属,2个土种。主要分布于涑水河一级阶地,涉及卿头、开张、城北、城东、城西、虞乡、蒲州等7个乡(镇)、街道,海拔340～365米,面积177 403.5亩,约占耕地土壤的23.00%。

(二) 潮土类

有3个亚类,6个土属,17个土种,总面积259 831.166亩。具体分布如下:

(1) 脱潮土亚类:有1个土属,4个土种。主要分布在山前平原及涑水河一级阶地,涉及卿头、虞乡、开张、城北、城东、韩阳等6个乡(镇)、街道,海拔340～370米,面积80 513.6亩,约占耕地土壤的10.44%。

(2) 潮土亚类:有1个土属,2个土种。分布于黄河岩岸的部队农场、市农牧场以及蒲州、韩阳等镇,海拔340～350米,面积36 553.166亩,约占耕地土壤的4.74%。

(3) 盐化潮土亚类:有4个土属,11个土种。主要分布于涑水冲积平原及河漫滩低洼地带,涉及卿头、开张、蒲州、城东、城北、城西、张营、韩阳等8个乡(镇)、街道,海拔 350 米以下，面积 142 764.4 亩，约占耕地土壤的 18.51%。其中硫酸盐盐化潮土土属，有 3 个土种，面积 59 546.4 亩；氯化物盐化潮土土属，有 3 个土种，面积 52 484.9 亩；苏打盐化潮土土属，有 3 个土种，面积 27 141.9 亩；混合盐化潮土土属，有 2 个土种，面积 3 591.2 亩。

(三)沼泽土类

盐化沼泽土亚类，有 1 个土属，1 个土种。主要分布在伍姓湖湖底，海拔 345~350 米，面积 1 515.7 亩，约占耕地土壤的 0.20%。

具体分布见表 4-1。

永济市第二次土壤普查与省归类名称对照表见表 4-2。

二、土壤类型特征及主要生产性能

(一)褐土类

广泛分布于平川一级、二级阶地、丘陵垣地、洪积扇（中、上）部等地形部位，为全市主要农业土壤。受温带半干旱季风气候影响，夏季高热，秋季多雨，冬春干寒，干湿交替，土体遭受淋溶、黏粒及 $CaCO_3$ 向下移动，形成比较明显的黏化层和钙积层。根据成土过程的特点，将褐土划分为淋溶褐土、石灰性褐土、褐土性土和潮褐土 4 个亚类，现分述如下：

1. 淋溶褐土亚类　该土淋溶作用强烈，有明显的淋溶层，多呈中性或微酸性。心土层盐基被淋洗，呈不饱和状态，无石灰反应。成土母质为坡积、残积物，表层质地较细，一般为轻壤至中壤，厚约 10 厘米；底层较黏，结构表层为屑粒状，间有团粒状，心土以下碎块状至块状。该土壤耕性较差，不宜耕种，应以发展林牧业为主。

2. 石灰性褐土亚类　该土耕层厚度一般在 25~30 厘米，质地轻壤或中壤。心土层多为淋溶淀积形成的黏化层，中至重壤以上质地多出现在 30 厘米左右，有的可达 100 厘米左右，黏化层厚度 24~119 厘米。底土层为灰黄色的绵土层。全剖面石灰反应强烈。心土层有多量菌丝体。

(1) 水分：该土壤具有土层深厚、质地均匀、上松下紧的特点。土体构型多为绵盖垆（蒙金型），耕层非毛管孔隙度为 36.5%，水稳性团粒为 41.5%，0.25~10 毫米的土壤团聚体为 76.7%，田间持水量为 22.6%。因土壤水分状况较好，加之耕作悠久，大小孔隙比例协调，使该土壤呈现较好保水供肥性能。

(2) 养分：由于长期频繁种植，有机肥施用不足，用养结合不够，影响养分供给平衡。又因农机具镇压，破坏结构，使土壤紧实。据测定，耕层土壤有机质含量为 11.5 克/千克，土壤全氮含量为 0.7 克/千克，土壤有效磷含量为 11.8 毫克/千克，土壤速效钾含量为 188 毫克/千克，土壤交换性钙为 9.44 克/千克，土壤交换性镁为 0.49 克/千克，土壤有效硫含量为 90.9 毫克/千克，土壤有效硅含量为 120.5 毫克/千克，土壤有效铜含量为 1.52 毫克/千克，土壤有效锌含量为 0.79 毫克/千克，土壤有效铁含量为 5.17 毫克/千克，土壤有效锰含量为 9.78 毫克/千克，土壤有效硼含量为 1.21 毫克/千克，土壤有效钼含量为 0.27 毫克/千克，总孔隙度为 47.9%，团粒结构 41.5%，土壤耕层容重 1.36 克/厘米^3。

表 4-1 永济市耕地土壤分布状况

土类	面积(亩)	亚类	面积(亩)	占总耕地面积(%)	土属	面积(亩)	分 布
褐土	509 908.880	淋溶褐土	17 651.280	2.29	麻砂质淋溶褐土	10 003.860	主要分布在中条山上,海拔800～1 500米
					灰泥质淋溶褐土	3 577.890	
					石灰岩质草灌褐土	4 069.530	
		石灰性褐土	161 885.000	20.99	黄土质石灰性褐土	161 885.000	主要分布在桥栳台垣上的张营、桥栳、蒲州、开张等镇,海拔350～410米
		褐土性土	152 969.100	19.83	黄土质褐土性土	64 941.300	广泛分布于山麓、丘陵、坡地、沟壑残垣,涉及蒲州部、城北、开张、桥栳、张营、韩阳、城东等9个镇、街道,海拔340～600米
					沟淤褐土性土	3 128.600	
					洪积褐土性土	84 899.200	
		潮褐土	177 403.500	23.00	黄土状潮褐土	177 403.500	主要分布于涑水河一级阶地,涉及卿头、开张、城北、城东、城西、虞乡、蒲州等7个镇、街道,海拔340～365米
潮 土	259 831.166	脱潮土	80 513.600	10.44	冲积脱潮土	80 513.600	主要分布在山前平原及涑水河一级阶地,涉及卿头、虞乡、开张、城北、城东、韩阳等6个镇、街道,海拔340～370米
		潮土	36 553.166	4.74	冲积潮土	36 553.166	分布于黄河沿岸的部队农场,市农场以及蒲州、韩阳等镇,海拔340～350米
		盐化潮土	142 764.400	18.51	硫酸盐盐化潮土	59 546.400	主要分布于黄河及河漫滩低洼地带,涉及卿头、开张、蒲州、城西、城东、张营、韩阳等8个镇、街道,海拔350米以下
					氯化物盐化潮土	52 484.900	
					苏打盐化潮土	27 141.900	
					混合盐化潮土	3 591.200	
沼泽土	1 515.700	盐化沼泽土	1 515.700	0.20	硫酸盐盐化沼泽土	1 515.700	主要分布在伍姓湖潮底,海拔345～350米
三大土类	771 255.746			100.0			

表4-2　永济市第二次土壤普查与省归类名称对照表

土种代码	土类	亚类	土属	土种(普查定名) 名称	代码	土种(省归类) 代码	土种(省归类) 名称
01010101	棕壤	棕壤	花岗片麻岩质棕壤	花岗片麻岩质棕壤	101	A.a.1.001	麻沙质林土
01020101		生草棕壤	生草棕壤	生草棕壤	103	A.b.b.019	黄土质棕土
02010101	褐土	淋溶褐土	麻砂质淋溶褐土	花岗片麻岩质淋溶褐土	201	B.c.1.047	麻沙质淋土
02010201			灰泥质淋溶褐土	石灰岩质淋溶褐土	202	B.c.6.059	灰泥质淋褐土
02010202				石灰岩质草灌褐土	203		
02010301			红黄土质淋溶褐土	黄土质草灌褐土	204	B.c.8.064	红黄淋土
02020101		石灰性褐土	黄土质石灰性褐土	浅位黏化黄土质褐土	249	B.b.3.029	浅黏黄垆土
02020102				深位黏化黄土质褐土	253	B.b.3.030	深黏黄垆土
02020103				黏土质褐土	261	B.b.3.032	二合黄垆土
02030101		褐土性土	黄土质褐土性土	通体壤质立黄土	254	B.e.4.089	耕立黄土
02030102				通体轻壤质黄土质褐土性土	240		
02030103				浅位黏化黄土质褐土性土	275	B.e.4.096	耕二合立黄土
02030104				深位黏化黄土质褐土性土	277		
02030201			沟淤褐土性土	沟淤壤质褐土性土	230		
02030202				沟淤沙壤褐土性土	241		
02030203				沟淤浅位沙褐土性土	236	B.e.8.124	沟淤土
02030204				沟淤深位沙质褐土性土	237		
02030301			洪积褐土性土	浅位黏化洪积黄土质褐土性土	225		
02030302				深位黏化洪积黄土质褐土性土	228		
02030303				黏土质洪积褐土性土	261A	B.e.7.112	耕洪立黄土
02030304				浅位沙质洪积褐土性土	286		
02030305				深位沙质洪积褐土性土	288		

（续）

土种代码	土类	亚类	土属	土种（普查定名）名称	代码	土种（省归类）代码	名称
02030306			洪积褐土性土	沙壤土	226	B.e.7.112	耕洪立黄土
02030307		褐土性土		浅位沙砾质褐土性沙土	212	B.e.7.114	夹砾洪立黄土
02030308				深位沙砾质褐土性沙土	215	B.e.7.115	底砾洪立黄土
02030309				浅位黏化褐土性沙土	217	B.e.7.118	二合夹砾洪立黄土
02030310				深位黏化褐土性沙土	218	B.e.7.119	二合底洪立黄土
02030311				通体沙石土	206	B.e.7.113	多砾洪立黄土
02040101	褐土			夹黏壤质潮黄土	804		
02040102				腰黏壤质潮黄土	805		
02040103		潮褐土	黄土状潮褐土	黏体壤质潮黄土	806	B.d.1.067	浅黏潮黄土
02040104				通体壤质潮黄土	810		
02040105				腰沙壤质潮黄土	812		
02040106				黏底壤质潮黄土	809	B.d.1.068	深黏潮黄土
02040107				黏土质潮黄土	261B		
03010101				夹沙褐土化草甸土	904		
03010102				腰沙褐土化草甸土	906		
03010103			冲积脱潮土	沙底褐土化草甸土	908	N.b.1.288	耕脱潮土
03010104	潮土	脱潮土		腰沙壤质褐潮土	339		
03010105				黏体壤质褐潮土	340	N.b.1.289	蒙金脱潮土
03010106				黏底沙壤质褐潮土	342		
03010107				菜园土	243		
03010108				绢褐潮土	303	N.b.1.291	黏脱潮土
03010109				腰黏壤质褐潮潮土	333		

（续）

土种代码	土类	亚类	土属	土种（普查定名）		土种（省归类）		
				名称	代码	代码	名称
03010110		脱潮土	冲积脱潮土	黏体壤质褐潮土	334	N. b. 1. 291	黏脱潮土
03010111				黏底壤质褐潮土	336		
03010112				黏土质褐潮土	302	N. b. 1. 290	二合脱潮土
03010113				黑垆土夹层黏质褐潮土	304		
03020101		潮土	冲积潮土	绵潮土	242	N. a. 1. 259	蒙金潮土
03020102				河沙土	321	N. a. 1. 256	沙潮土
03030101	潮土	盐化潮土	硫酸盐盐化潮土	浅位厚层沙层中壤质硫酸盐轻度盐化潮土	412		
03030102				深位薄层沙层中壤质硫酸盐轻度盐化潮土	413		
03030103				深位厚层沙层中壤质硫酸盐轻度盐化潮土	414		
03030104				通体壤质硫酸盐轻度盐化潮土	415		
03030105				浅位厚层黏土质硫酸盐轻度盐化潮土	417	N. d. 1. 297	耕轻白盐潮土
03030106				深位厚层黏土质硫酸盐轻度盐化潮土	419		
03030107				通体黏土质硫酸盐轻度盐化潮土	4110		
03030108				深位厚层沙质黏土质硫酸盐轻度盐化潮土	4114		
03030109				浅位厚层沙层黏土质硫酸盐轻度盐化潮土	4117		
03030110				深位厚层沙层壤质硫酸盐中度盐化潮土	424		
03030111				通体壤质硫酸盐中度盐化潮土	425		
03030112				浅位薄层黏土质硫酸盐中度盐化潮土	426		
03030113				深位薄层沙质壤质硫酸盐轻度盐化潮土	423	N. d. 1. 302	耕中白盐潮土
03030114				通体沙质黏土质硫酸盐轻度盐化潮土	4115		
03030115				通体沙质黏土质硫酸盐中度盐化潮土	4215		
03030116				浅位薄层黏土质硫酸盐轻度盐化潮土	416		

（续）

土种代码	土类	亚类	土属	土种（普查定名）名称	代码	土种（省归类）代码	名称
03030117	潮土	盐化潮土	硫酸盐盐化潮土	浅位厚黏土壤质硫酸盐中度盐化潮土	427		
03030118				深层薄层黏土壤质硫酸盐中度盐化潮土	429		
03030119				通体黏土质硫酸盐中度盐化潮土	4210	N.d.1.302	耕中白盐土
03030120				浅位薄层黏土沙质硫酸盐中度盐化潮土	4211		
03030121				浅位厚层黏土沙质硫酸盐中度盐化潮土	4212		
03030122				深位薄沙层壤质硫酸盐重度盐化潮土	433		
03030123				通体壤质硫酸盐重度盐化潮土	435		
03030124				浅位薄层黏土壤质硫酸盐重度盐化潮土	436	N.d.1.307	耕重白盐土
03030125				深位薄层黏土壤质硫酸盐重度盐化潮土	438		
03030126				通体黏土质硫酸盐重度盐化潮土	4310		
03030127				浅位薄沙层中壤质硫酸盐重度盐化潮土	4316		
03030201			氯化物盐化潮土	深位薄沙层壤质氯化物硫酸盐轻度盐化潮土	513		
03030202				浅位薄层黏土壤质氯化物硫酸盐轻度盐化潮土	516	N.d.2.313	轻盐潮土
03030203				通体黏土质氯化物硫酸盐轻度盐化潮土	5110		
03030204				深位薄层黏土沙质氯化物硫酸盐轻度盐化潮土	5114		
03030205				深位薄沙层壤质氯化物硫酸盐中度盐化潮土	523		
03030206				浅位薄层黏土壤质氯化物硫酸盐中度盐化潮土	526		
03030207				浅位厚层黏土壤质氯化物硫酸盐中度盐化潮土	527	N.d.2.316	中盐潮土
03030208				通体黏土质氯化物硫酸盐中度盐化潮土	5210		
03030209				浅位薄层黏土沙质氯化物硫酸盐中度盐化潮土	5211		
03030210				深位薄层黏土沙质氯化物硫酸盐中度盐化潮土	5213		
03030211				浅位厚沙层壤质氯化物硫酸盐重度盐化潮土	532	N.d.2.317	重盐潮土

（续）

土种代码	土类	亚类	土属	土种（普查定名）代码	名称	土种（省归类）代码	名称
03030212			氯化物盐化潮土	534	深位厚沙层壤质氯化物硫酸盐重度盐化潮土		
03030213				536	浅位薄层黏土壤质氯化物硫酸盐重度盐化潮土	N.d.2.317	重盐潮土
03030214				539	深位厚层黏土壤质氯化物硫酸盐重度盐化潮土		
03030215				5310	通体黏土质氯化物硫酸盐重度盐化潮土		
03030216				5315	通体沙壤质氯化物硫酸盐重度盐化潮土		
03030301			苏打盐化潮土	614	深位厚沙层壤质重碳酸盐轻度盐化潮土		
03030302				615	通体壤土质重碳酸盐轻度盐化潮土		
03030303				618	深位薄层黏土壤质重碳酸盐轻度盐化潮土		
03030304				619	深位厚层黏土壤质重碳酸盐轻度盐化潮土	N.d.3.319	耕轻苏打盐潮土
03030305				6110	通体黏土质重碳酸盐轻度盐化潮土		
03030306				6114	深位厚层沙壤质重碳酸盐轻度盐化潮土		
03030307		盐化潮土		6115	通体沙壤质重碳酸盐轻度盐化潮土		
03030308				624	深位厚沙层壤质重碳酸盐中度盐化潮土		
03030309	潮土			6214	深位厚层沙壤质重碳酸盐中度盐化潮土	N.d.3.322	耕中苏打盐潮土
03030310				6215	通体薄层黏土壤质重碳酸盐中度盐化潮土		
03030311				6217	通体沙壤土质重碳酸盐中度盐化潮土		
03030312				632	浅位薄层沙壤质重碳酸盐重度盐化潮土		
03030313				636	深位厚层沙壤质重碳酸盐重度盐化潮土	N.d.3.324	耕重苏打盐潮土
03030314				6315	通体沙壤质重碳酸盐重度盐化潮土		
03030315				6316	浅位薄层中质重碳酸盐重度盐化潮土		
03030401			混合盐化潮土	7113	深位薄层沙壤土沙质重碳酸盐轻度盐化潮土	N.d.4.326	轻混盐潮土
03030402				7115	通体薄层沙壤重碳酸盐轻度盐化潮土		
03030403				7215	通体沙质硫酸盐重碳酸盐中度盐化潮土	N.d.4.329	中混盐潮土
03030404				7315	通体沙质硫酸盐重碳酸盐重度盐化潮土		
04010101	沼泽土	盐化沼泽土	硫酸盐盐化沼泽土	401	硫酸盐轻度盐化草甸沼泽土	O.c.1.336	盐沼土
04010102				403	硫酸盐重度盐化草甸沼泽土		

（3）温度：石灰性褐土固、液、气体三相比为 1：0.7：0.22，蓄水保墒力强，但由于淋溶及耕翻镇压，土体结构较紧实，通气性稍差，三相比液相优于气相，故热容量大，导温率一般，属温性土。

分布于栲栳垣上的石灰性褐土，通透性能良好，质地轻而疏松，适耕期长，耕性较好，保肥力强，水、肥、气、热容易调控，养分供蓄较适当，适种作物广，发老苗变发小苗。

分布于丘陵垣地低洼处的石灰性褐土，耕性差而适耕期短，土体紧实易板结，通透性差，土性凉，养分储蓄多转化慢，发老不发小，属凉性土。

3. 褐土性土亚类 该土淋溶微弱，一般无发生层次，部分土壤有淤积现象，土体结构无一定规律。位于洪积扇和山谷口部位的土壤，沙、黏、砾石相夹，个别地方出现垆土。扇间洼地缓平处还有较明显的淋溶淀积层。成土母质为黄土、次生黄土和洪积物，质地粗糙且多个层次混合，典型土属质地为壤土。

（1）水分：据测定，非毛管孔隙度为 12.5%，通气透水性较好；毛管孔隙度为 39.4%，水稳性团粒为 46%，0.25～10 毫米的土壤团聚体为 84.3%，田间持水量为 21.8%，大小孔隙比为 1：3.1。土壤受耕作影响小，结构较好，大小孔隙比例协调，通透供水性好，但因坡降大，地表径流多，水土流失严重，尽管供水力较好，但蓄水量受限制。

（2）养分：据测定，褐土性土孔隙为 52%，团粒为 46%，容重为 1.35 克/厘米³，有机质含量为 14.9 克/千克，土壤全氮含量为 0.84 克/千克，土壤有效磷含量为 10.3 毫克/千克，土壤速效钾含量为 168 毫克/千克，土壤交换性钙为 7.93 克/千克，土壤交换性镁为 0.32 克/千克，土壤有效硫含量为 78.1 毫克/千克，土壤有效硅含量为 143 毫克/千克，土壤有效铜含量为 1.27 毫克/千克，土壤有效锌含量为 0.89 毫克/千克，土壤有效铁含量为 5.42 毫克/千克，土壤有效锰含量为 9.24 毫克/千克，土壤有效硼含量为 0.78 毫克/千克，土壤有效钼含量为 0.18 毫克/千克。

（3）温度：褐土性土结构较好，通透性强，固、液、气三相比为 1：0.82：0.26，热容量较小，导温率小，土温易上升，属热性土。

该土壤土质疏松，耕性良好，适耕期长，供水供肥性能好，但由于水土流失严重，保水保肥力差，发小苗不发老苗，易脱肥早衰。

4. 潮褐土亚类 该土耕层厚度一般在 25～31 厘米，质地轻壤，黏化层一般出现在 24～150 厘米，厚度 27～90 厘米。部分绵盖垆普沙型，沙层一般出现在 45～130 厘米，厚度达 40 厘米左右，其余部分则为通体黏土，或通体壤土。石灰反应强烈。

（1）水分：据测定，非毛管孔隙度为 4.8%，毛管孔隙度为 42.4%，水稳性团粒为 67.5%，0.25～10 毫米的土壤团聚体为 87.6%，田间持水量为 23.1%，大小孔隙比为 1：8.1，非毛管孔隙较少，比例失调。通透性差，但因水稳性团粒及毛管孔隙较多，保水供水性能尚好。

（2）养分：潮褐土结构紧实，容重大，孔隙少，板结加剧。据测定，有机质含量为 12.5 克/千克，土壤全氮含量为 0.78 克/千克，土壤有效磷含量为 10.6 毫克/千克，土壤速效钾含量为 219 毫克/千克，土壤交换性钙为 8.81 克/千克，土壤交换性镁为

0.61 克/千克，土壤有效硫含量为 104.6 毫克/千克，土壤有效硅含量为 154.2 毫克/千克，土壤有效铜含量为 1.27 毫克/千克，土壤有效锌含量为 1.01 毫克/千克，土壤有效铁含量为 4.93 毫克/千克，土壤有效锰含量为 10.02 毫克/千克，土壤有效硼含量为 1.58 毫克/千克，土壤有效钼含量为 0.21 毫克/千克。孔隙度为 47.2%，团粒为 67.5%，容重为 1.38 克/厘米³，影响空气温度交换和微生物活动，降低供肥性能。

（3）温度：潮褐土固、液、气三相比为 1∶0.88∶0.01，土壤液体比气体大得多，故土壤热容量大，导温率一般，湿度变幅较小。

该土壤耕性良好，多为"蒙金型"，上绵下垆，水、肥、气、热状况协调，托水保肥性好，发小苗变发老苗，属温性土。

（二）潮土类

主要分布在涑水河、黄河沿岸一级、二级阶地及伍姓湖低洼地带。根据成土特点将潮土类划分为脱潮土、潮土、盐化潮土 3 个亚类，现分述如下：

1. 脱潮土亚类　耕层厚度 18～30 厘米，质地轻壤，沙土层出现在心土层 57～100 厘米，厚度达 18～86 厘米，石灰反应微弱，底土层为灰黄色的轻壤，石灰反应强烈。母质为冲积、洪积和湖泊沉积物。

（1）水分：据测定，非毛管孔隙度为 10.6%，毛管孔隙度为 36.6%，水稳性团粒为 59.5%，0.25～10 毫米的土壤团聚体为 80.4%，田间持水量为 20.5%，大小孔隙比为 1∶3.4，比例协调，结构较好，有利于土壤的保水性，但因透水性差，田间持水量较小，故土壤保水力偏低。

（2）养分：土体紧实，容重 1.39 克/厘米³，孔隙小，通透性差，土壤水多气少，影响土壤微生物活动，有效性养分释放受阻，但有利于有机质积累，有机质含量较高，为 13.8 克/千克，全氮含量 0.8 克/千克，有效磷 13.7 毫克/千克，速效钾 174 毫克/千克，交换性钙 8.13 克/千克，交换性镁 0.57 克/千克，有效硫 96.8 毫克/千克，有效硅 195.4 毫克/千克，有效铜 1.4 毫克/千克，有效锌 0.79 毫克/千克，有效锰 8.85 毫克/千克，有效铁 4.94 毫克/千克，有效硼 0.95 毫克/千克，有效钼 0.18 毫克/千克。

（3）温度：因土壤经常湿润，含水量大，因而，土壤热容量大。固、液、气三相比为 1∶0.69∶0.20，液体与气体偏低，而液优于气。又因连年复播，很少休闲，经常覆盖，受光机会少，熟化程度差，土壤紧实，导温率大，属凉性土。

该土壤耕性良好，适耕期长，气热状况较好，经过长期的人为耕作，耕地质地变轻，为保水保肥的"蒙金型"，生产力水平较高。

2. 潮土亚类　耕层 25 厘米左右，质地轻壤，疏松多孔。部分土壤有煤渣侵入，心土层和底土层有少量的锈纹锈斑，全剖面石灰反应强烈。

（1）水分：据测定，非毛管孔隙度为 12%，毛管孔隙度为 40.1%，水稳性团粒为 60%，0.25～10 毫米的土壤团聚体为 97.2%，田间持水量为 21%，大小孔隙比为 1∶3.1。比例协调，通气透水性良好，毛管孔隙和水稳性团粒较多，有利于保水供水。

（2）养分：据测定，有机质含量为 10.6 克/千克，全氮含量 0.58 克/千克，有效磷 11.1 毫克/千克，速效钾 160 毫克/千克，交换性钙 8.27 克/千克，交换性镁 0.44 克/千克，有效硫 68.9 毫克/千克，有效硅 96.3 毫克/千克，有效铜 0.9 毫克/千克，有效锌 0.75 毫克/千克，有效锰 6.82 毫克/千克，有效铁 4.93 毫克/千克，有效硼 0.80 毫克/千克，有效钼 0.14 毫克/千克，孔隙度为 52.1％，团粒结构 60％，容重 1.31 克/厘米^3，有较好的保肥供肥性能。

（3）温度：土壤固、液、气三相比为 1：0.84：0.25，液大于气，土体潮湿，表层多气，导温率小，热容量大，耕层温度变幅小，属温性土。

该土壤耕作性好，养分释放快积蓄少，保水储肥力差，作物易后衰，但水肥条件优越，且易耕易种，适种作物广，好发苗。

3. 盐化潮土亚类 分布地形部位低，地下水位浅，矿化度高，土体含大量盐分。因冲击物质、数量、时间不同，剖面层次差异很大，有沙黏相间、壤黏相间、通体垆、通体轻壤、通体沙壤等。石灰反应较弱。

（1）水分、物理性状：地形部位低，地下水位高，受地下水影响，土体湿润，土性冷凉。根据观察，同一时期，土壤温度明显低于褐土等平川土壤类型。

（2）养分：据测定，有机质含量为 12.2 克/千克，全氮含量 0.74 克/千克，有效磷 10.9 毫克/千克，速效钾 171 毫克/千克，交换性钙 8.69 克/千克，交换性镁 0.56 克/千克，有效硫 102.8 毫克/千克，有效硅 154.2 毫克/千克，有效铜 1.24 毫克/千克，有效锌 0.79 毫克/千克，有效锰 7.91 毫克/千克，有效铁 5.68 毫克/千克，有效硼 1.16 毫克/千克，有效钼 0.22 毫克/千克。

（3）盐分含量：盐化潮土耕层土壤水溶性盐总量在 3.7～24.8 克/千克，平均为 10.6 克/千克，pH 在 8.45 左右。

该土壤耕性好，但潮湿、冷凉，水肥渗透严重，肥力较差。

（三）沼泽土

分布在伍姓湖底，虽已排干湖水，但因长期积水，且目前地下水仍在 1 米以内，有时地表露头，形成沼泽土，划分为盐化沼泽土一个亚类。地下水位较浅，土壤常为水饱和，常年或季节性积水，并有硫酸盐为主的盐分危害，对作物的种植有明显的限制。

土壤水溶性盐分总量为 2.77 克/千克，pH 为 8.25 左右。土壤水分含量过大，水多气少，土质黏重，有利于有机质积累。据测定，土壤容重 1.34％，有机质 13.6 克/千克，全氮含量 0.81 克/千克，有效磷 14.1 毫克/千克，速效钾 302 毫克/千克，交换性钙 10 克/千克，交换性镁 0.63 克/千克，有效硫 150.2 毫克/千克，有效硅 132 毫克/千克，有效铜 1.07 毫克/千克，有效锌 1.35 毫克/千克，有效锰 6.15 毫克/千克，有效铁 5.30 毫克/千克，有效硼 1.46 毫克/千克，有效钼 0.40 毫克/千克。

该土壤不宜作物种植，应以发展水产业为主。

第二节 有机质及大量元素

土壤养分背景值的表达方式以各统计单元养分汇总结果的算术平均值和标准差来表示，分别以单体 N、P、K、Cu、Zn、Mn、Fe、B、Mo、Ca、Mg、S、Si 表示。表示单位：有机质、全氮、交换性钙、交换性镁、水溶性盐用克/千克表示；土壤容重用克/厘米³表示；酸碱度用 pH 表示；其他用毫克/千克表示。

土壤有机质、全氮、有效磷、速效钾等以《山西省耕地土壤养分含量分级参数表》为标准，各分 6 个级别；微量元素参照全省第二次土壤普查的标准，结合永济市土壤养分含量状况重新进行级别划分，各分 6 个级别；交换性钙、交换性镁、有效硫、有效硅由于目前全国范围内仅有酸性土壤的临界值，而永济市土壤属石灰性土壤，没有临界值标准，因而只能根据养分含量的具体状况进行级别划分，各分 6 个级别。详见表 4-3。

表 4-3　山西省耕地土壤养分分级表

级别	I	II	III	IV	V	VI
有机质（克/千克）	>25.00	20.01~25.00	15.01~20.00	10.01~15.00	5.01~10.00	≤5.00
全氮（克/千克）	>1.50	1.21~1.50	1.01~1.20	0.71~1.00	0.51~0.70	≤0.50
有效磷（毫克/千克）	>25.00	20.01~25.00	15.1~20.0	10.1~15.0	5.1~10.0	≤5.0
速效钾（毫克/千克）	>250.0	200.1~250.0	150.1~200.0	100.1~150.0	50.1~100.0	≤50.0
缓效钾（毫克/千克）	>1 200	901~1 200	601~900	351~600	151~350	≤150
阳离子交换量（厘摩尔/千克）	>20.00	15.01~20.00	12.01~15.00	10.01~12.00	8.01~10.00	≤8.00
有效铜（毫克/千克）	>2.00	1.51~2.00	1.01~1.51	0.51~1.00	0.21~0.50	≤0.20
有效锰（毫克/千克）	>30.00	20.01~30.00	15.01~20.00	5.01~15.00	1.01~5.00	≤1.00
有效锌（毫克/千克）	>3.00	1.51~3.00	1.01~1.50	0.51~1.00	0.31~0.50	≤0.30
有效铁（毫克/千克）	>20.00	15.01~20.00	10.01~15.00	5.01~10.00	2.51~5.00	≤2.50
有效硼（毫克/千克）	>2.00	1.51~2.00	1.01~1.50	0.51~1.00	0.21~0.50	≤0.20
有效钼（毫克/千克）	>0.30	0.26~0.30	0.21~0.25	0.16~0.20	0.11~0.15	≤0.10
有效硫（毫克/千克）	>200.00	100.1~200	50.1~100.0	25.1~50.0	12.1~25.0	≤12.0
有效硅（毫克/千克）	>250.0	200.1~250.0	150.1~200.0	100.1~150.0	50.1~100.0	≤50.0
交换性钙（克/千克）	>15.00	10.01~15.00	5.01~10.0	1.01~5.00	0.51~1.00	≤0.50
交换性镁（克/千克）	>1.00	0.76~1.00	0.51~0.75	0.31~0.50	0.06~0.30	≤0.05

一、含量与分布

（一）有机质

永济市大田土壤有机质含量变化范围为 7.25~27.00 克/千克，平均值为 16.18 克/千克，属三级水平（表 4-4）。

（1）不同行政区域：城东街道平均值最高，为 20.21 克/千克；其次是城西街道，平均值为 20.13 克/千克；最低是张营镇平均值，为 13.08 克/千克。

（2）不同土壤类型：褐土性土平均值最高，为 18.05 克/千克；其次是脱潮土，平均值为 17.32 克/千克；最低是淋溶褐土，平均值为 14.28 克/千克。

（3）不同地形部位：黄土垣、梁平均值最高，为 18.41 克/千克；其次是山前洪积平原，平均值为 16.46 克/千克；最低是河流冲积平原的河漫滩，平均值为 10.61 克/千克。

（4）不同作物种类：棉花平均值最高，为 17.57 克/千克；其次是小麦，平均值为 15.86 克/千克；玉米最低，平均值为 14.95 克/千克。

表4-4 永济市大田土壤有机质分类统计结果　　　单位：克/千克

类 别		点位数（个）	平均值	最大值	最小值	标准差	变异系数（%）
行政区域	城东街道	255	20.21	27.00	13.75	3.38	16.73
	城西街道	227	20.13	26.00	13.25	3.05	15.15
	城北街道	271	16.55	24.75	9.50	3.16	19.09
	栲栳镇	520	13.83	21.75	8.50	1.76	12.69
	蒲州镇	471	18.52	26.50	10.50	3.52	19.00
	韩阳镇	242	16.02	20.50	10.75	1.51	9.44
	虞乡镇	522	18.89	25.25	11.00	2.36	12.51
	卿头镇	576	14.03	21.25	9.25	2.04	14.53
	开张镇	626	14.94	24.75	7.25	3.61	24.17
	张营镇	400	13.08	25.00	8.25	2.71	20.70
土壤类型	淋溶褐土	99	14.28	27.00	12.00	2.63	18.41
	石灰性褐土	720	14.82	25.00	8.25	2.47	16.64
	褐土性土	1 194	18.05	27.00	8.25	3.82	21.16
	潮褐土	795	14.94	25.25	8.50	3.36	22.50
	脱潮土	389	17.32	24.75	8.25	3.18	18.36
	潮土	147	14.99	26.50	9.25	3.69	24.61
	盐化潮土	749	15.73	26.50	7.25	3.25	20.62
地形部位	洪积扇中、上部	239	13.81	27.00	12.00	2.90	20.96
	河流冲积平原的河漫滩	43	10.61	24.25	9.25	3.35	31.57
	河流一级、二级阶地	2 081	15.26	26.50	7.25	3.42	22.39
	黄土垣、梁	1 115	18.41	25.25	8.25	2.80	15.23
	山前洪积平原	573	16.46	26.50	11.00	2.97	18.06
作物种类	小麦	3 002	15.86	32.05	0.85	5.42	34.20
	棉花	850	17.57	33.47	3.74	5.37	30.60
	玉米	871	14.95	38.54	1.24	6.52	43.59

菜田土壤有机质含量变化范围为8.70~37.71克/千克，平均值为19.89克/千克，属省三级水平（表4-5）。

（1）不同行政区域：城西街道平均值最高，为22.72克/千克；其次是城东街道，平均值为21.01克/千克；最低是开张镇，平均值为15.54克/千克。

（2）不同土壤类型：脱潮土平均值最高，为23.83克/千克；其次是褐土性土，平均值为20.73克/千克；最低是潮土，平均值为14.63克/千克。

（3）不同地形部位：山前洪积平原平均值最高，为21.3克/千克；其次是河流一级、二级阶地，平均值为19.83克/千克；最低是黄土垣、梁，平均值为15.7克/千克。

（4）不同蔬菜种类：大蒜平均值最高，为23.5克/千克；其次是黄瓜，平均值为23.23克/千克；最低是韭菜，平均值为13.2克/千克。

表4-5 永济市菜田土壤有机质分类统计结果 单位：克/千克

	类　　别	点位数（个）	平均值	最大值	最小值	标准差	变异系数（%）
行政区域	城东街道	20	21.01	36.74	9.46	5.50	26.18
	城西街道	28	22.72	37.71	9.72	11.10	48.86
	城北街道	17	20.20	37.00	10.11	5.60	27.72
	栲栳镇	7	17.03	28.31	12.19	3.75	22.02
	蒲州镇	22	19.22	29.91	9.73	4.05	21.07
	韩阳镇	9	17.52	28.92	9.69	7.25	41.38
	虞乡镇	4	19.80	32.91	16.00	8.45	42.68
	卿头镇	3	16.81	21.82	9.40	6.55	38.96
	开张镇	3	15.54	20.10	8.70	6.03	38.80
	张营镇	7	15.91	19.31	9.40	2.95	18.54
土壤类型	褐土性土	51	20.73	31.21	11.73	6.25	30.15
	潮褐土	14	19.03	28.73	10.43	4.45	23.38
	脱潮土	26	23.83	37.71	8.70	6.25	26.23
	潮土	11	14.63	24.03	10.73	4.25	29.05
	盐化潮土	9	15.33	24.63	8.83	5.65	36.86
	石灰性褐土	9	16.03	22.33	12.23	2.95	18.40
地形部位	河流一级、二级阶地	55	19.83	27.20	12.70	5.95	30.01
	洪积扇中、上部	2	19.20	28.20	10.20	12.73	66.30
	山前洪积平原	48	21.30	37.71	10.60	7.35	34.51
	黄土垣、梁	15	15.70	19.30	8.70	2.45	15.61
蔬菜种类	芦笋	40	15.47	24.61	8.70	3.95	25.53
	辣椒	30	23.01	31.21	10.71	6.35	27.60
	大葱	3	20.81	27.31	15.81	5.89	28.30
	黄瓜	17	23.23	35.91	14.91	7.55	32.50
	茄子	4	17.21	22.51	12.11	6.65	38.64
	豆角	1	22.50	—	—	—	—
	番茄	13	22.77	25.01	12.71	4.05	17.79
	韭菜	3	13.20	19.51	15.11	2.21	16.74
	大蒜	5	23.50	37.71	22.91	6.05	25.74
	香椿	2	19.90	29.91	17.91	8.49	42.66
	白菜	1	17.00	—	—	—	—
	芹菜	1	19.50	—	—	—	—

（二）全氮

永济市大田土壤全氮含量变化范围为0.49～1.60克/千克，平均值为1.01克/千克，属三级水平（表4-6）。

（1）不同行政区域：城西街道平均值最高，为1.27克/千克；其次是城东街道，平均值为1.24克/千克；最低是张营镇，平均值为0.81克/千克。

表4-6 永济市大田土壤全氮分类统计结果　　　　单位：克/千克

类　别		点位数（个）	平均值	最大值	最小值	标准差	变异系数（％）
行政区域	城东街道	276	1.24	1.60	0.90	0.17	13.88
	城西街道	227	1.27	1.55	0.92	0.11	8.55
	城北街道	271	1.04	1.40	0.68	0.16	15.11
	栲栳镇	518	0.94	1.55	0.58	0.17	17.62
	蒲州镇	471	1.05	1.47	0.53	0.15	13.81
	韩阳镇	242	1.08	1.50	0.70	0.10	9.62
	虞乡镇	519	1.17	1.60	0.68	0.15	12.60
	卿头镇	575	0.95	1.55	0.65	0.14	15.13
	开张镇	626	0.85	1.32	0.49	0.13	14.91
	张营镇	400	0.81	1.15	0.63	0.08	9.44
土壤类型	淋溶褐土	103	0.80	1.60	0.80	0.09	11.15
	石灰性褐土	718	0.93	1.47	0.60	0.15	16.24
	褐土性土	1 206	1.18	1.60	0.63	0.20	16.59
	潮褐土	794	0.95	1.60	0.65	0.17	17.81
	脱潮土	389	1.01	1.60	0.49	0.19	18.55
	潮土	147	0.85	1.28	0.58	0.15	18.15
	盐化潮土	751	0.95	1.60	0.49	0.19	19.77
地形部位	洪积扇中、上部	291	0.82	1.60	0.80	0.16	19.19
	河流冲积平原的河漫滩	43	0.85	1.22	0.73	0.12	14.12
	河流一级、二级阶地	2 082	0.96	1.60	0.49	0.19	19.58
	黄土垣、梁	1 109	1.07	1.55	0.60	0.16	15.01
	山前洪积平原	575	1.21	1.60	0.80	0.13	11.05
作物种类	小麦	3004	0.96	1.78	0.17	0.28	29.18
	棉花	1496	1.05	1.98	0.19	0.31	29.68
	玉米	847	0.94	1.81	0.30	0.29	30.80

（2）不同土壤类型：褐土性土平均值最高，为1.18克/千克；其次是脱潮土，平均值为1.01克/千克；最低是淋溶褐土，平均值为0.80克/千克。

（3）不同地形部位：山前洪积平原平均值最高，为1.21克/千克；其次是黄土垣、梁，平均值为1.07克/千克；最低是洪积扇中、上部，平均值为0.82克/千克。

（4）不同作物种类：棉花平均值最高，为1.05克/千克；其次是小麦，平均值为0.96克/千克；最低是玉米，平均值为0.94克/千克。

菜田土壤全氮含量变化范围为0.64～1.92克/千克，平均值为1.26克/千克，属省二级水平（表4-7）。

表4-7　永济市菜田土壤全氮分类统计结果　　　单位：克/千克

类别		点位数（个）	平均值	最大值	最小值	标准差	变异系数（%）
行政区域	城东街道	20	1.47	1.77	1.23	0.13	8.84
	城西街道	28	1.52	1.90	1.29	0.19	12.50
	城北街道	17	1.30	1.79	0.98	0.19	14.62
	栲栳镇	7	0.97	1.32	0.72	0.22	22.68
	蒲州镇	22	1.02	1.38	0.66	0.20	19.61
	韩阳镇	9	1.06	1.92	0.64	0.41	38.68
	虞乡镇	4	1.15	1.86	1.23	0.26	22.61
	卿头镇	3	1.12	1.27	1.00	0.14	12.50
	开张镇	3	1.06	1.13	0.99	0.07	6.60
	张营镇	7	0.99	1.14	0.72	0.18	18.18
土壤类型	褐土性土	51	1.35	1.92	0.83	0.25	18.52
	潮褐土	14	1.16	1.79	0.72	0.23	19.83
	脱潮土	26	1.46	1.86	1.23	0.15	10.27
	潮土	11	0.86	1.26	0.66	0.20	23.26
	盐化潮土	9	1.01	1.38	0.64	0.25	24.75
	石灰性褐土	9	1.04	1.32	0.76	0.18	17.31
地形部位	河流一级、二级阶地	55	1.21	1.79	0.66	0.26	21.49
	洪积扇中、上部	2	1.60	1.90	1.29	0.43	26.88
	山前洪积平原	48	1.37	1.92	0.64	0.33	24.09
	黄土垣、梁	15	1.04	1.32	0.76	0.16	15.38
蔬菜种类	芦笋	40	1.12	1.38	0.64	0.21	18.75
	辣椒	30	1.44	1.64	1.23	0.10	6.94
	大葱	3	1.24	1.50	1.05	0.23	18.55
	黄瓜	17	1.34	1.86	0.98	0.34	25.37
	茄子	4	1.31	1.50	1.13	0.15	11.45
	豆角	1	1.10	—	—	—	—
	番茄	13	1.38	1.58	0.99	0.23	16.67
	韭菜	3	0.75	1.25	1.04	0.10	13.33
	大蒜	5	1.19	1.77	1.38	0.16	13.45
	香椿	2	1.15	1.92	1.15	0.54	46.96
	白菜	1	0.91	—	—	—	—
	芹菜	1	1.05	—	—	—	—

（1）不同行政区域：城西街道平均值最高，为1.52克/千克；其次是城东街道，平均值为1.47克/千克；最低是栲栳镇，平均值为0.97克/千克。

（2）不同土壤类型：脱潮土平均值最高，为1.46克/千克；其次是褐土性土，平均值为1.35克/千克；最低是潮土，平均值为0.86克/千克。

（3）不同地形部位：洪积扇中、上部平均值最高，为1.60克/千克；其次是山前洪积平原，平均值为 1.37 克/千克；最低是黄土垣、梁，平均值为 1.04 克/千克。

（4）不同蔬菜种类：辣椒平均值最高，为 1.44 克/千克；其次是黄瓜，平均值为 1.34 克/千克；最低是韭菜，平均值为 0.75 克/千克。

（三）有效磷

永济市大田土壤有效磷含量变化范围为 6.5～32.5 克/千克，平均值为 18.53 毫克/千克，属三级水平（表 4-8）。

表 4-8 永济市大田土壤有效磷分类统计结果　　单位：毫克/千克

类　别		点位数（个）	平均值	最大值	最小值	标准差	变异系数（%）
行政区域	城东街道	278	18.87	31.50	8.50	4.22	22.36
	城西街道	226	20.02	31.50	9.00	4.50	22.49
	城北街道	271	21.74	31.50	7.75	4.34	19.94
	栲栳镇	519	20.65	32.50	9.00	3.87	18.75
	蒲州镇	471	19.52	31.00	10.50	3.84	19.66
	韩阳镇	240	17.61	32.50	9.75	5.02	28.50
	虞乡镇	520	19.65	32.50	6.75	4.75	24.19
	卿头镇	570	16.53	32.50	6.50	5.14	31.10
	开张镇	626	15.38	28.00	7.00	3.91	25.43
	张营镇	399	18.27	31.50	8.25	4.25	23.23
土壤类型	淋溶褐土	105	17.23	28.00	11.00	3.05	17.68
	石灰性褐土	720	19.54	32.50	7.75	4.51	23.07
	褐土性土	1204	18.79	32.00	6.75	4.37	23.28
	潮褐土	790	17.91	32.50	7.25	4.65	25.94
	脱潮土	389	18.25	32.50	7.00	5.47	30.04
	潮土	147	20.91	32.00	12.50	3.69	17.63
	盐化潮土	748	17.68	32.50	6.50	5.30	30.00
地形部位	洪积扇中、上部	224	15.69	32.00	11.00	4.19	26.70
	河流冲积平原的河漫滩	36	16.79	32.00	14.00	4.81	28.65
	河流一级、二级阶地	2077	17.92	32.50	6.50	5.02	28.01
	黄土垣、梁	1 113	19.70	32.50	7.75	4.44	22.55
	山前洪积平原	576	19.67	30.50	6.75	4.47	22.75
作物种类	小麦	2 783	17.29	43.75	2.00	8.83	51.07
	棉花	800	14.77	37.00	0.20	7.72	52.28
	玉米	829	13.70	36.00	1.30	7.50	54.78

（1）不同行政区域：城北街道平均值最高，为 21.74 毫克/千克；其次是栲栳镇，平均值为 20.65 毫克/千克；最低是开张镇，平均值为 15.38 毫克/千克。

（2）不同土壤类型：潮土平均值最高，为 20.91 毫克/千克；其次是石灰性褐土，平均值为 19.54 毫克/千克；最低是淋溶褐土，平均值为 17.23 毫克/千克。

（3）不同地形部位：黄土垣、梁平均值最高，为 19.70 毫克/千克；其次是山前洪积平原，平均值为 19.67 毫克/千克；最低是洪积扇中、上部，平均值为 15.69 毫克/千克。

（4）不同作物种类：小麦平均值最高，为 17.29 毫克/千克；其次是棉花，平均值为 14.77 毫克/千克；最低是玉米，平均值为 13.70 毫克/千克。

菜田土壤有效磷含量变化范围为 6.0～79.0 毫克/千克，平均值为 32.4 毫克/千克，属省一级水平（表 4－9）。

表 4－9　永济市菜田土壤有效磷分类统计结果　　　　单位：毫克/千克

类　别		点位数（个）	平均值	最大值	最小值	标准差	变异系数（％）
行政区域	城东街道	20	32.4	66.3	10.1	21.10	65.12
	城西街道	28	49.1	75.8	28.3	22.70	46.23
	城北街道	17	42.3	79.0	13.8	21.60	51.06
	栲栳镇	7	19.8	41.4	8.0	12.30	62.12
	蒲州镇	22	14.1	23.6	6.0	5.70	40.43
	韩阳镇	9	18.3	35.0	8.6	8.70	47.54
	虞乡镇	4	39.0	79.0	13.9	27.20	69.74
	卿头镇	3	48.2	79.0	10.3	34.90	72.41
	开张镇	3	15.3	22.6	8.0	7.30	47.71
	张营镇	7	26.8	45.2	9.3	15.10	56.34
土壤类型	褐土性土	51	38.1	75.8	6.0	25.50	66.93
	潮褐土	14	41.8	79.0	8.0	32.40	77.51
	脱潮土	26	27.9	64.6	10.1	13.50	48.39
	潮土	11	18.6	22.5	12.0	4.70	25.27
	盐化潮土	9	18.8	36.4	10.5	6.00	31.91
	石灰性褐土	9	28.7	41.4	19.3	12.30	42.86
地形部位	河流一级、二级阶地	55	29.8	64.6	12.6	14.60	48.99
	洪积扇中、上部	2	44.6	70.8	28.3	30.05	67.38
	山前洪积平原	48	38.7	79.0	8.5	28.10	72.61
	黄土垣、梁	15	20.1	41.4	6.0	11.50	57.21
蔬菜种类	芦笋	40	15.8	31.7	12.6	6.40	40.51
	辣椒	30	41.9	75.8	15.2	21.60	51.55
	大葱	3	35.3	39.6	30.4	4.63	13.12
	黄瓜	17	43.0	79.0	10.1	37.60	87.44
	茄子	4	36.9	72.5	6.0	32.70	88.62
	豆角	1	50.4	—	—	—	—
	番茄	13	47.7	66.3	22.6	25.30	53.04
	韭菜	3	36.5	50.6	13.8	19.85	54.38
	大蒜	5	22.8	35.0	13.5	8.10	35.53
	香椿	2	9.4	20.1	18.7	0.99	10.53
	白菜	1	79.0	—	—	—	—
	芹菜	1	24.1	—	—	—	—

（1）不同行政区域：城西街道平均值最高，为49.1毫克/千克；其次是卿头镇，平均值为48.2毫克/千克；最低是蒲州镇，平均值为14.1毫克/千克。

（2）不同土壤类型：潮褐土平均值最高，为41.8毫克/千克；其次是褐土性土，平均值为38.1毫克/千克；最低是潮土，平均值为18.6毫克/千克。

（3）不同地形部位：洪积扇中、上部平均值最高，为44.6毫克/千克；其次是山前洪积平原，平均值为38.7毫克/千克；最低是黄土垣、梁，平均值为20.1毫克/千克。

（4）不同蔬菜种类：白菜平均值最高，为79毫克/千克；其次是豆角，平均值为50.4毫克/千克；最低是香椿，平均值为9.4毫克/千克。

（四）速效钾

永济市大田土壤速效钾含量变化范围为72.5~390.0毫克/千克，平均值为226.12毫克/千克，属二级水平（表4-10）。

表4-10　永济市大田土壤速效钾分类统计结果　　单位：毫克/千克

类　别		点位数（个）	平均值	最大值	最小值	标准差	变异系数（%）
行政区域	城东街道	278	163.6	250.0	72.5	30.3	18.54
	城西街道	227	219.0	380.0	100.0	69.2	31.61
	城北街道	271	207.9	370.0	127.5	37.0	17.82
	栲栳镇	520	246.2	390.0	105.0	47.5	19.29
	蒲州镇	467	271.4	390.0	152.5	58.6	21.57
	韩阳镇	242	187.2	340.0	125.0	27.2	14.52
	虞乡镇	522	235.5	350.0	120.0	48.6	20.61
	卿头镇	576	264.8	390.0	187.5	34.3	12.93
	开张镇	626	206.4	330.0	75.0	39.9	19.35
	张营镇	400	193.5	320.0	112.5	38.1	19.71
土壤类型	淋溶褐土	105	197.4	350.0	122.5	43.0	21.80
	石灰性褐土	719	226.5	380.0	105.0	50.8	22.44
	褐土性土	1 207	212.0	390.0	72.5	56.5	26.65
	潮褐土	794	244.3	390.0	127.5	50.7	20.74
	脱潮土	389	240.6	380.0	97.5	54.9	22.83
	潮土	147	232.9	390.0	112.5	69.7	29.92
	盐化潮土	752	224.4	390.0	75.0	48.7	21.64
地形部位	洪积扇中、上部	293	192.5	350.0	120.0	65.7	34.11
	河流冲积平原的河漫滩	43	196.3	350.0	150.0	51.7	26.34
	河流一级、二级阶地	2 083	232.9	390.0	75.0	54.0	23.17
	黄土垣、梁	1 113	230.8	390.0	105.0	52.6	22.77
	山前洪积平原	576	211.7	380.0	72.5	59.4	28.08
作物种类	小麦	2 988	229.07	524.60	19.40	98.87	43.16
	棉花	842	178.86	351.20	33.50	63.09	35.27
	玉米	844	207.95	411.20	25.70	69.36	33.35

（1）不同行政区域：蒲州镇平均值最高，为 271.4 毫克/千克；其次是卿头镇，平均值为 264.8 毫克/千克；城东街道平均值最低，为 163.6 毫克/千克。

（2）不同土壤类型：潮褐土平均值最高，为 244.3 毫克/千克；其次是脱潮土，平均值为 240.6 毫克/千克；最低是淋溶褐土，平均值为 197.4 毫克/千克。

（3）不同地形部位：河流一级、二级阶地平均值最高，为 232.9 毫克/千克；其次是黄土垣、梁，平均值为 230.8 毫克/千克；最低是洪积扇中、上部，平均值为 192.5 毫克/千克。

（4）不同作物种类：小麦平均值最高，为 229.07 毫克/千克；其次是玉米，平均值为 207.95 毫克/千克；最低是棉花，平均值为 178.86 毫克/千克。

菜田土壤速效钾含量变化范围为 88.6～662.6 毫克/千克，平均值为 245.2 毫克/千克，属省二级水平（表 4-11）。

表 4-11　永济市菜田土壤速效钾分类统计结果　　　单位：毫克/千克

类 别		点位数（个）	平均值	最大值	最小值	标准差	变异系数（%）
行政区域	城东街道	20	272.5	389.0	88.6	71.0	26.06
	城西街道	28	221.6	482.4	146.6	109.0	49.19
	城北街道	17	202.6	328.6	148.0	46.0	22.70
	栲栳镇	7	254.6	344.6	185.6	51.0	20.03
	蒲州镇	22	249.6	379.6	149.1	51.0	20.43
	韩阳镇	9	229.5	338.6	152.6	57.0	24.83
	虞乡镇	4	307.6	662.6	368.4	182.0	59.17
	卿头镇	3	347.6	557.2	198.6	187.1	53.83
	开张镇	3	291.6	359.6	215.6	72.3	24.80
	张营镇	7	262.6	329.6	212.6	46.0	17.52
土壤类型	褐土性土	50	234.9	368.1	146.5	53.0	22.56
	潮褐土	14	325.8	662.6	198.6	171.0	52.49
	脱潮土	22	206.7	278.6	88.7	44.0	21.30
	潮土	11	222.6	312.3	149.6	50.0	22.46
	盐化潮土	9	271.6	379.6	152.6	82.0	30.19
	石灰性褐土	9	272.6	344.6	212.6	49.0	17.98
地形部位	河流一级、二级阶地	53	249.6	385.6	88.6	64.0	25.64
	洪积扇中、上部	2	230.6	282.7	178.6	73.5	31.89
	山前洪积平原	45	244.1	662.6	146.6	62.0	25.40
	黄土垣、梁	15	235.0	344.6	212.6	43.0	18.30

（续）

类 别		点位数（个）	平均值	最大值	最小值	标准差	变异系数（%）
蔬菜种类	芦笋	40	207.0	379.6	149.6	55.0	26.57
	辣椒	30	201.0	315.6	88.6	50.0	26.81
	大葱	3	246.6	328.6	183.5	75.0	30.41
	黄瓜	16	401.5	662.6	156.6	246.0	61.25
	茄子	4	212.6	328.6	151.6	83.0	39.04
	豆角	1	107.0	—	—	—	—
	番茄	13	322.6	623.6	210.6	189.0	58.59
	韭菜	3	195.0	294.6	220.4	38.0	14.87
	大蒜	5	180.0	338.6	190.6	62.0	25.77
	香椿	2	178.0	253.6	223.4	21.0	8.80
	白菜	1	173.0	—	—	—	—
	芹菜	1	188.0	—	—	—	—

（1）不同行政区域：卿头镇平均值最高，为 347.6 毫克/千克；其次是虞乡镇，平均值为 307.6 毫克/千克；最低是城北街道，平均值为 202.6 毫克/千克。

（2）不同土壤类型：潮褐土平均值最高，为 325.8 毫克/千克；其次是石灰性褐土，平均值为 272.6 毫克/千克；最低是脱潮土，平均值为 206.7 毫克/千克。

（3）不同地形部位：河流一级、二级阶地平均值最高，为 249.6 毫克/千克；其次是山前洪积平原，平均值为 244.1 毫克/千克；最低是洪积扇中、上部，平均值为 230.6 毫克/千克。

（4）不同蔬菜种类：黄瓜平均值最高，为 401.5 毫克/千克；其次是番茄，平均值为 322.6 毫克/千克；最低是豆角，平均值为 107.0 毫克/千克。

（五）缓效钾

永济市土壤缓效钾含量变化范围为 605.0～2 043.0 毫克/千克，平均值为 1 330.4 毫克/千克，属一级水平（表 4-12）。

（1）不同行政区域：虞乡镇平均值最高，为 1 433.2 毫克/千克；其次是城北街道，平均值为 1 424.5 毫克/千克；张营镇平均值最低，为 1 190.9 毫克/千克。

（2）不同土壤类型：脱潮土平均值最高，为 1 387.4 毫克/千克；其次是石灰性褐土，平均值为 1 345.6 毫克/千克；最低是淋溶褐土，平均值为 1 239.4 毫克/千克。

（3）不同地形部位：河流一级、二级阶地平均值最高，为 1 344.0 毫克/千克；其次是黄土垣、梁，平均值为 1 337.3 毫克/千克；最低是洪积扇中、上部，平均值为 1 206.4 毫克/千克。

（4）不同作物种类：小麦平均值最高，为 1 351.5 毫克/千克；其次是棉花，平均值为 1 318.6 毫克/千克。

表 4-12 永济市土壤缓效钾分类统计结果 单位：毫克/千克

类 别		点位数（个）	平均值	最大值	最小值	标准差	变异系数（%）
行政区域	城北街道	387	1 424.5	2 042.0	745.0	217.2	15.24
	城东街道	300	1 390.6	2 042.0	704.0	285.4	20.52
	城西街道	236	1 245.0	1 894.0	853.0	221.5	17.79
	韩阳镇	351	1 305.7	1 993.0	754.0	234.9	17.99
	开张镇	509	1 311.6	1 993.0	705.0	220.0	16.77
	栲栳镇	650	1 353.4	1 993.0	754.0	197.7	14.61
	蒲州镇	621	1 376.3	2 043.0	800.0	236.0	17.15
	卿头镇	556	1 250.1	1 894.0	457.0	263.5	21.08
	虞乡镇	418	1 433.2	2 043.0	804.0	287.6	20.06
	张营镇	490	1 190.9	1 795.0	507.0	246.0	20.66
土壤类型	潮褐土	952	1 337.6	2 043.0	605.0	267.8	20.02
	潮土	86	1 303.6	2 043.0	605.0	282.8	21.69
	褐土性土	1 181	1 299.4	2 042.0	704.0	238.7	18.37
	淋溶褐土	16	1 239.4	1 943.0	903.0	288.4	23.27
	石灰性褐土	1 169	1 345.6	2 042.0	705.0	204.8	15.22
	脱潮土	416	1 387.4	1 993.0	655.0	264.1	19.04
	盐化潮土	685	1 318.6	2 043.0	606.0	283.3	21.47
地形部位	洪积扇中、上部	226	1 206.4	2 043.0	605.0	256.7	21.28
	河流一级、二级阶地	2 083	1 344.0	2 051.0	625.0	286.1	21.29
	黄土垣、梁	1 092	1 337.3	1 993.0	605.0	211.3	15.80
	山前洪积平原	576	1 317.0	2 055.0	610.0	262.3	19.92
作物种类	小麦	3 003	1 351.5	2 092.3	457.3	251.7	18.6
	棉花	1 522	1 318.6	2 092.3	556.3	266.1	20.2

二、分级论述

（一）有机质

Ⅰ级 有机质含量大于 25.0 克/千克的点位有 78 个，代表面积 11 466.0 亩，占总耕地面积的 1.49%。主要分布在城东、城西、虞乡镇的河流一级、二级阶地和山前洪积平原；种植作物为小麦、玉米。

Ⅱ级 有机质含量在 20.01~25.00 克/千克的点位有 617 个，代表面积 87 901.0 亩，占总耕地面积的 11.40%。主要分布在虞乡镇、蒲州镇、城北的河流一级、二级阶地和山前洪积平原，其次分布在河流冲积平原的河漫滩上；种植作物主要为小麦、玉米，其次是棉花。

Ⅲ级　有机质含量在15.01～20.00克/千克的点位有1 629个，代表面积282 788.5亩，占总耕地面积的36.67％。主要分布在城北街道、韩阳镇、开张镇的河流一级、二级阶地和山前洪积平原，洪积扇中、上部也有分布；种植作物主要为棉花，其次为小麦、玉米、果树。

Ⅳ级　有机质含量在10.01～15.00克/千克的点位有1 706个，代表面积366 911.6亩，占总耕地面积的47.57％。主要分布在栲栳镇、卿头镇和开张镇的河流一级、二级阶地和垣地上；种植作物主要为小麦、玉米、棉花、果树等。

Ⅴ级　有机质含量在5.01～10.00克/千克的点位有103个，代表面积22 188.6亩，占总耕地面积的2.88％。主要分布在开张镇、张营镇和卿头镇的河流一级、二级阶地和垣地上；种植作物主要为棉花，其次是小麦、玉米、果树等。

Ⅵ级　有机质含量小于5.00克/千克的点位全县无分布。

（二）全氮

Ⅰ级　全氮含量大于1.50克/千克的点位有51个，代表面积7 970.9亩，占总耕地面积的1.03％。分布在山地区城西、城东的河流一级、二级阶地和山前洪积平原；种植作物为小麦、玉米。

Ⅱ级　全氮含量在1.21～1.50克/千克的点位有677个，代表面积108 400.7亩，占总耕地面积的14.06％。主要分布在虞乡镇、韩阳镇、蒲州镇的河流一级、二级阶地和山前洪积平原；种植作物为小麦、玉米（大豆、芝麻等）。

Ⅲ级　全氮含量在1.01～1.20克/千克的点位有1 295个，代表面积222 205.4亩，占总耕地面积的28.81％。主要分布在蒲州镇、城北、卿头镇的河流一级、二级阶地和黄土垣、梁；种植作物主要为小麦、玉米、棉花。

Ⅳ级　全氮含量在0.71～1.00克/千克的点位有1 966个，代表面积402 205.8亩，占总耕地面积的52.15％。主要分布在栲栳镇、卿头镇和城北的河流一级、二级阶地、黄土垣、梁上；种植作物主要为棉花、小麦、玉米、果树等。

Ⅴ级　全氮含量在0.51～0.70克/千克的点位有142个，代表面积30 094.4亩，占总耕地面积的3.90％。主要分布在丘陵和盆地区栲栳镇、卿头镇和开张镇的河流一级、二级阶地和黄土垣、梁上；种植作物主要为棉花，其次是小麦、玉米等。

Ⅵ级　全氮含量小于0.50克/千克的点位有2个，代表面积378.5亩，占总耕地面积的0.05％。主要分布在开张镇、张营镇的河流一级、二级阶地及黄土垣、梁上；种植作物为棉花、小麦、玉米等。

（三）有效磷

Ⅰ级　有效磷含量大于25.0毫克/千克的点位有382个，代表面积78 766.0亩，占总耕地面积的10.21％。主要分布在城北、栲栳镇的垣地及河流一级、二级阶地上；种植作物主要为小麦、玉米、棉花。

Ⅱ级　有效磷含量在20.1～25.0毫克/千克的点位有1 071个，代表面积198 345.1亩，占总耕地面积的25.72％。主要分布在城西、虞乡镇和蒲州镇的河流一级、二级阶地和山前洪积平原上；种植作物主要为棉花、小麦、玉米等。

Ⅲ级　有效磷含量在15.1～20.0毫克/千克的点位有1 617个，代表面积283 798.5

亩，占总耕地面积的 36.80%。主要分布在城东、蒲州镇和张营镇的河流一级、二级阶地和垣地上；种植作物主要为小麦、玉米、棉花、果树等。

Ⅳ级 有效磷含量在 10.1～15.0 毫克/千克的点位有 935 个，代表面积 177 153.9 亩，占总耕地面积的 22.97%。主要分布在张营镇、韩阳镇和卿头镇的河流一级、二级阶地及垣地上；种植作物主要为小麦、玉米、棉花。

Ⅴ级 有效磷含量在 5.0～10.0 毫克/千克的点位有 128 个，代表面积 33 192.3 亩，占总耕地面积的 4.30%。主要分布在卿头镇、开张镇的河流一级、二级阶地；种植作物主要为棉花。

Ⅵ级 有效磷含量小于 5.0 毫克/千克的点位全县无分布。

(四) 速效钾

Ⅰ级 速效钾含量大于 250.0 毫克/千克的点位有 1 210 个，代表面积 258 149.5 亩，占总耕地面积的 33.47%。主要分布在蒲州镇、卿头镇和栲栳镇的河流一级、二级阶地和垣地上；种植作物主要为棉花、小麦、玉米、果树等。

Ⅱ级 速效钾含量在 200.1～250.0 毫克/千克的点位有 1 407 个，代表面积 259 283.8 亩，占总耕地面积的 33.62%。主要分布在栲栳镇、虞乡镇和城西街道的垣地和山前洪积平原上；种植作物主要为棉花，其次是小麦、玉米等。

Ⅲ级 速效钾含量在 150.1～200.0 毫克/千克的点位有 1 187 个，代表面积 193 500.7 亩，占总耕地面积的 25.09%。主要分布在城西、城北、开张镇的山前洪积平原和河流一级、二级阶地上；种植作物主要为小麦、玉米、棉花等。

Ⅳ级 速效钾含量在 100.1～150.0 毫克/千克的点位有 315 个，代表面积 57 281.3 亩，占总耕地面积的 7.43%。主要分布在开张镇、张营镇和韩阳镇的垣地和河流一级、二级阶地上；种植作物主要为棉花、小麦、玉米等。

Ⅴ级 速效钾含量在 50.1～100.0 毫克/千克的点位有 14 个，代表面积 3 040.4 亩，占总耕地面积的 0.39%。主要分布在韩阳镇和城东街道的河流一级、二级阶地和洪积扇中、上部；种植作物主要为小麦、玉米。

Ⅵ级 速效钾含量小于 50.0 毫克/千克的点位全县无分布。

(五) 缓效钾

Ⅰ级 缓效钾含量大于 1 200 毫克/千克的点位有 3 327 个，代表面积 653 029.5 亩，占总耕地面积的 84.67%。主要分布在虞乡镇、城北、城东、蒲州镇、栲栳镇和开张镇的山前洪积平原、河流一级、二级阶地和垣地上；种植作物主要为小麦、玉米、棉花、果树等。

Ⅱ级 缓效钾含量在 901～1 200 毫克/千克的点位有 713 个，代表面积 106 163.1 亩，占总耕地面积的 13.76%。主要分布在栲栳镇、开张镇、韩阳镇和卿头镇的垣地和河流一级、二级阶地上；种植作物主要为棉花，其次是小麦、玉米、果树等。

Ⅲ级 缓效钾含量在 601～900 毫克/千克的点位有 93 个，代表面积 12 063.2 亩，占耕地面积的 1.56%。主要分布在城西、张营镇的洪积扇中、上部和河漫滩上；种植作物主要为小麦、玉米。

Ⅳ级、Ⅴ级、Ⅵ级 缓效钾含量小于 600 毫克/千克的点位无县无分布。

永济市耕地土壤大量元素分级面积统计表见表4-13。

表4-13　永济市耕地土壤大量元素分级面积统计表

类别	I		II		III		IV		V		VI	
	面积（亩）	百分比（%）	面积（亩）	百分比（%）	面积（亩）	百分比（%）	面积（亩）	百分比（%）	面积（亩）	百分比（%）	面积（亩）	百分比（%）
有机质	11 466.0	1.49	87 901.0	11.40	282 788.5	36.67	366 911.6	47.57	22 188.6	2.88	0.0	0.00
全氮	7 970.9	1.03	108 400.7	14.06	222 205.4	28.81	402 205.8	52.15	30 094.4	3.90	378.5	0.05
有效磷	78 766.0	10.21	198 345.1	25.72	283 798.5	36.80	177 153.9	22.97	33 192.3	4.30	0.0	0.00
速效钾	258 149.5	33.47	259 283.8	33.62	193 500.7	25.09	57 281.3	7.43	3 040.4	0.39	0.0	0.00
缓效钾	653 029.5	84.67	106 163.1	13.76	12 063.2	1.56	0.0	0.00	0.0	0.00	0.0	0.00

第三节　中量元素

一、含量与分布

（一）交换性钙

永济市大田土壤交换性钙含量变化范围为2.00～12.00克/千克，平均值为8.54克/千克，属省三级水平（表4-14）。

（1）不同行政区域：韩阳镇平均值最高，为10.0克/千克；其次是城东街道，平均值为9.66克/千克；最低是城西街道，平均值为7.12克/千克。

（2）不同土壤类型：淋溶褐土平均值最高，为11.0克/千克；其次是石灰性褐土，平均值为8.91克/千克；最低是盐化潮土，平均值为8.01克/千克。

（3）不同地形部位：山前洪积平原平均值最高，为9.15克/千克；其次是黄土塬、梁，平均值为8.75克/千克；最低是洪积扇中、上部，平均值为7.92克/千克。

（4）不同作物种类：小麦平均值最高，为9.53克/千克；其次是棉花，平均值为8.82克/千克；最低是玉米，平均值为8.06克/千克。

菜田土壤交换性钙含量变化范围为3.00～13.00克/千克，平均值为8.40克/千克，属省三级水平（表4-15）。

（1）不同行政区域：开张镇平均值最高，为10克/千克；其次是城西街道，平均值为9.96克/千克；最低是韩阳镇，平均值为5.67克/千克。

（2）不同土壤类型：褐土性土平均值最高，为10克/千克；其次是石灰性褐土，平均值为9.44克/千克；最低是脱潮土，平均值为6.36克/千克。

表4-14 永济市大田土壤交换性钙分类统计结果　　　单位：克/千克

类 别		点位数（个）	平均值	最大值	最小值	标准差	变异系数（%）
行政区域	城东街道	29	9.66	10.0	3.0	1.99	20.60
	城西街道	15	7.12	11.0	2.0	2.65	37.22
	城北街道	31	9.04	10.0	7.0	0.96	10.62
	栲栳镇	64	8.91	11.0	5.0	1.31	14.70
	蒲州镇	69	8.30	11.0	5.0	1.30	15.66
	韩阳镇	31	10.00	12.0	7.0	1.03	10.30
	虞乡镇	48	8.16	12.0	5.0	1.33	16.30
	卿头镇	54	8.26	10.0	7.0	0.77	9.32
	开张镇	49	8.37	12.0	6.0	1.45	17.32
	张营镇	41	7.64	10.0	6.0	1.06	13.87
土壤类型	淋溶褐土	1	11.00	—	—	—	—
	石灰性褐土	92	8.91	11.0	7.0	1.11	12.46
	褐土性土	140	8.55	12.0	2.0	2.06	24.09
	潮褐土	83	8.71	10.0	6.0	0.94	10.79
	脱潮土	23	8.13	10.0	6.0	0.92	11.32
	潮土	26	8.27	11.0	5.0	1.59	19.23
	盐化潮土	68	8.01	12.0	5.0	1.65	20.60
地形部位	河流一级、二级阶地	230	8.33	12.0	5.0	1.39	16.69
	洪积扇中、上部	23	7.92	11.0	2.0	2.65	33.46
	山前洪积平原	63	9.15	12.0	2.0	2.31	25.25
	黄土垣、梁	116	8.75	11.0	7.0	1.06	12.11
作物	小麦	51	9.53	12.0	5.0	1.54	16.16
	棉花	149	8.82	12.0	5.0	1.44	16.33
	玉米	193	8.06	11.0	5.0	1.32	16.38
	其他	31	8.55	11.0	2.0	1.50	17.54

（3）不同地形部位：山前洪积平原平均值最高，为9.85克/千克；其次是黄土垣、梁，平均值为8.07克/千克；最低是洪积扇中、上部，平均值为5.50克/千克。

（4）不同蔬菜种类：番茄平均值最高，为10.23克/千克；其次是辣椒，平均值为9.7克/千克；最低是香椿，平均值为5.50克/千克。

（二）交换性镁

永济市大田土壤交换性镁含量变化范围为0.06～1.44克/千克，平均值为0.45克/千克，属省四级水平（表4-16）。

（1）不同行政区域：卿头镇平均值最高，为0.65克/千克；其次是开张镇，平均值为0.56克/千克；最低是城西街道，平均值为0.16克/千克。

表 4-15 永济市菜田土壤交换性钙分类统计结果　　　单位：克/千克

类 别		点位数（个）	平均值	最大值	最小值	标准差	变异系数（%）
行政区域	城东街道	20	6.70	9.0	3.0	1.30	19.40
	城西街道	28	9.96	13.0	4.0	2.10	21.08
	城北街道	17	9.54	12.0	5.0	1.07	11.22
	栲栳镇	7	9.87	11.0	9.0	0.79	8.00
	蒲州镇	22	7.55	8.0	4.0	1.11	14.70
	韩阳镇	9	5.67	8.0	3.0	1.87	32.98
	虞乡镇	4	7.75	12.0	6.0	2.87	37.03
	卿头镇	3	7.00	7.0	7.0	—	—
	开张镇	3	10.00	10.0	10.0	—	—
	张营镇	7	9.17	10.0	8.0	0.75	8.18
土壤类型	褐土性土	51	10.00	13.0	6.0	1.51	15.10
	潮褐土	14	8.14	10.0	7.0	1.10	13.51
	脱潮土	25	6.36	8.0	3.0	1.15	18.08
	潮土	11	6.46	10.0	4.0	1.86	28.79
	盐化潮土	9	6.78	10.0	4.0	1.64	24.19
	石灰性褐土	9	9.44	11.0	8.0	0.88	9.32
地形部位	河流一级、二级阶地	55	7.33	10.0	3.0	1.52	20.74
	洪积扇中、上部	2	5.50	7.0	4.0	2.12	38.55
	山前洪积平原	48	9.85	13.0	3.0	1.88	19.09
	黄土垣、梁	15	8.07	11.0	5.0	1.98	24.54
蔬菜种类	芦笋	40	6.98	11.0	4.0	1.86	26.65
	辣椒	30	9.70	13.0	3.0	1.55	15.98
	大葱	3	7.00	8.0	6.0	1.00	14.29
	黄瓜	17	9.55	12.0	6.0	1.72	18.01
	茄子	4	7.50	10.0	6.0	1.73	23.07
	豆角	1	6.00	—	—	—	—
	番茄	13	10.23	12.0	5.0	2.00	19.55
	韭菜	3	8.33	9.0	8.0	0.58	6.96
	大蒜	5	6.60	7.0	6.0	0.55	8.33
	香椿	2	5.50	8.0	3.0	3.54	64.36
	白菜	1	9.00	—	—	—	—
	芹菜	1	7.00	—	—	—	—

表4-16　永济市大田土壤交换性镁分类统计结果　　　单位：克/千克

类　别		点位数（个）	平均值	最大值	最小值	标准差	变异系数（%）
行政区域	城东街道	29	0.35	0.78	0.1	0.19	54.29
	城西街道	15	0.16	0.3	0.06	0.06	37.50
	城北街道	31	0.48	0.78	0.22	0.14	29.17
	栲栳镇	64	0.41	0.71	0.24	0.12	29.27
	蒲州镇	68	0.34	0.75	0.16	0.13	38.24
	韩阳镇	32	0.36	0.71	0.08	0.17	47.22
	虞乡镇	48	0.55	1.44	0.16	0.26	47.27
	卿头镇	54	0.65	1.14	0.28	0.17	26.15
	开张镇	49	0.56	1.02	0.20	0.20	35.71
	张营镇	39	0.46	0.65	0.20	0.11	23.91
土壤类型	淋溶褐土	1	0.38	—	—	—	—
	石灰性褐土	91	0.43	0.71	0.22	0.13	30.23
	褐土性土	138	0.32	0.65	0.06	0.14	43.75
	潮褐土	82	0.61	1.44	0.20	0.18	29.51
	脱潮土	24	0.55	0.96	0.16	0.23	41.82
	潮土	26	0.44	0.75	0.18	0.16	36.36
	盐化潮土	67	0.55	1.27	0.16	0.24	43.64
地形部位	河流一级、二级阶地	228	0.55	1.44	0.10	0.20	36.36
	洪积扇中、上部	23	0.25	0.45	0.10	0.10	40.00
	山前洪积平原	61	0.27	0.52	0.06	0.11	40.74
	黄土垣、梁	116	0.40	0.71	0.20	0.13	32.50
作物种类	小麦	51	0.45	0.98	0.17	0.21	46.67
	棉花	149	0.54	1.44	0.14	0.19	35.19
	玉米	193	0.40	0.88	0.06	0.17	42.50
	其他	35	0.36	0.68	0.13	0.12	33.33

（2）不同土壤类型：潮褐土平均值最高，为0.61克/千克；其次是脱潮土、盐化潮土，平均值为0.55克/千克；最低是褐土性土，平均值为0.32克/千克。

（3）不同地形部位：河流一级、二级阶地平均值最高，为0.55克/千克；其次是黄土垣、梁，平均值为0.40克/千克；最低是洪积扇中、上部，平均值为0.25克/千克。

（4）不同作物种类：棉花平均值最高，为0.54克/千克；其次是小麦，平均值为0.45克/千克；最低是其他类，平均值为0.36克/千克。

菜田土壤交换性镁含量变化范围为0.16~1.03克/千克，平均值为0.40克/千克，属省四级水平（表4-17）。

表 4-17　永济市菜田土壤交换性镁分类统计结果　　　单位：克/千克

	类　　别	点位数（个）	平均值	最大值	最小值	标准差	变异系数（%）
行政区域	城东街道	20	0.36	0.52	0.20	0.10	27.78
	城西街道	28	0.29	0.71	0.16	0.18	62.07
	城北街道	17	0.40	0.63	0.32	0.09	22.50
	栲栳镇	7	0.45	0.62	0.30	0.10	22.22
	蒲州镇	22	0.43	0.56	0.21	0.11	25.58
	韩阳镇	9	0.32	0.44	0.18	0.08	25.00
	虞乡镇	4	0.66	1.03	0.38	0.27	40.91
	卿头镇	3	0.70	0.75	0.61	0.08	11.43
	开张镇	3	0.57	0.65	0.51	0.07	12.28
	张营镇	7	0.50	0.68	0.38	0.13	26.00
土壤类型	褐土性土	50	0.36	0.52	0.16	0.10	27.78
	潮褐土	14	0.48	0.75	0.26	0.16	33.33
	脱潮土	25	0.40	0.63	0.20	0.12	30.00
	潮土	11	0.41	0.52	0.28	0.09	21.95
	盐化潮土	9	0.40	0.56	0.21	0.12	30.00
	石灰性褐土	9	0.49	1.03	0.30	0.13	26.53
地形部位	河流一级、二级阶地	55	0.37	0.75	0.20	0.13	35.14
	洪积扇中、上部	2	0.35	0.71	0.16	0.14	40.00
	山前洪积平原	48	0.44	1.03	0.21	0.14	31.82
	黄土垣、梁	15	0.41	0.75	0.20	0.13	31.71
蔬菜种类	芦笋	40	0.39	0.75	0.21	0.12	30.77
	辣椒	30	0.35	0.71	0.16	0.14	40.00
	大葱	3	0.33	0.36	0.31	0.03	9.09
	黄瓜	17	0.42	1.03	0.32	0.24	55.81
	茄子	4	0.44	0.65	0.31	0.16	36.36
	豆角	1	0.62	—	—	—	—
	番茄	13	0.57	0.68	0.44	0.08	14.04
	韭菜	3	0.45	0.54	0.35	0.10	22.22
	大蒜	5	0.36	0.44	0.25	0.08	22.22
	香椿	2	0.26	0.33	0.18	0.11	42.31
	白菜	1	0.37	—	—	—	—
	芹菜	1	0.37	—	—	—	—

（1）不同行政区域：卿头镇平均值最高，为0.70克/千克；其次是虞乡镇，平均值为0.66克/千克；最低是城西街道，平均值为0.29克/千克。

（2）不同土壤类型：石灰性褐土平均值最高，为0.49克/千克；其次是潮褐土，平均值为0.48克/千克；最低是褐土性土，平均值为0.36克/千克。

（3）不同地形部位：山前洪积平原平均值最高，为0.44克/千克；其次是黄土垣、梁，平均值为 0.41 克/千克；最低是洪积扇中、上部，平均值为 0.35 克/千克。

（4）不同作物种类：豆角平均值最高，为 0.62 克/千克；其次是番茄，平均值为 0.57 克/千克；最低是香椿，平均值为 0.26 克/千克。

（三）有效硫

永济市大田土壤有效硫含量变化范围为 16.5～160.0 毫克/千克，平均值为 67.24 毫克/千克，属三级水平（表 4-18）。

表 4-18　永济市大田土壤有效硫分类统计结果　　　　单位：毫克/千克

类　　别		点位数（个）	平均值	最大值	最小值	标准差	变异系数（%）
行政区域	城东街道	278	47.58	90.00	23.00	15.09	31.71
	城西街道	227	32.76	55.00	23.00	7.17	21.90
	城北街道	271	76.06	152.50	34.00	27.59	36.27
	栲栳镇	512	83.75	160.00	29.50	26.03	31.09
	蒲州镇	471	31.51	112.00	16.50	14.76	46.83
	韩阳镇	242	45.30	108.00	25.50	9.20	20.30
	虞乡镇	522	57.38	115.00	32.00	13.36	23.28
	卿头镇	571	68.93	157.50	34.00	19.62	28.46
	开张镇	582	105.33	160.00	45.00	24.59	23.34
	张营镇	398	83.83	155.00	28.00	26.16	31.21
土壤类型	淋溶褐土	105	46.76	70.00	24.00	9.54	20.40
	石灰性褐土	710	76.66	160.00	23.00	28.90	37.70
	褐土性土	1 208	52.18	157.50	16.50	26.62	51.01
	潮褐土	768	83.01	160.00	20.50	31.67	38.15
	脱潮土	379	57.75	155.00	23.00	23.96	41.50
	潮土	147	60.17	112.00	20.00	26.90	44.70
	盐化潮土	740	75.61	155.00	20.00	30.01	39.56
地形部位	洪积扇中、上部	293	38.00	75.00	18.00	13.24	34.85
	河流冲积平原的河漫滩	43	40.18	112.00	26.50	19.97	49.70
	河流一级、二级阶地	2 035	74.77	160.00	20.00	31.28	41.84
	黄土垣、梁	1 105	73.60	160.00	20.00	30.58	41.55
	山前洪积平原	576	45.31	115.00	16.50	14.08	31.06
作物种类	小麦	2 200	63.00	159.00	18.00	67.24	106.73
	棉花	1 074	59.80	155.00	16.50	44.19	73.90
	玉米	800	88.89	160.00	31.30	44.13	49.65

（1）不同行政区域：开张镇平均值最高，为 105.33 毫克/千克；其次是张营镇，平均值为 83.83 毫克/千克；最低是蒲州镇，平均值为 31.51 毫克/千克。

（2）不同土壤类型：潮褐土平均值最高，为 83.01 毫克/千克；其次是石灰性褐土，平均值为 76.66 毫克/千克；最低是淋溶褐土，平均值为 46.76 毫克/千克。

（3）不同地形部位：河流一级、二级阶地平均值最高，为 74.77 毫克/千克；其次是黄土垣、梁，平均值为 73.60 毫克/千克；最低是洪积扇中、上部，平均值为 38.00 毫克/千克。

（4）不同作物种类：玉米平均值最高，为 88.89 毫克/千克；其次是小麦，平均值为 63.00 毫克/千克；棉花最低，平均值为 59.80 毫克/千克。

菜田土壤有效硫含量变化范围为 61.5～532.1 毫克/千克，平均值为 152.2 毫克/千克，属省二级水平（表 4-19）。

表 4-19 永济市菜田土壤有效硫分类统计结果　　　　单位：毫克/千克

类　别		点位数（个）	平均值	最大值	最小值	标准差	变异系数（%）
行政区域	城东街道	20	141.50	208.60	88.70	34.10	24.10
	城西街道	28	141.50	185.70	105.20	18.70	13.25
	城北街道	17	155.40	248.70	110.40	38.80	24.97
	栲栳镇	7	164.90	208.60	115.30	28.70	17.40
	蒲州镇	22	146.30	254.60	67.90	40.00	27.34
	韩阳镇	9	95.30	121.50	61.50	22.00	23.08
	虞乡镇	4	179.70	277.50	109.50	70.50	39.23
	卿头镇	3	232.30	255.00	203.80	26.10	11.24
	开张镇	3	190.50	233.90	130.90	53.40	28.03
	张营镇	7	247.10	532.10	109.50	176.50	71.43
土壤类型	褐土性土	51	140.60	210.30	70.30	33.50	23.83
	潮褐土	14	184.30	403.00	107.10	82.50	44.76
	脱潮土	25	149.90	227.00	99.70	29.80	19.88
	潮土	11	142.10	254.60	61.50	51.50	36.24
	盐化潮土	9	137.80	233.90	67.90	54.60	39.62
	石灰性褐土	9	201.20	532.10	109.50	127.50	63.37
地形部位	河流一级、二级阶地	54	151.30	255.00	67.90	41.30	27.30
	洪积扇中、上部	2	149.60	171.80	127.30	31.50	21.06
	山前洪积平原	48	151.00	532.10	61.50	47.50	31.46
	黄土垣、梁	14	160.30	254.60	109.50	37.80	23.58
蔬菜种类	芦笋	40	141.90	254.60	61.50	39.60	27.91
	辣椒	30	140.30	227.00	88.70	32.50	23.16
	大葱	3	131.60	164.70	110.40	29.10	22.11
	黄瓜	16	156.90	255.00	132.70	47.70	30.40
	茄子	4	155.40	206.70	110.30	39.50	25.42
	豆角	1	135.80	—	—	—	—
	番茄	13	230.00	532.10	125.80	137.00	59.57
	韭菜	3	145.10	159.00	124.20	18.40	12.68
	大蒜	5	123.70	189.40	77.50	46.80	37.83
	香椿	2	95.90	121.50	70.30	36.20	37.75
	白菜	1	121.90	—	—	—	—
	芹菜	1	208.60	—	—	—	—

（1）不同行政区域：张营镇平均值最高，为247.1克/千克；其次是卿头镇，平均值为232.3克/千克；最低是韩阳镇，平均值为95.3克/千克。

（2）不同土壤类型：石灰性褐土平均值最高，为201.2克/千克；其次潮褐土，平均值为184.3克/千克；最低是盐化潮土，平均值为137.8克/千克。

（3）不同地形部位：黄土垣、梁平均值最高，为160.3克/千克；其次是河流一级、二级阶地，平均值为151.3克/千克；最低是洪积扇中、上部，平均值为149.6克/千克。

（4）不同作物种类：番茄平均值最高，为230.0克/千克；其次是芹菜，平均值为208.6克/千克；最低是香椿，平均值为95.9克/千克。

（四）有效硅

永济市大田土壤有效硅含量变化范围为30.7～482.6毫克/千克，平均值为139.8毫克/千克，属四级水平（表4-20）。

表4-20　永济市大田土壤有效硅分类统计结果　　　单位：毫克/千克

类　别		点位数（个）	平均值	最大值	最小值	标准差	变异系数（%）
行政区域	城东街道	29	169.0	251.7	116.8	37.6	22.25
	城西街道	15	221.8	308.4	129.7	56.3	25.38
	城北街道	31	130.3	166.5	96.4	16.9	12.97
	栲栳镇	64	110.5	156.1	59.7	19.0	17.19
	蒲州镇	68	104.6	227.6	30.7	48.2	46.08
	韩阳镇	32	111.2	167.0	66.6	25.1	22.57
	虞乡镇	48	189.9	482.6	111.6	58.2	30.65
	卿头镇	54	163.4	310.6	81.3	50.0	30.72
	开张镇	49	143.9	192.0	86.3	23.6	16.40
	张营镇	39	127.5	149.9	91.4	13.8	10.82
土壤类型	淋溶褐土	1	74.0	—	—	—	—
	石灰性褐土	91	120.5	172.7	67.0	18.2	15.10
	褐土性土	138	141.5	278.4	66.6	45.8	32.37
	潮褐土	82	154.2	247.6	81.3	35.1	22.76
	脱潮土	24	195.4	482.6	86.3	55.5	28.40
	潮土	26	96.4	159.0	30.7	30.6	31.78
	盐化潮土	67	142.8	284.2	59.7	56.0	39.22
地形部位	河流一级、二级阶地	228	143.7	284.2	30.7	48.8	33.96
	洪积扇中、上部	23	149.0	230.7	90.9	35.7	23.90
	山前洪积平原	61	163.8	482.6	92.7	51.1	31.20
	黄土垣、梁	116	117.7	172.7	67.0	20.1	17.08
作物种类	小麦	51	143.2	271.8	74.0	45.8	31.98
	棉花	149	137.4	241.7	46.3	35.1	25.55
	玉米	193	145.8	482.6	66.6	44.5	30.52
	其他	30	107.4	230.7	30.7	47.3	44.16

（1）不同行政区域：城西街道平均值最高，为221.8毫克/千克；其次是虞乡镇，平均值为189.9毫克/千克；最低是蒲州镇，平均值为104.6毫克/千克。

（2）不同土壤类型：脱潮土平均值最高，为195.4毫克/千克；其次是潮褐土，平均值为154.2毫克/千克；最低是淋溶褐土，平均值为74.0毫克/千克。

（3）不同地形部位：山前洪积平原平均值最高，为163.8毫克/千克；其次是洪积扇中、上部，平均值为149.0毫克/千克；最低是黄土垣、梁，平均值为117.7毫克/千克。

（4）不同作物种类：玉米平均值最高，为145.8毫克/千克；其次是小麦，平均值为143.2毫克/千克；最低是其他类，平均值为107.4毫克/千克。

菜田土壤有效硅含量变化范围为15.3～295.9毫克/千克，平均值为135.4毫克/千克，属四级水平（表4-21）。

表4-21　永济市菜田土壤有效硅分类统计结果　　　单位：毫克/千克

	类　　别	点位数（个）	平均值	最大值	最小值	标准差	变异系数（%）
行政区域	城东街道	20	144.3	195.8	111.1	27.1	17.70
	城西街道	28	174.0	246.8	91.4	49.8	28.43
	城北街道	17	192.3	295.9	161.5	42.1	18.53
	栲栳镇	7	106.6	230.7	49.8	58.9	55.26
	蒲州镇	22	92.4	152.8	28.7	38.3	41.44
	韩阳镇	9	97.3	164.9	15.3	56.8	58.36
	虞乡镇	4	109.9	132.3	83.8	20.3	18.51
	卿头镇	3	95.2	114.4	60.7	30.0	31.47
	开张镇	3	91.2	102.7	73.0	16.0	17.50
	张营镇	7	81.0	118.2	49.0	25.5	32.23
土壤类型	褐土性土	50	144.6	246.8	91.4	37.8	25.98
	潮褐土	14	117.5	185.4	49.0	45.7	38.88
	脱潮土	26	188.4	295.9	83.8	57.4	30.49
	潮土	11	58.7	90.1	28.7	18.7	31.77
	盐化潮土	9	78.0	152.8	15.3	50.0	64.12
	石灰性褐土	9	110.2	230.7	61.9	48.7	44.25
地形部位	河流一级、二级阶地	55	146.5	295.9	42.1	71.0	48.46
	洪积扇中、上部	2	194.0	246.8	141.9	74.2	38.17
	山前洪积平原	48	128.3	201.3	15.3	50.8	41.24
	黄土垣、梁	15	109.6	230.7	50.8	41.8	38.14
蔬菜种类	芦笋	40	89.1	164.9	15.3	38.6	43.32
	辣椒	30	178.9	275.6	91.4	48.8	25.50
	大葱	3	168.2	185.4	157.8	15.0	8.91
	黄瓜	17	152.4	295.9	60.7	78.1	48.86
	茄子	4	152.2	259.7	98.0	73.1	48.01
	豆角	1	237.9	—	—	—	—
	番茄	13	134.7	233.9	73.0	66.1	47.49
	韭菜	3	103.9	165.7	68.8	53.7	51.71
	大蒜	5	147.1	182.1	114.4	26.5	18.02
	香椿	2	124.6	136.2	113.0	16.4	13.17
	白菜	1	176.6	—	—	—	—
	芹菜	1	150.3	—	—	—	—

（1）不同行政区域：城北街道平均值最高，为 192.3 毫克/千克；其次是城西街道，平均值为 174.0 毫克/千克；最低是张营镇，平均值为 81.0 毫克/千克。

（2）不同土壤类型：脱潮土平均值最高，为 188.4 毫克/千克；其次褐土性土，平均值为 144.6 毫克/千克；最低是潮土，平均值为 58.7 毫克/千克。

（3）不同地形部位：洪积扇中、上部平均值最高，为 194.0 毫克/千克；其次是河流一级、二级阶地，平均值为 146.5 毫克/千克；最低是黄土垣、梁，平均值为 109.6 毫克/千克。

（4）不同蔬菜种类：豆角平均值最高，为 237.9 毫克/千克；其次是辣椒，平均值为 178.9 毫克/千克；最低是芦笋，平均值为 89.1 毫克/千克。

二、分级论述

（一）交换性钙

Ⅰ级　交换性钙含量大于 11.00 克/千克的点位有 10 个，代表面积 6 230 亩，占总耕地面积的 0.81%。主要分布在开张镇、虞乡镇的河流一级、二级阶地和山前洪积平原；种植作物主要为棉花，其次是小麦；主要土壤类型为盐化潮土。

Ⅱ级　交换性钙含量在 9.01～11.00 克/千克的点位有 120 个，代表面积 168 700 亩，占总耕地面积的 21.87%。主要分布在韩阳镇、城北街道和蒲州镇的河流一级、二级阶地和黄土垣、梁上；种植作物主要为小麦、玉米，其次为棉花；主要土壤类型为褐土性土，其次为石灰性褐土和潮褐土。

Ⅲ级　交换性钙含量在 7.01～9.00 克/千克的点位有 245 个，代表面积 399 395.7 亩，占总耕地面积的 51.79%。主要分布在栲栳镇、卿头镇、开张镇和虞乡镇的河流一级、二级阶地和黄土垣、梁上；种植作物主要为小麦、玉米，其次为棉花；主要土壤类型为潮褐土和石灰性褐土。

Ⅳ级　交换性钙含量在 5.01～7.00 克/千克的点位有 135 个，代表面积 150 200 亩，占耕地面积的 19.47%。主要分布在张营镇、蒲州镇和开张镇的河流一级、二级阶地，山前洪积平原和黄土垣、梁上；种植作物主要为小麦、玉米，其次为棉花；主要土壤类型为褐土性土，其次为石灰性褐土和盐化潮土。

Ⅴ级　交换性钙含量在 3.01～5.00 克/千克的点位有 34 个，代表面积 24 380 亩，占总耕地面积的 3.16%。主要分布在城西街道和栲栳镇的山前洪积平原和黄土垣、梁上；种植作物主要为小麦、玉米，其次为棉花，主要土壤类型为褐土性土。

Ⅵ级　交换性钙含量小于 3.00 克/千克的点位有 10 个，代表面积 22 350 亩，占总耕地面积的 2.90%。主要分布在城东、城西街道山前洪积平原上；种植作物主要为小麦、玉米，其次为棉花；主要土壤类型为褐土性土。

（二）交换性镁

Ⅰ级　交换性镁含量大于 0.90 克/千克的点位有 21 个，代表面积 27 265 亩，占总耕地面积的 3.54%。主要分布在卿头镇、虞乡镇的河流一级、二级阶地；种植作物主要为棉花，其次是小麦、玉米；主要土壤类型为盐化潮土，其次为潮褐土。

Ⅱ级 交换性镁含量在 0.71～0.90 克/千克的点位有 44 个，代表面积 61 940 亩，占总耕地面积的 8.03%。主要分布在卿头镇、虞乡镇的河流一级、二级阶地；种植作物主要为棉花，其次是小麦、玉米；主要土壤类型为潮褐土，其次为盐化潮土。

Ⅲ级 交换性镁含量在 0.51～0.70 克/千克的点位有 137 个，代表面积 217 558.7 亩，占总耕地面积的 28.21%。主要分布在卿头镇、开张镇和张营镇的河流一级、二级阶地和黄土垣、梁上；种植作物主要为棉花，其次是小麦、玉米；主要土壤类型为潮褐土，其次为石灰性褐土和盐化潮土。

Ⅳ级 交换性镁含量在 0.31～0.50 克/千克的点位有 211 个，代表面积 283 070 亩，占总耕地面积的 36.70%。主要分布在栲栳镇、蒲州镇和张营镇的河流一级、二级阶地和黄土垣、梁上；种植作物主要为小麦、玉米，其次是棉花；主要土壤类型为石灰性褐土，其次为褐土性土和盐化潮土。

Ⅴ级 交换性镁含量在 0.11～0.30 克/千克的点位有 136 个，代表面积 165 770 亩，占总耕地面积的 21.49%。主要分布在栲栳镇、蒲州镇和韩阳镇的山前洪积平原，河流一级、二级阶地和黄土垣、梁上；种植作物主要为小麦、玉米，其次是棉花；主要土壤类型为褐土性土，其次为石灰性褐土。

Ⅵ级 交换性镁含量小于 0.10 克/千克的点位有 5 个，代表面积 15 652 亩，占总耕地面积的 2.03%；分布在城东、城西街道的山前洪积平原；种植作物主要为小麦、玉米；土壤类型为褐土性土。

(三) 有效硫

Ⅰ级 有效硫含量大于 200.0 毫克/千克的点位有 11 个，代表面积 3 223.3 亩，占总耕地面积的 0.42%。主要分布在开张镇、张营镇、栲栳镇的河流一级、二级阶地和垣地上；种植作物主要为棉花，其次是小麦、玉米。

Ⅱ级 有效硫含量在 100.1～200.0 毫克/千克的点位有 726 个，代表面积 160 681.3 亩，占总耕地面积的 20.83%。主要分布在栲栳镇、城北、卿头镇的垣地和河流一级、二级阶地上；种植作物主要为棉花、小麦、玉米、苹果等。

Ⅲ级 有效硫含量在 50.1～100.0 毫克/千克的点位有 1 937 个，代表面积 393 315.1 亩，占总耕地面积的 51.00%。主要分布在卿头镇、虞乡镇、城东的河流一级、二级阶地和山前洪积平原上；种植作物主要为棉花、小麦、玉米等。

Ⅳ级 有效硫含量在 25.1～50.0 毫克/千克的点位有 1 210 个，代表面积 183 993.0 亩，占总耕地面积的 23.86%。主要分布在城东、韩阳镇、城西的山前洪积平原、洪积扇中、上部及河流一级、二级阶地上；种植作物主要为小麦、玉米。

Ⅴ级 有效硫含量在 12.1～25.0 毫克/千克的点位有 249 个，代表面积 30 043.2 亩，占总耕地面积的 3.90%。主要分布在城西、韩阳镇、蒲州镇的洪积扇中、上部及河流一级、二级阶地上；种植作物主要为小麦、玉米等。

Ⅵ级 有效硫含量小于 12.0 毫克/千克的点位本市无分布。

(四) 有效硅

Ⅰ级 有效硅含量大于 250.0 毫克/千克的点位有 26 个，代表面积 29 930 亩，占总耕地面积的 3.88%。主要分布在虞乡镇和城西街道的河流一级、二级阶地和山前洪积平原；

种植作物主要为小麦、玉米，其次是棉花；主要土壤类型为盐化潮土，其次为褐土性土。

Ⅱ级　有效硅含量在 200.1～250.0 毫克/千克的点位有 59 个，代表面积 66 886.7 亩，占总耕地面积的 8.67%。主要分布在卿头镇、虞乡镇和蒲州镇的河流一级、二级阶地和山前洪积平原；种植作物主要为小麦、玉米，其次是棉花；主要土壤类型为褐土性土，其次为脱潮土和潮褐土。

Ⅲ级　有效硅含量在 150.1～200.0 毫克/千克的点位有 121 个，代表面积 146 830 亩，占总耕地面积的 19.04%。主要分布在卿头镇、开张镇和虞乡镇的河流一级、二级阶地和山前洪积平原；种植作物主要为小麦、玉米，其次是棉花；主要土壤类型为潮褐土，其次为盐化潮土和褐土性土。

Ⅳ级　有效硅含量在 100.1～150.0 毫克/千克的点位有 253 个，代表面积 360 954 亩，占总耕地面积的 46.80%。主要分布在栲栳镇、张营镇、开张镇和卿头镇的河流一级、二级阶地和黄土垣、梁上；种植作物主要为小麦、玉米，其次是棉花；主要土壤类型为石灰性褐土，其次为褐土性土。

Ⅴ级　有效硅含量在 50.1～100.0 毫克/千克的点位有 85 个，代表面积 137 655 亩，占总耕地面积的 17.85%。主要分布在蒲州镇和栲栳镇的河流一级、二级阶地和黄土垣、梁上；种植作物主要为小麦、玉米，其次是棉花和其他类；主要土壤类型为褐土性土。

Ⅵ级　有效硅含量小于 50.0 毫克/千克的点位有 10 个，代表面积 29 000 亩，占总耕地面积的 3.76%。分布在蒲州镇的河流一级、二级阶地；种植作物主要为棉花；土壤类型为潮土。

表 4-22　永济市耕地土壤中量元素分级面积统计表　　　单位：亩

类别	Ⅰ		Ⅱ		Ⅲ		Ⅳ		Ⅴ		Ⅵ	
	面积	百分比(%)	面积	百分比(%)	面积	百分比(%)	面积	百分比(%)	面积	百分比(%)	面积	百分比(%)
交换性钙	6 230.0	0.81	168 700.0	21.87	399 395.7	51.79	150 200.0	19.47	24 380.0	3.16	22 350.0	2.90
交换性镁	27 265.0	3.54	61 940.0	8.03	217 558.7	28.21	283 070.0	36.70	165 770.0	21.49	15 652.0	2.03
有效硫	3 223.3	0.42	160 681.3	20.83	393 315.1	51.00	183 993.0	23.86	30 043.2	3.90	0	0
有效硅	29 930.0	3.88	66 886.7	8.67	146 830.0	19.04	360 954.0	46.80	137 655.0	17.85	29 000.0	3.76

第四节　微量元素

一、含量与分布

（一）有效铜

永济市大田土壤有效铜含量变化范围为 0.47～1.60 毫克/千克，平均值为 1.04 毫克/千克，属三级水平（表 4-23）。

表 4 - 23　永济市大田土壤有效铜分类统计结果　　单位：毫克/千克

类　别		点位数（个）	平均值	最大值	最小值	标准差	变异系数（%）
行政区域	城东街道	278	0.99	1.60	0.66	0.17	17.61
	城西街道	224	0.95	1.55	0.61	0.17	17.79
	城北街道	269	1.19	1.60	0.70	0.17	14.32
	栲栳镇	517	0.96	1.60	0.55	0.15	15.59
	蒲州镇	467	0.99	1.53	0.59	0.15	14.96
	韩阳镇	242	0.91	1.19	0.53	0.13	14.37
	虞乡镇	495	1.18	1.60	0.66	0.19	16.04
	卿头镇	575	1.16	1.53	0.81	0.14	11.90
	开张镇	626	1.06	1.40	0.70	0.11	10.15
	张营镇	390	0.87	1.58	0.47	0.24	27.32
土壤类型	淋溶褐土	104	0.91	1.50	0.67	0.18	19.40
	石灰性褐土	714	1.05	1.60	0.49	0.17	15.92
	褐土性土	1 189	0.97	1.60	0.53	0.18	19.00
	潮褐土	790	1.10	1.60	0.73	0.15	13.24
	脱潮土	383	1.17	1.58	0.74	0.17	14.69
	潮土	145	0.84	1.53	0.47	0.21	25.31
	盐化潮土	741	1.08	1.58	0.47	0.20	18.28
地形部位	洪积扇中、上部	283	0.90	1.60	0.59	0.21	22.78
	河流冲积平原的河漫滩	43	0.91	1.50	0.95	0.12	13.00
	河流一级、二级阶地	2 061	1.08	1.60	0.47	0.19	18.00
	黄土垣、梁	1 103	1.05	1.60	0.49	0.17	15.96
	山前洪积平原	571	0.97	1.60	0.53	0.20	20.06
作物种类	小麦	2 610	1.12	1.60	0.57	0.21	18.88
	棉花	970	0.91	1.60	0.47	0.28	31.40
	玉米	500	0.88	1.30	0.52	0.25	28.04

（1）不同行政区域：城北街道平均值最高，为1.19毫克/千克；其次是虞乡镇，平均值为1.18毫克/千克；最低是张营镇，平均值为0.87毫克/千克。

（2）不同土壤类型：脱潮土平均值最高，为1.17毫克/千克；其次是潮褐土，平均值为1.10毫克/千克；最低是潮土，平均值为0.84毫克/千克。

（3）不同地形部位：河流一级、二级阶地平均值最高，为1.08毫克/千克；其次是黄土垣、梁，平均值为1.05毫克/千克；最低是洪积扇中、上部，平均值为0.90毫克/千克。

（4）不同作物种类：小麦平均值最高，为1.12毫克/千克；其次是棉花，平均值为0.91毫克/千克；最低是玉米，平均值为0.88毫克/千克。

菜田土壤有效铜含量变化范围为0.35~2.82毫克/千克，平均值为1.36毫克/千克，属省三级水平（表4-24）。

表4-24　永济市菜田土壤有效铜分类统计结果　　　　单位：毫克/千克

类　别		点位数（个）	平均值	最大值	最小值	标准差	变异系数（%）
行政区域	城东街道	19	2.11	2.82	0.89	1.35	63.98
	城西街道	27	1.24	2.02	0.73	0.50	40.32
	城北街道	17	1.71	2.45	1.19	0.40	23.39
	栲栳镇	7	1.01	1.14	0.77	0.13	12.87
	蒲州镇	22	0.94	1.87	0.35	0.38	40.43
	韩阳镇	9	1.10	2.82	0.36	0.72	65.45
	虞乡镇	4	1.73	2.23	1.30	0.41	23.70
	卿头镇	3	1.42	1.73	1.17	0.29	20.42
	开张镇	3	1.09	1.39	0.88	0.27	24.77
	张营镇	7	0.90	1.18	0.86	0.12	13.33
土壤类型	褐土性土	48	1.46	2.82	0.81	0.50	34.25
	潮褐土	14	1.33	2.24	0.86	0.40	30.08
	脱潮土	24	1.74	2.47	0.89	0.43	24.71
	潮土	11	0.67	1.05	0.35	0.24	35.82
	盐化潮土	9	1.01	1.87	0.36	0.45	44.55
	石灰性褐土	9	1.06	1.31	0.88	0.14	13.21
地形部位	河流一级、二级阶地	53	1.41	2.47	0.35	0.54	38.30
	洪积扇中、上部	2	1.47	1.65	1.29	0.26	17.69
	山前洪积平原	45	1.42	2.82	0.36	0.61	42.96
	黄土垣、梁	15	1.00	1.31	0.55	0.18	18.00
蔬菜种类	芦笋	40	0.45	1.87	0.35	0.31	68.89
	辣椒	30	2.28	2.82	1.13	2.00	87.72
	大葱	3	1.36	1.53	1.23	0.15	11.03
	黄瓜	16	1.71	2.24	1.25	0.39	22.81
	茄子	4	1.60	1.98	1.39	0.27	16.88
	豆角	1	2.45	—	—	—	—
	番茄	13	1.37	1.86	0.95	0.33	24.09
	韭菜	3	0.99	1.19	0.86	0.18	18.18
	大蒜	5	1.71	2.82	1.10	0.66	38.60
	香椿	2	0.99	1.17	0.81	0.26	26.26
	白菜	1	1.84	—	—	—	—
	芹菜	1	1.53	—	—	—	—

（1）不同行政区域：城东街道平均值最高，为2.11毫克/千克；其次是虞乡镇，平均

值为 1.73 毫克/千克；最低是张营镇，平均值为 0.90 毫克/千克。

（2）不同土壤类型：脱潮土平均值最高，为 1.74 毫克/千克；其次是褐土性土，平均值为 1.46 毫克/千克；最低是潮土，平均值为 0.67 毫克/千克。

（3）不同地形部位：洪积扇中、上部平均值最高，为 1.47 毫克/千克；其次是山前洪积平原，平均值为 1.42 毫克/千克；最低是黄土垣、梁，平均值为 1.00 毫克/千克。

（4）不同蔬菜种类：豆角平均值最高，为 2.45 毫克/千克；其次是辣椒，平均值为 2.28 毫克/千克；最低是芦笋，平均值为 0.45 毫克/千克。

（二）有效锌

永济市大田土壤有效锌含量变化范围为 0.31～2.05 毫克/千克，平均值为 1.15 毫克/千克，属三级水平（表 4 - 25）。

表 4 - 25　永济市大田土壤有效锌分类统计结果　　单位：毫克/千克

类　别		点位数（个）	平均值	最大值	最小值	标准差	变异系数（%）
行政区域	城东街道	261	1.29	2.05	0.75	0.29	22.33
	城西街道	226	1.16	1.90	0.70	0.22	19.15
	城北街道	267	1.21	1.95	0.71	0.20	16.85
	栲栳镇	516	1.21	1.90	0.73	0.19	15.40
	蒲州镇	460	1.29	2.05	0.48	0.27	21.14
	韩阳镇	238	1.52	2.05	0.90	0.24	15.86
	虞乡镇	521	1.32	2.05	0.73	0.23	17.74
	卿头镇	576	0.73	1.80	0.31	0.20	27.14
	开张镇	626	1.03	1.45	0.58	0.18	17.63
	张营镇	397	1.13	2.05	0.64	0.25	22.22
土壤类型	淋溶褐土	101	1.09	1.90	0.99	0.18	16.69
	石灰性褐土	713	1.16	2.05	0.48	0.24	20.73
	褐土性土	1 182	1.27	2.05	0.66	0.26	20.84
	潮褐土	794	1.02	2.05	0.31	0.29	28.11
	脱潮土	388	1.09	1.90	0.44	0.34	31.04
	潮土	145	1.33	1.90	0.90	0.24	18.40
	盐化潮土	748	1.12	2.05	0.33	0.31	27.78
地形部位	洪积扇中、上部	280	1.01	2.05	0.76	0.25	24.31
	河流冲积平原的河漫滩	43	0.84	1.45	0.44	0.22	26.65
	河流一级、二级阶地	2 076	1.13	2.05	0.31	0.32	28.22
	黄土垣、梁	1 103	1.18	2.05	0.48	0.25	20.98
	山前洪积平原	564	1.27	2.05	0.70	0.26	20.09
作物种类	小麦	2 780	1.15	2.02	0.32	0.39	34.16
	棉花	810	1.24	2.05	0.38	0.44	35.33
	玉米	495	1.01	1.51	0.50	0.32	31.85

（1）不同行政区域：韩阳镇平均值最高，为 1.52 毫克/千克；其次是虞乡镇，平均值为 1.32 毫克/千克；最低是卿头镇，平均值为 0.73 毫克/千克。

（2）不同土壤类型：潮土平均值最高，为 1.33 毫克/千克；其次是褐土性土，平均值为 1.27 毫克/千克；最低是潮褐土，平均值为 1.02 毫克/千克。

（3）不同地形部位：山前洪积平原平均值最高，为 1.27 毫克/千克；其次是黄土垣、梁，平均值为 1.18 毫克/千克；最低是河流冲积平原的河漫滩，平均值为 0.84 毫克/千克。

（4）不同作物种类：棉花平均值最高，为 1.24 毫克/千克；其次是小麦，平均值为 1.15 毫克/千克；最低是玉米，平均值为 1.01 毫克/千克。

菜田土壤有效锌含量变化范围为 0.44～6.27 毫克/千克，平均值为 2.02 毫克/千克，属省二级水平（表 4-26）。

表 4-26　永济市菜田土壤有效锌分类统计结果　　单位：毫克/千克

类　别		点位数（个）	平均值	最大值	最小值	标准差	变异系数（%）
行政区域	城东街道	20	2.45	3.80	1.12	0.83	33.88
	城西街道	28	2.95	4.42	0.44	1.28	43.39
	城北街道	16	1.88	3.14	0.80	0.59	31.38
	栲栳镇	7	0.96	1.60	0.47	0.47	48.96
	蒲州镇	21	1.09	2.03	0.66	0.33	30.28
	韩阳镇	9	1.47	3.21	0.65	0.92	62.59
	虞乡镇	4	2.93	4.10	2.40	0.79	26.96
	卿头镇	3	3.29	6.27	0.90	2.73	82.98
	开张镇	3	1.27	1.75	0.94	0.43	33.86
	张营镇	7	1.24	2.24	0.66	0.57	45.97
土壤类型	褐土性土	51	2.30	4.42	0.44	1.09	47.39
	潮褐土	14	2.09	6.27	0.80	1.82	87.08
	脱潮土	26	2.42	4.10	0.80	0.78	32.23
	潮土	11	0.95	2.03	0.47	0.44	46.32
	盐化潮土	9	1.18	3.21	0.65	0.78	66.10
	石灰性褐土	9	1.35	2.44	0.66	0.65	48.15
地形部位	河流一级、二级阶地	53	1.68	6.27	0.47	0.80	47.62
	洪积扇中、上部	2	3.44	3.46	3.42	0.03	0.87
	山前洪积平原	48	2.25	4.42	0.44	1.13	50.22
	黄土垣、梁	15	2.33	2.44	0.66	0.55	23.61

（续）

类　　别		点位数（个）	平均值	最大值	最小值	标准差	变异系数（％）
蔬菜种类	芦笋	37	0.99	1.62	0.47	0.30	30.30
	辣椒	30	2.49	4.42	0.44	0.95	38.15
	大葱	3	1.57	1.88	0.99	0.50	31.85
	黄瓜	16	3.40	6.27	0.80	1.87	55.00
	茄子	4	2.18	3.35	1.75	0.78	35.78
	豆角	1	3.18	—	—	—	—
	番茄	13	2.25	3.80	0.91	1.00	44.44
	韭菜	3	1.22	1.43	1.03	0.20	16.39
	大蒜	5	2.49	3.21	1.90	0.49	19.68
	香椿	2	1.52	1.85	1.18	0.47	30.92
	白菜	1	1.60	—	—	—	—
	芹菜	1	2.26	—	—	—	—

（1）不同行政区域：卿头镇平均值最高，为 3.29 毫克/千克；其次是城西街道，平均值为 2.95 毫克/千克；最低是栲栳镇，平均值为 0.96 毫克/千克。

（2）不同土壤类型：脱潮土平均值最高，为 2.42 毫克/千克；其次是褐土性土，平均值为 2.30 毫克/千克；最低是潮土，平均值为 0.95 毫克/千克。

（3）不同地形部位：洪积扇中、上部平均值最高，为 3.44 毫克/千克；其次是黄土垣、梁，平均值为 2.33 毫克/千克；最低是河流一级、二级阶地，平均值为 1.68 毫克/千克。

（4）不同蔬菜种类：黄瓜平均值最高，为 3.40 毫克/千克；其次是豆角，平均值为 3.18 毫克/千克；最低是芦笋，平均值为 0.99 毫克/千克。

（三）有效锰

永济市大田土壤有效锰含量变化范围为 5.5～18.0 毫克/千克，平均值为 11.89 毫克/千克，属四级水平（表 4-27）。

（1）不同行政区域：栲栳镇平均值最高，为 14.13 毫克/千克；其次是城北街道，平均值为 13.95 毫克/千克；最低是韩阳镇，平均值为 10.05 毫克/千克。

（2）不同土壤类型：石灰性褐土平均值最高，为 13.81 毫克/千克；其次是褐土性土，平均值为 12.12 毫克/千克；最低是潮土，平均值为 10.26 毫克/千克。

（3）不同地形部位：黄土垣、梁平均值最高，为 13.51 毫克/千克；其次是山前洪积平原，平均值为 11.35 毫克/千克；最低是河流冲积平原的河漫滩，平均值为 10.76 毫克/千克。

（4）不同作物种类：棉花平均值最高，为 12.8 毫克/千克；其次是小麦，平均值为 11.93 毫克/千克；玉米最低，平均值为 10.41 毫克/千克。

菜田土壤有效锰含量变化范围为 5.55～14.53 毫克/千克，平均值为 8.78 毫克/千克，属省四级水平（表 4-28）。

表4-27 永济市大田土壤有效锰分类统计结果 单位：毫克/千克

	类　　别	点位数（个）	平均值	最大值	最小值	标准差	变异系数（%）
行政区域	城东街道	278	11.06	15.00	7.80	1.66	15.06
	城西街道	227	11.68	17.00	6.80	1.98	16.91
	城北街道	270	13.95	17.50	9.30	1.69	12.09
	栲栳镇	518	14.13	18.00	6.65	1.88	13.33
	蒲州镇	471	12.46	16.25	8.50	1.27	10.21
	韩阳镇	241	10.05	12.00	6.00	1.22	12.15
	虞乡镇	522	12.92	17.00	8.50	1.32	10.21
	卿头镇	576	10.12	14.50	6.30	1.11	10.99
	开张镇	626	11.19	16.00	7.80	1.29	11.50
	张营镇	400	11.05	16.00	5.50	2.88	26.02
土壤类型	淋溶褐土	105	10.38	15.00	8.50	1.65	15.93
	石灰性褐土	718	13.81	18.00	5.50	1.86	13.45
	褐土性土	1 207	12.12	17.00	6.50	1.93	15.91
	潮褐土	795	10.90	17.50	7.80	1.61	14.76
	脱潮土	389	11.72	17.00	6.30	2.05	17.48
	潮土	147	10.26	15.50	5.50	2.58	25.13
	盐化潮土	751	11.35	17.50	6.00	2.18	19.16
地形部位	洪积扇中、上部	293	11.33	17.00	7.90	1.72	15.20
	河流冲积平原的河漫滩	43	10.76	13.75	8.90	0.94	8.70
	河流一级、二级阶地	2 083	11.28	17.50	5.50	2.03	17.99
	黄土垣、梁	1 112	13.51	18.00	5.50	1.89	14.02
	山前洪积平原	576	11.35	17.00	6.80	1.68	14.78
作物种类	小麦	2 680	11.93	17.50	6.70	2.09	17.49
	棉花	855	12.80	18.00	5.90	3.11	24.30
	玉米	594	10.41	15.80	8.60	1.96	18.84

（1）不同行政区域：开张镇平均值最高，为12.22毫克/千克；其次是栲栳镇，平均值为12.1毫克/千克；最低是城西街道，平均值为7.9毫克/千克。

（2）不同土壤类型：石灰性褐土平均值最高，为13.21毫克/千克；其次是潮褐土，平均值为9.21毫克/千克；最低是潮土，平均值为7.36毫克/千克。

（3）不同地形部位：黄土垣、梁平均值最高，为10.82毫克/千克；其次是河流一级、二级阶地，平均值为8.82毫克/千克；最低是洪积扇中、上部，平均值为7.31毫克/千克。

（4）不同蔬菜种类：香椿平均值最高，为10.06毫克/千克；其次是黄瓜，平均值为9.38毫克/千克；最低是韭菜，平均值为7.34毫克/千克。

表 4-28 永济市菜田土壤有效锰分类统计结果 单位：毫克/千克

类 别		点位数（个）	平均值	最大值	最小值	标准差	变异系数（%）
行政区域	城东街道	20	8.25	9.73	6.67	0.96	11.64
	城西街道	28	7.90	9.80	6.23	1.06	13.42
	城北街道	16	8.36	9.48	6.26	0.89	10.65
	栲栳镇	7	12.10	14.51	8.06	2.67	22.07
	蒲州镇	22	8.45	12.36	5.78	1.99	23.55
	韩阳镇	9	7.91	11.28	5.55	1.80	22.76
	虞乡镇	4	9.78	11.14	8.39	1.13	11.55
	卿头镇	3	9.51	9.93	8.71	0.69	7.26
	开张镇	3	12.22	14.15	9.67	2.31	18.90
	张营镇	7	11.32	14.53	8.59	2.31	20.41
土壤类型	褐土性土	51	8.29	11.28	5.78	1.42	17.13
	潮褐土	14	9.21	12.85	5.55	2.62	28.45
	脱潮土	26	8.44	11.14	6.26	1.13	13.39
	潮土	11	7.36	8.81	5.79	1.17	15.90
	盐化潮土	9	9.20	14.15	5.55	2.78	30.22
	石灰性褐土	9	13.21	14.53	11.71	1.14	8.63
地形部位	河流一级、二级阶地	53	8.82	12.85	5.79	1.42	16.10
	洪积扇中、上部	2	7.31	8.39	6.23	1.53	20.93
	山前洪积平原	48	8.15	11.28	5.55	1.54	18.90
	黄土垣、梁	15	10.82	14.53	5.78	3.27	30.22
蔬菜种类	芦笋	40	9.19	14.53	5.55	2.61	28.40
	辣椒	30	8.06	9.80	6.23	1.12	13.90
	大葱	3	8.60	8.74	8.39	0.19	2.21
	黄瓜	17	9.38	12.23	8.39	1.17	12.47
	茄子	4	8.78	9.67	8.07	0.69	7.86
	豆角	1	8.71	—	—	—	—
	番茄	13	8.98	14.15	7.03	2.80	31.18
	韭菜	3	7.34	11.90	5.55	3.18	43.32
	大蒜	5	7.82	9.01	6.67	0.86	11.00
	香椿	2	10.06	11.28	8.83	1.73	17.20
	白菜	1	8.99	—	—	—	—
	芹菜	1	7.65	—	—	—	—

（四）有效铁

永济市大田土壤有效铁含量变化范围为 1.95～7.85 毫克/千克，平均值为 4.72 毫克/千克，属五级水平（表 4-29）。

表 4-29 永济市大田土壤有效铁分类统计结果　　　单位：毫克/千克

类　别		点位数（个）	平均值	最大值	最小值	标准差	变异系数（%）
行政区域	城东街道	278	4.18	6.10	2.70	0.56	13.46
	城西街道	225	5.17	7.60	3.00	0.89	17.17
	城北街道	271	3.67	6.60	2.40	0.74	20.18
	栲栳镇	511	4.11	7.80	2.70	0.92	22.36
	蒲州镇	471	4.89	7.35	2.80	0.71	14.53
	韩阳镇	220	5.74	7.60	3.30	0.77	13.38
	虞乡镇	515	5.30	7.70	3.30	0.88	16.55
	卿头镇	570	5.30	7.80	3.40	0.73	13.77
	开张镇	623	5.03	7.60	2.80	0.83	16.42
	张营镇	400	3.41	4.80	1.95	0.55	16.01
土壤类型	淋溶褐土	104	3.31	7.60	4.00	0.62	18.85
	石灰性褐土	713	3.96	7.80	2.10	0.71	18.01
	褐土性土	1 195	4.88	7.50	2.40	0.99	20.22
	潮褐土	794	5.09	7.50	2.70	0.81	15.82
	脱潮土	379	5.32	7.80	3.10	1.07	20.12
	潮土	144	3.87	7.50	1.95	1.15	29.64
	盐化潮土	738	4.84	7.65	2.40	1.13	23.17
地形部位	洪积扇中、上部	286	4.28	7.60	3.45	0.72	16.83
	河流冲积平原的河漫滩	43	4.06	6.15	4.20	0.51	12.56
	河流一级、二级阶地	2 060	4.85	7.80	1.95	1.07	22.02
	黄土垣、梁	1 104	4.43	7.80	2.10	0.86	19.49
	山前洪积平原	570	5.07	7.85	2.70	0.91	18.02
作物种类	小麦	2 706	5.03	7.80	2.60	1.08	21.44
	棉花	864	4.03	7.80	2.00	1.44	35.80
	玉米	514	4.24	6.00	3.20	0.82	19.27

（1）不同行政区域：韩阳镇平均值最高，为 5.74 毫克/千克；其次是虞乡镇、卿头镇，平均值为 5.30 毫克/千克；最低是张营镇，平均值为 3.41 毫克/千克。

（2）不同土壤类型：脱潮土平均值最高，为 5.32 毫克/千克；其次是潮褐土，平均值为 5.09 毫克/千克；最低是淋溶褐土，平均值为 3.31 毫克/千克。

（3）不同地形部位：山前洪积平原平均值最高，为 5.07 毫克/千克；其次是河流一级、二级阶地平均值为 4.85 毫克/千克；最低是河流冲积平原的河漫滩，平均值为 4.06

毫克/千克。

(4) 不同作物种类：小麦平均值最高，为 5.03 毫克/千克；其次是玉米，平均值为 4.24 毫克/千克；棉花最低，平均值为 4.03 毫克/千克 。

菜田土壤有效铁含量变化范围为 2.81～15.25 毫克/千克，平均值为 6.61 毫克/千克，属省四级水平（表 4-30）。

表 4-30　永济市菜田土壤有效铁分类统计结果　　单位：毫克/千克

类　别		点位数（个）	平均值	最大值	最小值	标准差	变异系数（%）
行政区域	城东街道	20	5.95	8.49	2.81	1.75	29.41
	城西街道	28	6.79	9.96	3.98	2.17	31.96
	城北街道	17	8.33	15.25	4.13	2.56	30.73
	栲栳镇	7	4.90	7.71	3.43	1.60	32.65
	蒲州镇	22	5.04	8.57	2.82	1.41	27.98
	韩阳镇	9	6.55	9.77	4.34	2.01	30.69
	虞乡镇	4	10.88	13.46	5.59	3.60	33.09
	卿头镇	3	9.94	14.33	7.15	3.85	38.73
	开张镇	3	7.35	11.96	4.21	4.08	55.51
	张营镇	7	6.07	10.50	3.58	2.59	42.67
土壤类型	褐土性土	51	6.61	9.96	3.98	1.78	26.93
	潮褐土	14	7.52	15.25	4.13	3.34	44.41
	脱潮土	26	7.62	13.46	2.81	2.83	37.14
	潮土	11	4.42	6.49	2.82	1.18	26.70
	盐化潮土	9	6.06	11.96	3.15	2.90	47.85
	石灰性褐土	9	5.55	10.50	3.58	2.34	42.16
地形部位	河流一级、二级阶地	53	6.23	15.25	2.81	2.27	36.44
	洪积扇中、上部	2	6.53	7.34	5.71	1.15	17.61
	山前洪积平原	48	7.39	13.46	3.98	2.51	33.96
	黄土垣、梁	15	5.45	10.50	3.46	1.87	34.31
蔬菜种类	芦笋	40	5.04	8.57	2.82	1.36	26.98
	辣椒	30	6.17	10.22	2.81	2.18	35.33
	大葱	3	5.74	7.45	4.13	1.66	28.92
	黄瓜	17	8.93	15.25	5.61	3.49	39.08
	茄子	4	6.90	9.73	3.48	2.79	40.43
	豆角	1	10.99	—	—	—	—
	番茄	13	8.31	12.76	4.42	3.12	37.55
	韭菜	3	7.04	7.72	5.97	0.94	13.35
	大蒜	5	7.98	9.77	7.21	1.08	13.53
	香椿	2	7.57	9.29	5.84	2.44	32.23
	白菜	1	7.71	—	—	—	—
	芹菜	1	6.93	—	—	—	—

（1）不同行政区域：虞乡镇平均值最高，为 10.88 毫克/千克；其次是卿头镇，平均值为 9.94 毫克/千克；最低是栲栳镇，平均值为 4.90 毫克/千克。

（2）不同土壤类型：脱潮土平均值最高，为 7.62 毫克/千克；其次是潮褐土，平均值为 7.52 毫克/千克；最低是潮土，平均值为 4.42 毫克/千克。

（3）不同地形部位：山前洪积平原平均值最高，为 7.39 毫克/千克；其次是洪积扇中、上部，平均值为 6.53 毫克/千克；最低是黄土垣、梁，平均值为 5.45 毫克/千克。

（4）不同蔬菜种类：豆角平均值最高，为 10.99 毫克/千克；其次是黄瓜，平均值为 8.93 毫克/千克；最低是芦笋，平均值为 5.04 毫克/千克。

（五）有效硼

永济市大田土壤有效硼含量变化范围为 0.29～2.20 毫克/千克，平均值为 1.01 毫克/千克，属三级水平（表 4-31）。

表 4-31 永济市大田土壤有效硼分类统计结果 单位：毫克/千克

类	别	点位数（个）	平均值	最大值	最小值	标准差	变异系数（%）
行政区域	城东街道	278	0.65	1.25	0.33	0.16	24.16
	城西街道	227	0.64	1.10	0.41	0.14	22.09
	城北街道	271	1.10	1.90	0.54	0.29	26.64
	栲栳镇	519	1.32	2.20	0.48	0.34	25.76
	蒲州镇	471	0.87	1.70	0.50	0.21	24.29
	韩阳镇	242	0.51	0.85	0.35	0.09	18.61
	虞乡镇	522	0.68	2.10	0.29	0.32	47.22
	卿头镇	566	1.31	2.20	0.58	0.32	24.49
	开张镇	623	1.36	2.10	0.78	0.30	21.99
	张营镇	400	0.99	1.75	0.73	0.19	19.25
土壤类型	淋溶褐土	105	0.52	0.78	0.35	0.10	19.69
	石灰性褐土	720	1.11	2.10	0.41	0.31	28.15
	褐土性土	1 208	0.73	2.10	0.29	0.32	44.21
	潮褐土	787	1.36	2.15	0.50	0.36	26.19
	脱潮土	388	0.88	2.20	0.32	0.33	37.93
	潮土	146	1.25	2.00	0.63	0.39	31.04
	盐化潮土	748	1.11	2.10	0.53	0.29	25.88
地形部位	洪积扇中、上部	293	0.54	0.94	0.29	0.13	23.35
	河流冲积平原的河漫滩	43	1.02	1.95	0.59	0.40	39.32
	河流一级、二级阶地	2 070	1.17	2.20	0.33	0.37	31.70
	黄土垣、梁	1 115	1.06	2.10	0.32	0.33	31.28
	山前洪积平原	576	0.61	1.45	0.32	0.16	25.95
作物种类	小麦	2 636	0.99	2.14	0.38	0.46	46.40
	棉花	861	1.19	2.19	0.35	0.44	36.78
	玉米	622	0.88	2.16	0.95	0.36	41.26

（1）不同行政区域：开张镇平均值最高，为 1.36 毫克/千克；其次是栲栳镇，平均值为 1.32 毫克/千克；最低是韩阳镇，平均值为 0.51 毫克/千克。

（2）不同土壤类型：潮褐土平均值最高，为 1.36 毫克/千克；其次是潮土，平均值为 1.25 毫克/千克；最低是淋溶褐土，平均值为 0.52 毫克/千克。

（3）不同地形部位：河流一级、二级阶地平均值最高，为 1.17 毫克/千克；其次是黄土垣、梁平均值为 1.06 毫克/千克；最低是洪积扇中、上部，平均值为 0.54 毫克/千克。

（4）不同作物种类：棉花平均值最高，为 1.19 毫克/千克；其次是小麦，平均值为 0.99 毫克/千克；最低是玉米，平均值为 0.88 毫克/千克。

菜田土壤有效硼含量变化范围为 0.17～2.69 毫克/千克，平均值为 0.68 毫克/千克，属省四级水平（表 4-32）。

表 4-32　永济市菜田土壤有效硼分类统计结果　　单位：毫克/千克

类　　别		点位数（个）	平均值	最大值	最小值	标准差	变异系数（%）
行政区域	城东街道	20	0.53	1.06	0.27	0.20	37.74
	城西街道	28	0.62	2.69	0.35	0.15	24.19
	城北街道	17	0.56	1.03	0.31	0.21	37.50
	栲栳镇	7	1.33	1.74	0.98	0.34	25.56
	蒲州镇	22	0.62	1.10	0.21	0.25	40.32
	韩阳镇	9	0.48	0.59	0.35	0.07	14.58
	虞乡镇	4	0.79	1.06	0.57	0.21	26.58
	卿头镇	3	0.49	1.11	0.17	0.53	108.16
	开张镇	3	1.25	1.47	1.10	0.20	16.00
	张营镇	7	1.21	1.48	0.70	0.29	23.97
土壤类型	褐土性土	50	0.55	0.80	0.21	0.15	27.27
	潮褐土	14	0.83	1.48	0.17	0.43	51.81
	脱潮土	26	0.51	1.06	0.27	0.20	39.22
	潮土	11	0.80	1.67	0.35	0.47	58.75
	盐化潮土	9	0.81	1.47	0.44	0.34	41.98
	石灰性褐土	9	1.36	2.69	0.98	0.55	40.44
地形部位	河流一级、二级阶地	55	0.68	1.67	0.17	0.37	54.41
	洪积扇中、上部	2	0.63	0.65	0.60	0.04	6.35
	山前洪积平原	48	0.58	1.06	0.35	0.19	32.76
	黄土垣、梁	15	0.97	2.69	0.21	0.65	67.01

（续）

类　　别		点位数（个）	平均值	最大值	最小值	标准差	变异系数（%）
蔬菜种类	芦笋	40	0.74	1.67	0.17	0.36	48.65
	辣椒	30	0.46	0.76	0.27	0.14	30.43
	大葱	3	0.52	0.83	0.36	0.27	51.92
	黄瓜	16	0.77	2.69	0.20	0.67	87.01
	茄子	4	0.68	1.10	0.52	0.28	41.18
	豆角	1	0.69	—	—	—	—
	番茄	13	0.92	1.74	0.59	0.42	45.65
	韭菜	3	1.15	1.48	0.50	0.57	49.57
	大蒜	5	0.59	0.89	0.44	0.19	32.20
	香椿	2	0.39	0.42	0.35	0.05	12.82
	白菜	1	0.84	—	—	—	—
	芹菜	1	0.72	—	—	—	—

（1）不同行政区域：栲栳镇平均值最高，为1.33毫克/千克；其次是开张镇，平均值为1.25毫克/千克；最低是韩阳镇，平均值为0.48毫克/千克。

（2）不同土壤类型：石灰性褐土平均值最高，为1.36毫克/千克；其次是潮褐土，平均值为0.83毫克/千克；最低是脱潮土，平均值为0.51毫克/千克。

（3）不同地形部位：黄土垣、梁平均值最高，为0.97毫克/千克；其次是河流一级、二级阶地，平均值为0.68毫克/千克；最低是山前洪积平原，平均值为0.58毫克/千克。

（4）不同蔬菜种类：韭菜平均值最高，为1.15毫克/千克；其次是番茄，平均值为0.92毫克/千克；最低是香椿，平均值为0.39毫克/千克。

（六）有效钼

永济市大田土壤有效钼含量变化范围为0.01～0.09毫克/千克，平均值为0.04毫克/千克，属六级水平（表4-33）。

（1）不同行政区域：城北街道平均值最高，为0.059毫克/千克；其次是虞乡镇，平均值为0.052毫克/千克；最低是韩阳镇，平均值为0.021毫克/千克。

（2）不同土壤类型：脱潮土平均值最高，为0.048毫克/千克；其次是石灰性褐土，平均值为0.045毫克/千克；潮褐土和淋溶褐土，平均值最低，为0.035毫克/千克。

（3）不同地形部位：黄土垣、梁平均值最高，为0.043毫克/千克；其次是河流一级、二级阶地，平均值为0.041毫克/千克；最低是河流冲积平原的河漫滩，平均值为0.03毫克/千克。

（4）不同作物种类：棉花平均值最高，为0.050毫克/千克；其次是小麦，平均值为0.040毫克/千克；玉米最低，平均值为0.028毫克/千克。

菜地土壤有效钼含量变化范围为0.04～1.43毫克/千克，平均值为0.21毫克/千克，属省三级水平（表4-34）。

表4-33　永济市大田土壤有效钼分类统计结果　　　单位：毫克/千克

	类　　别	点位数（个）	平均值	最大值	最小值	标准差	变异系数（%）
行政区域	城东街道	278	0.039	0.085	0.015	0.01	33.42
	城西街道	227	0.027	0.060	0.009	0.01	32.36
	城北街道	265	0.059	0.085	0.020	0.01	20.46
	栲栳镇	520	0.048	0.085	0.020	0.01	21.72
	蒲州镇	471	0.024	0.050	0.009	0.01	31.64
	韩阳镇	242	0.021	0.060	0.010	0.01	34.13
	虞乡镇	450	0.052	0.085	0.020	0.02	30.11
	卿头镇	570	0.039	0.085	0.020	0.01	36.02
	开张镇	616	0.039	0.085	0.010	0.01	33.46
	张营镇	384	0.042	0.085	0.020	0.01	26.40
土壤类型	淋溶褐土	103	0.035	0.085	0.015	0.02	54.40
	石灰性褐土	704	0.045	0.085	0.015	0.01	30.09
	褐土性土	1 174	0.038	0.085	0.009	0.02	40.25
	潮褐土	782	0.035	0.085	0.015	0.01	36.88
	脱潮土	354	0.048	0.085	0.009	0.02	37.94
	潮土	145	0.037	0.065	0.015	0.01	31.43
	盐化潮土	744	0.042	0.085	0.015	0.02	37.79
地形部位	洪积扇中、上部	284	0.039	0.090	0.010	0.02	52.74
	河流冲积平原的河漫滩	43	0.030	0.090	0.015	0.01	36.68
	河流一级、二级阶地	2 045	0.041	0.085	0.009	0.02	38.88
	黄土垣、梁	1 092	0.043	0.085	0.015	0.01	33.20
	山前洪积平原	552	0.033	0.090	0.009	0.02	49.08
作物种类	小麦	2 594	0.040	0.090	0.010	0.02	59.31
	棉花	824	0.050	0.050	0.050	0.00	0.02
	玉米	622	0.028	0.050	0.010	0.01	44.85

（1）不同行政区域：韩阳镇平均值最高，为0.80毫克/千克；其次是卿头镇，平均值为0.71毫克/千克；最低是城西街道，平均值为0.10毫克/千克。

（2）不同土壤类型：潮褐土平均值最高，为0.35毫克/千克；其次是石灰性褐土，平均值为0.28毫克/千克；最低是脱潮土、潮土，平均值为0.16毫克/千克。

（3）不同地形部位：黄土垣、梁平均值最高，为0.23毫克/千克；其次是山前洪积平原，平均值为0.22毫克/千克；最低是洪积扇中、上部，平均值为0.15毫克/千克。

（4）不同蔬菜种类：芹菜平均值最高，为0.45毫克/千克；其次是黄瓜，平均值为0.35毫克/千克；最低是香椿，平均值为0.11毫克/千克。

表 4-34　永济市菜田土壤有效钼分类统计结果　单位：毫克/千克

类　别		点位数（个）	平均值	最大值	最小值	标准差	变异系数（%）
行政区域	城东街道	20	0.21	0.45	0.09	0.11	52.38
	城西街道	28	0.10	0.46	0.09	0.05	50.00
	城北街道	16	0.16	0.33	0.10	0.06	37.50
	栲栳镇	7	0.22	0.35	0.15	0.07	31.82
	蒲州镇	21	0.13	0.28	0.04	0.06	46.15
	韩阳镇	9	0.80	1.43	0.06	0.25	31.25
	虞乡镇	4	0.18	0.80	0.28	0.10	55.56
	卿头镇	3	0.71	1.09	0.50	0.33	46.48
	开张镇	3	0.23	0.37	0.11	0.13	56.52
	张营镇	6	0.15	0.44	0.18	0.11	73.33
土壤类型	褐土性土	51	0.19	0.46	0.04	0.12	63.16
	潮褐土	14	0.35	1.43	0.11	0.25	71.43
	脱潮土	24	0.16	0.28	0.09	0.05	31.25
	潮土	10	0.16	0.37	0.05	0.10	62.50
	盐化潮土	9	0.18	0.37	0.06	0.09	50.00
	石灰性褐土	9	0.28	0.46	0.17	0.11	39.29
地形部位	河流一级、二级阶地	53	0.19	1.43	0.04	0.11	57.89
	洪积扇中、上部	2	0.15	0.18	0.12	0.05	33.33
	山前洪积平原	46	0.22	0.60	0.06	0.14	63.64
	黄土垣、梁	15	0.23	0.46	0.10	0.11	47.83
蔬菜种类	芦笋	38	0.14	1.43	0.04	0.11	78.57
	辣椒	30	0.18	0.46	0.09	0.10	55.56
	大葱	3	0.27	0.33	0.23	0.05	18.52
	黄瓜	16	0.35	0.60	0.11	0.20	57.14
	茄子	4	0.21	0.44	0.11	0.16	76.19
	豆角	1	0.14	—	—	—	—
	番茄	13	0.28	0.80	0.10	0.24	85.71
	韭菜	3	0.24	0.36	0.18	0.10	41.67
	大蒜	5	0.22	0.27	0.16	0.04	18.18
	香椿	2	0.11	0.13	0.09	0.02	18.18
	白菜	1	0.23	—	—	—	—
	芹菜	1	0.45	—	—	—	—

二、分级论述

（一）有效铜

Ⅰ级　有效铜含量大于 2.00 毫克/千克的点位本市无分布。

Ⅱ级　有效铜含量在 1.51～2.00 毫克/千克的点位有 73 个，代表面积 12 643.0 亩，占总耕地面积的 1.64%。主要分布在城北、虞乡镇、卿头镇的河流一级、二级阶地和山前洪积平原；种植作物主要为小麦、玉米，其次是棉花。

Ⅲ级　有效铜含量在 1.00～1.50 毫克/千克之间的点位有 2 198 个，代表面积 453 666.5 亩，占总耕地面积的 58.82%。主要分布在卿头镇、开张镇、蒲州镇和城东的河流一级、二级阶地和山前洪积平原上；种植作物主要为棉花、小麦、玉米、果树等。

Ⅳ级　有效铜含量在 0.51～1.00 毫克/千克的点位有 1 842 个，代表面积 301 450.5 亩，占总耕地面积的 39.09%。主要分布在城东、城西、栲栳镇、蒲州镇的山前洪积平原和黄土垣、梁上；种植作物主要为棉花、小麦、玉米、果树等。

Ⅴ级　有效铜含量在 0.21～0.50 毫克/千克的点位有 20 个，代表面积 3 495.7 亩，占总耕地面积的 0.45%。主要分布在韩阳镇、张营镇和城西的洪积扇（中、上）部和黄土垣、梁上；种植作物主要为小麦。

Ⅵ级　有效铜含量小于 0.20 毫克/千克的点位本市无分布。

（二）有效锌

Ⅰ级　有效锌含量大于 3.00 毫克/千克的点位有 1 个，代表面积 27 亩。主要分布在韩阳镇的山前平原上；种植作物为小麦。

Ⅱ级　有效锌含量在 1.51～3.00 毫克/千克的点位有 493 个，代表面积 70 961.4 亩，占总耕地面积的 9.20%。主要分布在韩阳镇、虞乡镇和城东的河流一级、二级阶地和山前洪积平原上；种植作物主要为小麦、玉米。

Ⅲ级　有效锌含量在 1.01～1.50 毫克/千克的点位有 2 371 个，代表面积 412 783.2 亩，占总耕地面积的 53.52%。主要分布在城东、蒲州镇、城北和栲栳镇的河流一级、二级阶地和黄土垣、梁上；种植作物主要为小麦、玉米、棉花、苹果等。

Ⅳ级　有效锌含量在 0.51～1.00 毫克/千克的点位有 1 205 个，代表面积 265 847.4 亩，占总耕地面积的 34.47%。主要分布在栲栳镇、城西、张营镇的黄土垣、梁和河流一级、二级阶地上；种植作物主要为小麦、玉米、棉花。

Ⅴ级　有效锌含量在 0.31～0.50 毫克/千克的点位有 63 个，代表面积 21 636.8 亩，占总耕地面积的 2.81%。主要分布在张营镇、开张镇、卿头镇的河流一级、二级阶地和黄土垣、梁上；种植作物主要为小麦、玉米、棉花。

Ⅵ级　有效锌含量小于 0.30 毫克/千克的点位本市无分布。

（三）有效锰

Ⅰ级、Ⅱ级　有效锰含量大于 20.00 毫克/千克的点位本市无分布。

Ⅲ级　有效锰含量在 15.01～20.00 毫克/千克的点位有 253 个，代表面积 57 910.2

亩，占总耕地面积的 7.51％。主要分布在栲栳镇、虞乡镇、蒲州镇、开张镇、城北、城西的河流一级、二级阶地、山前洪积平原和黄土垣、梁上；种植作物主要为小麦、玉米，其次是棉花、果树等。

Ⅳ级　有效锰含量在 5.01～15.00 毫克/千克的点位有 3 880 个，代表面积 713 345.5亩，占总耕地面积的 92.49％。主要分布在开张镇、卿头镇、张营镇、城东和韩阳镇的河流一级、二级阶地、洪积扇（中、上）部和黄土垣、梁上；种植作物主要为棉花、小麦、玉米、果树等。

Ⅴ级、Ⅵ级　有效锰含量小于 5.00 毫克/千克的点位本市无分布。

（四）有效铁

Ⅰ级、Ⅱ级　有效铁含量大于 15.00 毫克/千克的点位本市无分布。

Ⅲ级　有效铁含量在 10.01～15.00 毫克/千克的点位有 5 个，代表面积 797.8 亩，占总耕地面积的 0.10％。主要分布在韩阳镇、虞乡镇、卿头镇、城西的河流一级、二级阶地和山前洪积平原上；种植作物主要为小麦、玉米。

Ⅳ级　有效铁含量在 5.01～10.00 毫克/千克的点位有 1 577 个，代表面积 299 504.4亩，占总耕地面积的 38.83％。主要分布在城西、开张镇、蒲州镇的山前洪积平原和河流一级、二级阶地上；种植作物主要为小麦、玉米、棉花。

Ⅴ级　有效铁含量在 2.51～5.00 毫克/千克的点位有 2 531 个，代表面积 467 462.0亩，占总耕地面积的 60.61％。主要分布在蒲州镇、城东、栲栳镇的河流一级、二级阶地和黄土垣、梁上；种植作物主要为小麦、玉米、棉花、果树等。

Ⅵ级　有效铁含量小于 2.50 毫克/千克的点位有 20 个，代表面积 3 491.6 亩，占总耕地面积的 0.45％。主要分布在栲栳镇、城北街道、张营镇的黄土垣、梁和河流一级、二级阶地上；种植作物主要为小麦、玉米、棉花等。

（五）有效硼

Ⅰ级　有效硼含量大于 2.00 毫克/千克的点位有 39 个，代表面积 10 905.1 亩，占总耕地面积的 1.41％。主要分布在开张镇、栲栳镇、卿头镇的河流一级、二级阶地和黄土垣、梁上；种植作物主要为棉花、小麦、玉米、苹果等。

Ⅱ级　有效硼含量在 1.51～2.00 毫克/千克的点位有 476 个，代表面积 112 182.4亩，占总耕地面积的 14.55％。主要分布在卿头镇、城北、张营镇的河流一级、二级阶地和黄土垣、梁上；种植作物主要为棉花，其次是小麦、玉米等。

Ⅲ级　有效硼含量在 1.01～1.50 毫克/千克的点位有 1 395 个，代表面积 308 459.5亩，占总耕地面积的 39.99％。主要分布在张营镇、蒲州镇、虞乡镇的河流一级、二级阶地和黄土垣、梁上；种植作物主要为小麦、玉米，其次是棉花。

Ⅳ级　有效硼含量在 0.51～1.00 毫克/千克的点位有 1 769 个，代表面积 279 701.2亩，占总耕地面积的 36.27％。主要分布在虞乡镇、蒲州镇、城东的河流一级、二级阶地和山前洪积平原上；种植作物主要为小麦、玉米、果树等。

Ⅴ级　有效硼含量在 0.21～0.50 毫克/千克的点位有 454 个，代表面积 60 007.6 亩，占总耕地面积的 7.78％。主要分布在城东、城西、韩阳镇的山前洪积平原和洪积扇中、上部；种植作物主要为小麦、玉米。

Ⅵ级 有效硼含量小于 0.20 毫克/千克的点位本市无分布。

（六）有效钼

Ⅰ级、Ⅱ级、Ⅲ级 有效钼含量大于 0.20 毫克/千克的点位本市无分布。

Ⅳ级 有效钼含量在 0.16~0.20 毫克/千克的点位有 1 个，代表面积 108.0 亩，占总耕地面积的 0.01%。分布在城北街道的黄土垣、梁上；种植作物为棉花。

Ⅴ级 有效钼含量在 0.11~0.15 毫克/千克的点位有 58 个，代表面积 10 843.8 亩，占总耕地面积的 1.41%。主要分布在城北、虞乡镇、栲栳镇的黄土垣、梁和河流一级、二级阶地上；种植作物主要为棉花、小麦、玉米等。

Ⅵ级 有效钼含量小于 0.10 毫克/千克的点位有 4 074 个，代表面积 760 303.9 亩，占总耕地面积的 98.58%。主要分布在栲栳镇、张营镇、开张镇、卿头镇、城东、城西、蒲州镇、韩阳镇的河流一级、二级阶地、山前洪积平原和洪积扇中上部；种植作物主要为小麦、玉米、棉花等。

微量元素土壤分级面积统计表见表 4‑35。

表 4‑35　永济市耕地土壤微量元素分级面积统计表

类别	Ⅰ		Ⅱ		Ⅲ		Ⅳ		Ⅴ		Ⅵ	
	面积（亩）	百分比（%）	面积（亩）	百分比（%）	面积（亩）	百分比（%）	面积（亩）	百分比（%）	面积（亩）	百分比（%）	面积（亩）	百分比（%）
有效铜	0.0	0.00	12 643.0	1.64	453 666.5	58.82	301 450.5	39.09	3 495.7	0.45	0.0	0.00
有效锌	27.0	0.00	70 961.4	9.20	412 783.2	53.52	265 847.4	34.47	21 636.8	2.81	0.0	0.00
有效锰	0.0	0.00	0.0	0.00	57 910.2	7.51	713 345.5	92.49	0.0	0.00	0.0	0.00
有效铁	0.0	0.00	0.0	0.00	797.8	0.10	299 504.4	38.83	467 462.0	60.61	3 491.6	0.45
有效硼	10 905.1	1.41	112 182.4	14.55	308 459.5	39.99	279 701.2	36.27	60 007.6	7.78	0.0	0.00
有效钼	0.0	0.00	0.0	0.00	0.0	0.00	108.0	0.01	10 843.8	1.41	760 303.9	98.58

第五节　其他属性

一、pH

永济市大田土壤 pH 变化范围为 7.77~8.91，平均值为 8.33（表 4‑36）。

（1）不同行政区域：卿头镇平均值最高，为 8.57；其次是张营镇，平均值为 8.43；最低是城东街道，平均值为 8.07。

（2）不同土壤类型：潮土平均值最高，为 8.51；其次是潮褐土，平均值为 8.46；最低是淋溶褐土，平均值为 8.12。

（3）不同地形部位：河流冲积平原的河漫滩平均值最高，为 8.70；其次是河流一级、二级阶地，平均值为 8.38，最低是洪积扇中、上部，平均值为 8.11。

表 4 - 36　永济市大田土壤 pH 分类统计结果

类 别		点位数（个）	平均值	最大值	最小值	标准差	变异系数（％）
行政区域	城东街道	272	8.07	8.36	7.77	0.13	1.63
	城西街道	227	8.25	8.42	8.05	0.08	0.92
	城北街道	271	8.23	8.44	7.89	0.09	1.12
	栲栳镇	515	8.40	8.91	8.13	0.12	1.49
	蒲州镇	471	8.30	8.63	7.89	0.13	1.58
	韩阳镇	242	8.17	8.34	7.97	0.10	1.25
	虞乡镇	521	8.13	8.42	7.79	0.13	1.55
	卿头镇	560	8.57	8.91	8.28	0.17	1.93
	开张镇	626	8.40	8.81	8.05	0.13	1.52
	张营镇	382	8.43	8.91	8.05	0.18	2.11
土壤类型	淋溶褐土	103	8.12	8.28	7.79	0.13	1.63
	石灰性褐土	713	8.36	8.91	7.97	0.14	1.66
	褐土性土	1 200	8.21	8.91	7.77	0.17	2.07
	潮褐土	779	8.46	8.91	7.97	0.21	2.45
	脱潮土	389	8.33	8.81	7.89	0.23	2.79
	潮土	135	8.51	8.91	8.13	0.15	1.73
	盐化潮土	751	8.33	8.91	7.89	0.14	1.71
地形部位	洪积扇中、上部	288	8.11	8.35	7.77	0.13	1.63
	河流冲积平原的河漫滩	42	8.70	8.91	8.28	0.16	1.87
	河流一级、二级阶地	2 056	8.38	8.91	7.89	0.20	2.35
	黄土垣、梁	1 105	8.35	8.91	7.89	0.14	1.69
	山前洪积平原	574	8.16	8.75	7.77	0.14	1.71
作物种类	小麦	2 523	8.32	8.90	7.80	0.23	2.78
	棉花	1 021	8.30	8.90	7.80	0.24	2.94
	玉米	541	8.44	8.90	8.10	0.21	2.54

（4）不同作物种类：玉米平均值最高，为 8.44；其次是小麦，平均值为 8.32；棉花最低，平均值为 8.30。

菜田土壤 pH 变化范围为 7.43～9.91，平均值为 8.07（表 4 - 37）。

（1）不同行政区域：张营镇平均值最高，为 8.35；其次是开张镇和城北街道，平均值为 8.20；最低是虞乡镇，平均值为 7.82。

（2）不同土壤类型：潮褐土平均值最高，为 8.26；其次是潮土，平均值为 8.24；最低是褐土性土，平均值为 7.97。

（3）不同地形部位：河流一级、二级阶地平均值最高，为 8.15；其次是黄土垣、梁，平均值为 8.13；最低是洪积扇中、上部，平均值为 7.73。

表 4 - 37 永济市菜田土壤 pH 分类统计结果

	类　别	点位数（个）	平均值	最大值	最小值	标准差	变异系数（%）
行政区域	城东街道	18	7.96	9.91	7.83	0.1	1.26
	城西街道	28	7.98	8.10	7.43	0.21	2.63
	城北街道	17	8.20	8.68	7.52	0.31	3.78
	栲栳镇	7	8.19	8.51	7.88	0.24	2.93
	蒲州镇	22	8.07	8.31	7.79	0.13	1.61
	韩阳镇	9	8.05	8.40	7.78	0.23	2.86
	虞乡镇	4	7.82	8.00	7.69	0.14	1.79
	卿头镇	3	8.19	8.60	7.95	0.36	4.40
	开张镇	3	8.20	8.23	8.16	0.04	0.49
	张营镇	7	8.35	8.63	8.05	0.24	2.87
土壤类型	褐土性土	51	7.97	9.91	7.43	0.17	2.13
	潮褐土	14	8.26	8.68	7.84	0.28	3.39
	脱潮土	25	8.05	8.61	7.52	0.25	3.11
	潮土	11	8.24	8.51	8.09	0.13	1.58
	盐化潮土	9	8.10	8.40	7.87	0.17	2.10
	石灰性褐土	9	8.19	8.63	7.88	0.26	3.17
地形部位	河流一级、二级阶地	54	8.15	8.68	7.52	0.24	2.94
	洪积扇中、上部	2	7.73	7.83	7.62	0.15	1.94
	山前洪积平原	48	7.97	9.91	7.43	0.22	2.76
	黄土垣、梁	15	8.13	8.63	7.79	0.23	2.83
蔬菜种类	芦笋	40	8.13	8.63	7.78	0.21	2.58
	辣椒	30	7.94	8.61	7.43	0.25	3.15
	大葱	3	8.41	8.68	7.90	0.44	5.23
	黄瓜	16	8.05	8.56	7.75	0.25	3.11
	茄子	4	8.08	8.23	7.83	0.18	2.23
	豆角	1	8.23	—	—	—	—
	番茄	13	8.03	8.59	7.69	0.3	3.74
	韭菜	3	8.39	8.56	8.16	0.21	2.50
	大蒜	5	8.32	9.91	7.83	0.9	10.82
	香椿	2	7.96	8.07	7.85	0.16	2.01
	白菜	1	8.14	—	—	—	—
	芹菜	1	7.44	—	—	—	—

　　（4）不同蔬菜种类：大葱平均值最高，为 8.41；其次是韭菜，平均值为 8.39；最低是芹菜，平均值为 7.44。

二、土壤容重

永济市大田土壤容重变化范围为1.30～1.46克/厘米^3，平均值为1.37克/厘米^3（表4-38）。

表4-38　永济市大田土壤容重分类统计结果　　　　　单位：克/厘米^3

类　别		点位数（个）	平均值	最大值	最小值	标准差	变异系数（%）
行政区域	城东街道	271	1.38	1.45	1.30	0.03	2.07
	城西街道	226	1.37	1.45	1.32	0.02	1.43
	城北街道	262	1.36	1.45	1.32	0.03	1.94
	栲栳镇	520	1.36	1.42	1.31	0.02	1.79
	蒲州镇	463	1.37	1.43	1.32	0.02	1.43
	韩阳镇	242	1.38	1.45	1.35	0.02	1.73
	虞乡镇	516	1.39	1.45	1.30	0.03	1.88
	卿头镇	571	1.39	1.45	1.35	0.03	1.90
	开张镇	615	1.38	1.45	1.30	0.03	2.01
	张营镇	374	1.36	1.42	1.31	0.03	2.10
土壤类型	淋溶褐土	105	1.38	1.45	1.28	0.05	3.53
	石灰性褐土	720	1.36	1.42	1.32	0.02	1.69
	褐土性土	1 185	1.36	1.40	1.31	0.02	1.64
	潮褐土	795	1.37	1.39	1.35	0.01	0.99
	脱潮土	384	1.40	1.43	1.35	0.03	1.84
	潮土	147	1.39	1.39	1.39	0.00	0.00
	盐化潮土	733	1.38	1.45	1.30	0.04	2.73
地形部位	洪积扇中、上部	284	1.39	1.45	1.35	0.03	1.88
	河流冲积平原的河漫滩	43	1.37	1.37	1.36	0.00	0.24
	河流一级、二级阶地	2 042	1.38	1.45	1.30	0.03	2.10
	黄土垣、梁	1 115	1.35	1.42	1.32	0.02	1.55
	山前洪积平原	576	1.38	1.40	1.35	0.01	1.08
作物种类	小麦	2 680	1.36	1.45	1.30	0.03	2.21
	棉花	820	1.39	1.46	1.32	0.02	1.44
	玉米	560	1.37	1.42	1.30	0.04	2.92

（1）不同行政区域：虞乡镇、卿头镇平均值最高，为1.39克/厘米^3；其次是城东街道、韩阳街、开张镇，平均值为1.38克/厘米^3；最低是城北街道、栲栳镇、张营镇，平均值为1.36克/厘米^3。

（2）不同土壤类型：脱潮土平均值最高，为1.40克/厘米^3；其次是潮土，平均值为

1.39 克/厘米³；最低是石灰性褐土，平均值为 1.36 克/厘米³。

（3）不同地形部位：洪积扇中、上部平均值最高，为 1.39 克/厘米³；其次是河流一级、二级阶地和山前洪积平原，平均值为 1.38 克/厘米³；黄土垣、梁平均值最低，为 1.35 克/厘米³。

（4）不同作物种类：棉花平均值最高，为 1.39 克/厘米³；其次是玉米，平均值为 1.37 克/厘米³；小麦最低，平均值为 1.36 克/厘米³。

菜田土壤容重变化范围为 1.12～1.46 克/厘米³，平均值为 1.35 克/厘米³，属省三级水平（表 4-39）。

表 4-39　永济市菜田土壤容重分类统计结果　　　　单位：克/厘米³

	类　别	点位数（个）	平均值	最大值	最小值	标准差	变异系数（%）
行政区域	城东街道	20	1.35	1.42	1.26	0.04	2.96
	城西街道	28	1.38	1.45	1.32	0.05	3.62
	城北街道	17	1.40	1.45	1.31	0.04	2.86
	栲栳镇	7	1.36	1.46	1.30	0.06	4.41
	蒲州镇	22	1.34	1.45	1.25	0.05	3.73
	韩阳镇	9	1.30	1.37	1.12	0.08	6.15
	虞乡镇	4	1.38	1.45	1.30	0.07	5.07
	卿头镇	3	1.39	1.43	1.34	0.05	3.60
	开张镇	3	1.32	1.35	1.30	0.03	2.27
	张营镇	6	1.24	1.34	1.19	0.06	4.84
土壤类型	褐土性土	51	1.36	1.45	1.25	0.05	3.68
	潮褐土	14	1.33	1.43	1.19	0.08	6.02
	脱潮土	26	1.37	1.45	1.26	0.05	3.65
	潮土	11	1.34	1.45	1.28	0.05	3.73
	盐化潮土	9	1.31	1.42	1.12	0.09	6.87
	石灰性褐土	9	1.34	1.46	1.19	0.08	5.97
地形部位	河流一级、二级阶地	55	1.32	1.42	1.19	0.06	4.55
	洪积扇中、上部	2	1.36	1.45	1.22	0.04	2.94
	山前洪积平原	48	1.36	1.46	1.12	0.07	5.15
	黄土垣、梁	15	1.39	1.45	1.19	0.06	4.32
蔬菜种类	芦笋	40	1.31	1.42	1.19	0.06	4.58
	辣椒	30	1.38	1.45	1.29	0.05	3.62
	大葱	3	1.37	1.40	1.35	0.03	2.19
	黄瓜	16	1.39	1.46	1.34	0.04	2.88
	茄子	4	1.34	1.43	1.26	0.07	5.22
	豆角	1	1.40	—	—	—	—
	番茄	13	1.36	1.38	1.30	0.03	2.21
	韭菜	3	1.23	1.31	1.19	0.07	5.69
	大蒜	5	1.32	1.42	1.12	0.12	9.09
	香椿	2	1.33	1.34	1.32	0.01	0.75
	白菜	1	1.38	—	—	—	—
	芹菜	1	1.34	—	—	—	—

（1）不同行政区域：城北街道平均值最高，为 1.40 克/厘米³；其次是卿头镇，平均值为 1.39 克/厘米³；最低是张营镇，平均值为 1.24 克/厘米³。

（2）不同土壤类型：脱潮土平均值最高，为 1.37 克/厘米³；其次是褐土性土，平均值为 1.36 克/厘米³；最低是盐化潮土，平均值为 1.31 克/厘米³。

（3）不同地形部位：黄土垣、梁平均值最高，为 1.39 克/厘米³；其次是洪积扇中、上部与山前洪积平原，平均值为 1.36 克/厘米³；最低是河流一级、二级阶地，平均值为 1.32 克/厘米³。

（4）不同蔬菜种类：豆角平均值最高，为 1.40 克/厘米³；其次是黄瓜，平均值为 1.39 克/厘米³；最低是韭菜，平均值为 1.23 克/厘米³。

三、盐化潮土耕层盐分含量

永济市盐化潮土遍布 10 个镇、街道的河流一级、二级阶地，耕层盐分含量变化范围为 15.2～67.6 克/千克，平均值为 28.89 克/千克。其中虞乡镇平均值最高，为 32.75 克/千克；其次是开张镇，平均值为 31.57 克/千克；最低是城西街道，平均值为 19.24 克/千克。详见表 4-40。

表 4-40　永济市盐化潮土耕层盐分含量分类统计表　　　单位：克/千克

行政区域	平均值	区域值
城东街道	20.87	17.8～29.5
城西街道	19.24	18.3～20.0
城北街道	29.17	15.4～61.1
栲栳镇	23.31	20.8～24.0
蒲州镇	24.62	23.8～26.3
韩阳镇	20.22	19.5～20.9
虞乡镇	32.75	17.5～61.9
卿头镇	30.73	15.2～67.6
开张镇	31.57	16.3～60.0
平　均	28.89	15.2～67.6

四、耕层质地

土壤质地是土壤的重要物理性质之一，不同的质地对土壤肥力高低、耕性好坏、生产性能的优劣具有很大影响。

土壤质地亦称土壤机械组成，指不同粒径在土壤中占有的比例组合。根据卡庆斯基质地分类，粒径大于 0.01 毫米为物理性砂粒，小于 0.01 毫米为物理性黏粒。根据其沙黏含量及其比例，主要可分为沙土、沙壤、轻壤、中壤、重壤、黏土 6 级。

从表 4-41 可知，永济市轻壤面积居首位，占到 55.91％；其次为中壤，占到 26.74％。轻壤与中壤物理性沙粒大于 55％，物理性黏粒小于 45％，沙黏适中，大小孔隙比例适当，通透性好，保水保肥，养分含量丰富，有机质分解快，供肥性好，耕作方便，宜耕期早，耕作质量好，水、肥、气、热比较协调，发小苗亦发老苗，从质地上看，是农业上较为理想的土壤。

表 4-41　永济市土壤耕层质地概况

耕层质地类型	耕地面积（亩）	占总耕地面积（％）
沙壤	99 202.8	12.86
轻壤	431 179.3	55.91
中壤	206 201.4	26.74
重壤	34 672.2	4.50
合计	771 255.7	100.00

沙壤土占永济市耕地总面积的 12.86％，其物理性沙粒高达 80％以上，土质较沙，疏松易耕，粒间孔隙度大，通透性好。但保水保肥性能差，抗旱力弱，供肥性差，前劲强后劲弱，发小苗不发老苗。

重壤土（俗称垆土），占全市耕地总面积的 4.50％。其中土壤物理性黏粒（＜0.01 毫米）高达 45％以上，土壤黏重致密，难耕作，易耕期短，保肥性强，养分含量高，但易板结，通透性能差。土体冷凉坷垃多，不养小苗，易发老苗。

五、土体构型

土体构型是指整个土体各层次质地排列组合情况。它对土壤水、肥、气、热等各个肥力因素有制约和调节作用，特别对土壤水、肥贮藏与流失有较大影响。因此，良好的土体构型是土壤肥力的基础。

由于永济市地形比较复杂，海拔高差较大，生物气候区有差异，土壤的形成与分布不同。因而只能依据不同的分布区域进行主要土壤的具体阐述：

1. 山地区　本区主要的土壤亚类为褐土性土，涉及蒲州、城北、韩阳、虞乡等镇、街道；成土母质为黄土、次生黄土和洪积物；质地粗糙且多混合物，典型土属的质地为轻壤、中壤；成土矿物的主要成分为石英、正长石等原生矿物和蒙脱石、水云母等次生黏土矿物。主要土种为沙壤土，剖面构型为 A-B-C；其次为深位沙砾质褐土性沙土和浅位黏化褐土性沙土，剖面构型为 A-（B）-C-R，以及浅位沙砾质褐土性沙土，剖面构型为 A-（B）-C。本区域土壤 pH 的变化范围为 7.82～8.90，平均值为 8.14；土壤容重的变化范围为 1.28～1.56 克/厘米³，平均值为 1.38 克/厘米³。

2. 丘陵区　本区主要的土壤亚类为石灰性褐土，其次为褐土性土。涉及张营、栲栳、城北、蒲州等镇、街道；水源缺乏，土体干旱，不受地下水影响，但受半干旱季风气候影响。由于土体中黏粒、碳酸钙及易溶性养分的淋溶，下移和沉淀，形成不同程度的黏化层。成土母质为黄土状物质，其原生矿物为石英、长石等，质地偏轻。主要土种为浅黏黄土质褐土，剖面构型为 A-Bt-Cca；其次为通体壤质立黄土和通体轻壤质黄土质褐土性土，剖面构型均为 A-B-C。本区域土壤 pH 的变化范围为 7.96～9.41，平均值为 8.41；土壤容重的变化范围为 1.19～1.56 克/厘米^3，平均值为 1.35 克/厘米^3。

3. 盆地区 本区主要的土壤亚类为潮褐土，其次为盐化潮土。涉及开张、卿头、张营、栲栳、蒲州、城西等镇、街道。潮褐土母质为次生黄土和河流冲积物，发育层次明显，石灰淀积物较多，成土矿物主要以次生黏土矿物为主，其类型为水云母、蒙脱石等，质地稍黏，经人为多年耕作、改良，表层质地变轻，剖面构型良好，为 A-Bt-C；盐化潮土质地多为沙质壤土或黏壤，剖面层次差异很大，有沙黏相间、壤黏相间、通体垆、通体轻壤、通体沙壤等，地下水位浅，矿化度高，土体含盐量高，由于成土过程不同，以及所处的地理位置不同，盐分组成也不同，分为硫酸盐盐化潮土、氯化物硫酸盐盐化潮土、重碳酸盐盐化潮土、硫酸盐碳酸盐盐化潮土 4 个土属，21 个土种，另外还有大面积的次生盐渍化土，剖面构型均为 A-P-B-C。本区域土壤 pH 的变化范围为 8.03～9.30，平均值为 8.55；土壤容重的变化范围为 1.27～1.56 克/厘米^3，平均值为 1.39 克/厘米^3。

4. 黄河滩涂区 本区主要的土壤亚类为潮土，其次为盐化潮土。涉及黄河沿岸的蒲州、韩阳等镇。主要由河流冲积物形成，靠近沟壑残垣处并兼受洪积物影响；质地粗糙，多为沙或壤沙质；加之成土时间短，土壤一般无层次结构，土质松散；沟壑残垣附近，随着人为耕作改良，质地多为轻壤。剖面构型为 A-P-B-C。本区域土壤 pH 的变化范围为 7.89～9.49，平均值为 8.51；土壤容重的变化范围为 1.21～1.45 克/厘米^3，平均值为 1.31 克/厘米^3。

根据此次调查要求，将永济市土体构型划分为均质沙壤等 25 个类型，具体面积分布见表 4-42。

表 4-42 永济市土体构型面积分布表

土体构型	耕地面积（亩）	占总耕地面积（%）	地形部位
均质沙土	4.4	0.00	洪积扇中、上部
夹壤沙土	2 404.5	0.31	洪积扇中、上部
均质沙壤	50 934.7	6.60	河流一级、二级阶地，河漫滩、山前洪积平原，洪积扇中、上部
夹壤沙壤	15 704.2	2.04	河流一级、二级阶地，山前洪积平原
夹黏沙壤	8 124.6	1.05	河流一级、二级阶地
黏身沙壤	1 985.9	0.26	河流一级、二级阶地
壤底沙壤	1 586.9	0.21	河流一级、二级阶地
黏底沙壤	18 457.7	2.39	河流一级、二级阶地
均质轻壤	84 382.5	10.94	河流一级、二级阶地，山前洪积平原，黄土垣、梁
夹沙轻壤	6 760.8	0.88	河流一级、二级阶地，山前洪积平原，洪积扇中、上部
夹黏轻壤	256 671.7	33.28	河流一级、二级阶地，山前洪积平原，洪积扇中、上部
沙身轻壤	2 164.9	0.28	河流一级、二级阶地，山前洪积平原，洪积扇中、上部

（续）

土体构型	耕地面积（亩）	占总耕地面积（%）	地形部位
黏身轻壤	30 890.8	4.01	河流一级、二级阶地，山前洪积平原
沙底轻壤	19 287.5	2.50	河流一级、二级阶地，山前洪积平原，洪积扇中、上部
黏底轻壤	31 021.1	4.02	河流一级、二级阶地，山前洪积平原，洪积扇中、上部，黄土垣、梁
均质中壤	88 010.9	11.41	河流一级、二级阶地
夹沙中壤	14 871.2	1.93	河流一级、二级阶地
夹黏中壤	37 801.6	4.90	河流一级、二级阶地，黄土垣、梁
沙身中壤	12 453.7	1.61	河流一级、二级阶地
黏身中壤	32 603.9	4.23	河流一级、二级阶地
沙底中壤	1 203.7	0.16	河流一级、二级阶地
黏底中壤	19 256.4	2.50	河流一级、二级阶地，山前洪积平原，黄土垣、梁
均质重壤	31 210.5	4.05	河流一级、二级阶地，山前洪积平原
夹沙重壤	1 778.9	0.23	河流一级、二级阶地
壤身重壤	1 682.8	0.22	河流一级、二级阶地
合计	771 255.7	100.00	

六、土壤结构

构成土壤骨架的矿物质颗粒，在土壤中并非彼此孤立、毫不相关的堆积在一起，而往往是受各种作物胶结成形状不同、大小不等的团聚体。各种团聚体和单粒在土壤中的排列方式称为土壤结构。

土壤结构是土体构造的一个重要形态特征。它关系着土壤水、肥、气、热状况的协调，土壤微生物的活动、土壤耕性和作物根系的伸展，是影响土壤肥力的重要因素。

永济市黄土丘陵区土壤由于有机质含量高，主要为团粒结构，粒径在 0.25～10 毫米，由腐殖质为成型动力胶结而成。团粒结构是良好的土壤结构类型，可协调土壤的水、肥、气、热状况。

永济市沿河一带耕地土壤的有机质含量较少，土壤结构主要以土壤中碳酸钙胶结为主，水稳性团粒结构一般在 20%～40%。

永济市土壤的不良结构主要有：

1. 板结 永济市东部卿头、开张等镇涑水河一级、二级阶地耕作土壤灌水或降雨后表层板结现象较普遍，板结形成的原因是细黏粒含量较高，有机质含量少所致。板结是土壤不良结构的表现，它可加速土壤水分蒸发、土壤紧实，影响幼苗出土生长以及土壤的通气性能。改良办法应增加土壤有机质，雨后或浇灌后及时中耕破板，以利于土壤疏松通气。

2. 坷垃　洪积扇中、上部耕作土壤的不良结构主要有坷垃。坷垃是在质地黏重的土壤上易产生的不良结构。坷垃多时，由于相互支撑，增大孔隙透风跑墒，促进土壤蒸发，并影响播种质量，造成露籽或压苗，或形成吊根，妨碍根系穿插。改良办法首先要大量施用有机肥料和掺杂沙改良黏重土壤，其次应掌握宜耕期，及时进行耕耙，使其粉碎。

土壤结构是影响土壤孔隙状况、容重、持水能力、土壤养分等的重要因素，因此，创造和改善良好的土壤结构是农业生产上夺取高产稳产的重要措施。

七、土壤碱解氮、全磷和全钾状况

（一）碱解氮

永济市耕地土壤碱解氮变化范围为 15.30～254.20 毫克/千克，平均值为 89.64 毫克/千克。

（1）不同行政区域：城西街道平均值最高，为 100.05 毫克/千克；其次是卿头镇，平均值为 95.61 毫克/千克；张营镇最低，平均值为 76.01 毫克/千克。

（2）不同地形部位：山前洪积平原平均值最高，为 101.76 毫克/千克；黄土垣、梁最低，平均值为 87.44 毫克/千克。

（3）不同土壤类型：褐土性土平均值最高，为 93.19 毫克/千克；其次是脱潮土等，平均最值为 90.13 毫克/千克；潮土最低，平均值为 81.95 毫克/千克。

（二）全磷

永济市耕地土壤全磷变化范围为 0.34～2.45 克/千克，平均值为 0.92 克/千克。

（1）不同行政区域：城东街道平均值最高，为 1.34 克/千克；其次是韩阳镇等；最低是卿头镇，平均值为 0.70 克/千克。

（2）不同地形部位：山前洪积平原平均值最高，为 1.13 克/千克；其次是洪积扇中、上部；河流冲积平原的河漫滩最低，平均值为 0.67 克/千克。

（3）不同土壤类型：褐土性土平均值最高，为 1.03 克/千克；其次是盐化潮土等；潮褐土最低，平均值为 0.78 克/千克。

（三）全钾

永济市耕地土壤全钾变化范围为 15.20～30.10 克/千克，平均值为 20.26 克/千克。

（1）不同行政区域：城东街道平均值最高，为 23.78 克/千克；其次是城西街道等；最低是城北街道，平均值为 17.87 克/千克。

（2）不同地形部位：山前洪积平原平均值最高，为 22.47 克/千克；其次是河流一级、二级阶地等；河流冲积平原的河漫滩最低，平均值为 15.85 克/千克。

（3）不同土壤类型：脱潮土平均值最高，为 22.11 克/千克；其次是褐土性土等；盐化潮土最低，平均值为 18.91 克/千克。

永济市耕地土壤碱解氮、全磷、全钾分类汇总见表 4-43。

表4-43　永济市耕地土壤碱解氮、全磷、全钾分类汇总表

类　别		碱解氮（毫克/千克）		全磷（克/千克）		全钾（克/千克）	
		平均值	区域值	平均值	区域值	平均值	区域值
行政区域	城东街道	91.91	34.00～185.30	1.34	0.90～2.45	23.78	20.20～30.10
	城西街道	100.05	29.70～187.00	0.98	0.59～1.54	23.19	16.00～26.20
	城北街道	85.56	28.00～158.00	0.91	0.34～1.87	17.87	15.20～24.90
	栲栳镇	92.89	31.90～170.50	0.83	0.56～1.03	19.36	16.10～21.70
	蒲州镇	93.63	15.30～172.00	0.96	0.60～1.60	19.56	16.50～23.10
	虞乡镇	91.23	18.50～169.00	0.82	0.55～1.34	21.51	17.10～25.80
	卿头镇	95.61	31.20～170.5	0.70	0.46～0.97	21.19	19.80～23.80
	张营镇	76.01	18.10～155.30	0.98	0.52～1.23	18.75	16.30～21.90
	开张镇	80.41	18.00～172.60	0.78	0.46～1.08	21.88	20.30～25.60
	韩阳镇	90.28	29.20～176.70	1.10	0.69～1.44	19.48	17.20～24.40
地形部位	洪积扇中、上部	89.59	29.20～167.20	1.06	0.66～1.44	19.54	17.10～23.60
	河流冲积平原的河漫滩	92.48	32.90～136.40	0.67	0.34～0.99	15.85	15.80～15.90
	河流一级、二级阶地	88.40	15.30～254.20	0.89	0.46～2.45	20.59	15.90～27.10
	黄土垣、梁	87.44	18.10～168.50	0.87	0.52～1.23	19.04	15.20～21.90
	山前洪积平原	101.76	33.10～193.40	1.13	0.71～1.87	22.47	18.60～30.10
土壤类型	淋溶褐土	88.73	49.70～118.90	0.85	0.85～0.85	20.30	20.30～20.30
	褐土性土	93.19	18.10～183.10	1.03	0.61～1.87	21.04	15.90～30.10
	石灰性褐土	87.59	33.40～165.60	0.87	0.52～1.23	19.28	15.20～21.90
	潮褐土	89.21	18.00～176.00	0.78	0.46～1.42	20.90	15.90～25.60
	潮土	81.95	15.30～184.8	0.91	0.60～1.60	19.06	16.50～21.50
	脱潮土	90.13	28.50～171.00	0.90	0.46～1.39	22.11	16.10～27.10
	盐化潮土	88.15	20.60～171.10	0.94	0.34～2.45	18.91	15.80～24.60
全　市		89.64	15.30～174.60	0.92	0.34～2.45	20.26	15.20～30.10

备注：以上统计结果依据2007—2009年测土配方施肥项目土样化验结果，其中：碱解氮5 515个土样、全磷、全钾各304个。

八、耕地土壤阳离子交换量

永济市大田土壤阳离子交换量含量变化范围为3.60～22.20厘摩尔/千克，平均值为9.54厘摩尔/千克（表4-44）。

（1）不同行政区域：开张镇平均值最高，为11.86厘摩尔/千克；其次是城北街道，平均值为10.62厘摩尔/千克；最低是张营镇，平均值为7.74厘摩尔/千克。

（2）不同地形部位：洪积扇中、上部最高，平均值为10.43厘摩尔/千克；其次河流一级、二级阶地，平均值为9.82厘摩尔/千克；黄土垣、梁平均值最低，为9.15厘摩尔/千克。

表4-44　永济市耕地土壤阳离子交换量分类汇总表

类别		阳离子交换量（厘摩尔/千克）	
		平均值	区域值
行政区域	城北街道	10.62	7.10～21.10
	城东街道	8.83	7.30～10.40
	城西街道	9.71	6.50～11.30
	韩阳镇	10.08	5.90～13.00
	开张镇	11.86	7.10～22.20
	栲栳镇	8.89	4.30～13.40
	蒲州镇	8.94	5.40～12.30
	卿头镇	10.08	7.60～15.20
	虞乡镇	10.42	7.20～15.20
	张营镇	7.74	3.60～11.80
地形部位	洪积扇中、上部	10.43	7.20～12.80
	河流一级、二级阶地	9.82	3.60～22.20
	黄土垣、梁	9.15	3.90～21.10
	山前洪积平原	9.30	6.20～13.00
土壤类型	潮褐土	11.73	7.50～22.20
	潮土	6.78	4.50～8.40
	褐土性土	9.18	3.90～13.20
	淋溶褐土	10.90	10.90～10.90
	石灰性褐土	9.49	4.70～21.10
	脱潮土	9.68	7.50～13.90
	盐化潮土	8.62	3.60～15.20
作物种类	小麦	9.60	4.30～21.10
	棉花	11.60	8.20～22.20
	玉米	8.04	3.60～11.80
全市		9.54	3.60～22.20

备注：以上大田养分统计结果依据2007—2009年测土配方施肥项目土样化验结果，菜田土壤及大田土壤交换性钙、镁统计结果依据2002年耕地地力调查与近年来化验结果统计汇总得出。

（3）不同土壤类型：潮褐土最高，平均值为11.73厘摩尔/千克；其次是淋溶褐土，平均值为10.90厘摩尔/千克；最低是潮土，平均值为6.78厘摩尔/千克。

第六节　耕地土壤属性综述与养分动态变化

一、耕地土壤属性综述

永济市 5 608 个样点测定结果表明：大田土壤有机质平均含量为 16.18±3.71 克/千克，全氮平均含量为 1.01±0.20 克/千克，有效磷平均含量为 18.53±4.78 毫克/千克，速效钾平均含量为 226.12±54.89 毫克/千克，缓效钾平均含量为 1 330.4±248.53 毫克/千克，交换性钙平均含量为 8.54±1.42 克/千克，交换性镁平均含量为 0.45±0.19 克/千克，有效硫平均含量为 67.24±31.13 毫克/千克，有效硅平均含量为 139.8±43.8 毫克/千克，有效铜平均含量为 1.04±0.19 毫克/千克，有效锌平均含量为 1.15±0.31 毫克/千克，有效铁平均含量为 4.72±1.04 毫克/千克，有效锰平均值为 11.89±2.16 毫克/千克，有效硼平均含量为 1.01±0.40 毫克/千克，有效钼平均含量为 0.04±0.02 毫克/千克，pH 平均值为 8.33±0.20，容重平均值为 1.37±0.03 克/厘米^3。见表 4 - 45。

表 4 - 45　永济市大田土壤养分统计结果

项目名称	点位数（个）	平均值	最大值	最小值	标准差	变异系数（%）
有机质（克/千克）	4 110	16.18	27.00	7.25	3.71	22.91
全氮（克/千克）	4 125	1.01	1.60	0.49	0.20	19.71
有效磷（毫克/千克）	4 120	18.53	32.50	6.50	4.78	25.81
速效钾（毫克/千克）	4 129	226.12	390.00	72.50	54.89	24.28
缓效钾（毫克/千克）	4 505	1 330.36	2 043.00	605.00	248.53	18.68
交换性钙（克/千克）	430	8.54	12.00	2.00	1.42	16.63
交换性镁（克/千克）	428	0.45	1.44	0.06	0.19	42.22
有效硫（毫克/千克）	4 074	67.24	160.00	16.50	31.13	46.30
有效硅（毫克/千克）	428	139.80	482.60	30.70	43.80	31.33
有效铜（毫克/千克）	4 083	1.04	1.60	0.47	0.19	18.63
有效锌（毫克/千克）	4 088	1.15	2.05	0.31	0.31	26.61
有效铁（毫克/千克）	4 088	4.72	7.85	1.95	1.04	22.16
有效锰（毫克/千克）	4 129	11.89	18.00	5.50	2.16	18.13
有效硼（毫克/千克）	4 119	1.01	2.20	0.29	0.40	39.78
有效钼（毫克/千克）	4 047	0.04	0.09	0.01	0.02	40.65
pH	4 087	8.33	8.91	7.77	0.20	2.40
容重（克/厘米^3）	4 062	1.37	1.46	1.30	0.03	2.03

菜地土壤有机质平均含量为 19.89±6.8 克/千克，全氮平均含量为 1.26±0.31 克/千克，有效磷平均含量为 32.41±24.6 毫克/千克，速效钾平均含量为 245.2±62.7 毫克/千克，交换性钙平均含量为 8.4±1.68 克/千克，交换性镁平均含量为 0.40±0.13 克/千克，有效硫平均含量为 153.18±40.7 毫克/千克，有效硅平均含量为 135.4±63.5 毫克/千克，有效铜平均含量为 1.36±0.53 毫克/千克，有效锌平均含量为 2.02±0.96 毫克/千克，有效铁平均含量为 6.61±2.34 毫克/千克，有效锰平均含量为 8.78±2.08 毫克/千克，有效硼平均含量为 0.68±0.31 毫克/千克，有效钼平均含量为 0.22±0.12 毫克/千克，pH 平均值为 8.07±0.27，容重平均值为 1.35±0.06 克/厘米^3。见表 4-46。

表 4-46　永济市菜田土壤养分统计结果

项目名称	点位数（个）	平均值	最大值	最小值	标准差	变异系数（%）
有机质（克/千克）	120	19.89	37.71	8.70	6.80	34.18
全氮（克/千克）	120	1.26	1.92	0.64	0.31	24.65
有效磷（毫克/千克）	120	32.41	79.00	6.00	24.60	75.90
速效钾（毫克/千克）	115	245.20	662.60	88.60	62.70	25.57
交换性钙（克/千克）	119	8.40	13.00	3.00	1.68	20.01
交换性镁（克/千克）	118	0.40	1.03	0.16	0.13	32.80
有效硫（毫克/千克）	118	153.18	532.10	61.50	40.70	26.57
有效硅（毫克/千克）	119	135.40	295.90	15.30	63.50	46.90
有效铜（毫克/千克）	115	1.36	2.82	0.35	0.53	38.84
有效锌（毫克/千克）	116	2.02	6.27	0.44	0.96	47.48
有效铁（毫克/千克）	118	6.61	15.25	2.81	2.34	35.42
有效锰（毫克/千克）	118	8.78	14.53	5.55	2.08	23.68
有效硼（毫克/千克）	119	0.68	2.69	0.17	0.31	45.59
有效钼（毫克/千克）	116	0.22	1.43	0.04	0.12	55.12
pH	118	8.07	9.91	7.43	0.27	3.35
容重（克/厘米^3）	119	1.35	1.46	1.12	0.06	4.43

二、有机质及大量元素的演变

随着农业生产的发展及施肥、耕作经营管理水平的变化，耕地土壤有机质及大量元素也随之发生变化。从 1979 年（第二次土壤普查）至 2009 年永济市 70 个定位监测点的监测结果可以看出，与 1979 年相比，30 年间土壤有机质平均值增加了 6.97 克/千克，全氮平均值增加了 0.38 克/千克，有效磷平均值增加了 13.86 毫克/千克，速效钾平均值增加了 48.57 毫克/千克。见表 4-47。

表 4 – 47 永济市耕地土壤养分定位监测情况统计表

年度	项目	点位数（个）	平均值	最大值	最小值	标准差	变异系数（%）
1979	有机质（克/千克）	66	7.92	12.80	5.30	1.80	22.72
	全氮（克/千克）	69	0.58	0.86	0.36	0.11	19.47
	有效磷（毫克/千克）	67	3.17	9.20	0.12	2.09	66.14
	速效钾（毫克/千克）	70	174.50	477.00	40.00	102.75	58.88
1990	有机质（克/千克）	69	12.83	21.00	8.50	2.75	21.40
	全氮（克/千克）	70	0.71	1.02	0.42	0.12	17.55
	有效磷（毫克/千克）	69	7.58	24.00	2.00	5.56	73.37
	速效钾（毫克/千克）	68	161.39	387.50	37.50	77.73	48.16
1995	有机质（克/千克）	70	12.47	21.30	4.30	3.15	25.24
	全氮（克/千克）	69	0.79	1.11	0.35	0.16	20.21
	有效磷（毫克/千克）	68	12.12	28.00	3.00	5.81	47.92
	速效钾（毫克/千克）	69	182.71	303.00	69.00	54.01	29.56
2002	有机质（克/千克）	70	10.95	20.00	4.40	3.23	29.52
	全氮（克/千克）	70	0.67	1.10	0.31	0.15	22.49
	有效磷（毫克/千克）	68	10.96	21.30	2.80	4.46	40.66
	速效钾（毫克/千克）	67	157.42	274.00	49.00	46.08	29.27
2005	有机质（克/千克）	67	14.56	27.8	7.4	4.1	28.11
	全氮（克/千克）	69	0.86	1.3	0.42	0.17	19.89
	有效磷（毫克/千克）	66	21.04	45.6	6.3	8.2	39
	速效钾（毫克/千克）	68	248.07	453.6	90.7	76.91	31
2007	有机质（克/千克）	67	14.79	39.9	3.3	5.53	37.35
	全氮（克/千克）	69	0.88	1.57	0.17	0.27	31.14
	有效磷（毫克/千克）	68	20.52	109.4	4.2	17.68	86.2
	速效钾（毫克/千克）	68	209.48	642.8	57.3	89.67	42.8
2009	有机质（克/千克）	67	14.89	28.69	5.87	5.00	33.59
	全氮（克/千克）	69	0.96	2.01	0.5	0.29	30.32
	有效磷（毫克/千克）	67	17.03	57.8	4.4	9.26	54.363
	速效钾（毫克/千克）	68	223.07	486.9	116.7	69.63	31.22

第五章　耕地地力评价

第一节　耕地地力分级

一、面积统计

　　永济市耕地面积77.13万亩，其中水浇地69.67万亩，占耕地面积的90.3%；旱地7.46万亩，占耕地面积的9.7%。按照地力等级的划分方法，共划分了4133个评价单元，计算出每个单元的IFI值，对照分级标准，确定每个评价单元的地力等级，汇总结果见表5-1。

表5-1　永济市耕地地力等级统计表

等　级	面积（亩）	所占比重（%）
1	95 206.84	12.35
2	228 021.65	29.57
3	181 000.64	23.47
4	169 241.43	21.94
5	59 011.36	7.65
6	38 773.82	5.02
合　计	771 255.74	100

二、地域分布

　　永济市耕地除中条山外，在各个地貌类型是均有分布。栲栳台垣包括张营、栲栳的全部和蒲州、开张、城北的绝大部分地区；山前洪积平原包括虞乡、城东、城西等铁路沿线的绝大部分地区；黄河川道包括引黄干渠的东侧和一干二支、一干三支两侧地区；涑水平川区为永济市的腹部地区，包括卿头、开张、城北的51个行政村。此外，黄河滩涂和中条山洪积扇区，虽面积广阔，但耕地面积不大。

第二节　耕地地力等级分述

一、一　级　地

（一）面积和分布

　　本级耕地主要分布在同蒲铁路沿线一带，包括城西、城东、虞乡、蒲州4个镇、街道的部分耕地，面积 95 206.84 亩，占耕地面积的 12.35%。

（二）主要属性分析

该级耕地位于永济市的中心腹地，是一个广阔的平原地带，市区所在地，是永济市政治、经济、文化和交通中心。在自然条件上，北有涑水平原，南接中条山洪积、冲积扇北缘平地，海拔 350～360 米，土地平坦，土壤多属"蒙金型"的菜园土，包括黄土状潮褐土、洪积褐土性土、冲积脱潮土 3 个土属，成土母质为黄土状、洪积物、冲积物。地形坡度小于 3°。耕层质地粗糙并多有混合物，典型土属的质地为沙壤或轻壤，土体构型为通体壤、壤夹黏。有效土层厚度在 150 厘米以上，耕层厚度大于 30 厘米，pH 的变化范围在 7.97～8.60 之间，平均值为 8.18；土壤容重为 1.25～1.41 克/厘米^3，平均值为 1.36 克/厘米^3。地势平缓，无侵蚀，保水，地下水位浅且水质良好，灌溉保证率为充分满足，地面平坦，园田化水平较高。

本级耕地土壤有机质平均含量为 26.49 克/千克，比永济市平均含量高 10.31 克/千克；全氮平均含量为 1.6 克/千克，有效磷 27.83 毫克/千克，速效钾 294.00 毫克/千克。见表 5-2。

表 5-2　一级地土壤养分统计表

项目	平均值	最大值	最小值	标准差	变异系数（%）
有机质（克/千克）	26.49	28.50	25.25	1.11	4.19
全氮（克/千克）	1.60	2.08	1.55	0.09	5.63
有效磷（毫克/千克）	27.83	38.50	25.50	2.26	8.12
速效钾（毫克/千克）	294.00	420.00	260.00	30.84	10.49
pH	8.18	8.60	7.97	0.22	2.69
容重（克/厘米^3）	1.36	1.41	1.25	0.03	2.21
有效铜（毫克/千克）	1.13	1.87	0.42	0.22	19.88
有效锰（毫克/千克）	11.50	17.50	6.15	2.18	18.92
有效锌（毫克/千克）	1.10	2.35	0.31	0.34	30.74
有效铁（毫克/千克）	5.10	8.70	2.40	1.16	22.71
有效硼（毫克/千克）	1.23	2.45	0.33	0.43	34.90
有效钼（毫克/千克）	0.04	0.11	0.02	0.02	45.21
有效硫（毫克/千克）	75.89	200.00	24.00	31.31	41.25

该级耕地农作物生产历来水平较高，据农户调查统计，小麦平均亩产 500 千克，产值 950 元，成本 479 元，效益 471 元；复播夏玉米亩产 550 千克以上，产值 935 元，成本 315 元，效益 620 元。该级耕地为永济市主要的商品蔬菜生产基地，以辣椒、黄瓜、番茄为主，其中辣椒平均亩产量为 3 000 千克，产值 6 000 元，成本 2 100 元左右，效益 3 900 元；番茄平均亩产量为 8 000 千克，产值 25 000 元左右，成本 9 800 元左右，效益 15 200 元左右；黄瓜平均亩产量为 8 000 千克左右，产值 20 000 元，成本 8 240 元左右，效

益 11 760 元左右。

　　蒲州镇的黄河滩一级阶地，位于市境西部坡下与河滩之间，引黄干渠的东侧，海拔 345 米左右，典型土种为潮黄土，成土母质为冲积物，耕层土壤质地为沙壤土，地下水位埋藏浅，水质好，井黄两灌，农作物生产水平高，居永济市上游水平。是本市芦笋的主要产区，据农户调查统计，芦笋平均亩产 350 千克，产值 2 450 元，成本 600 元，效益 1 850 元。

（三）主要存在问题

　　一是土壤肥力与高产高效的需求仍不适应；二是部分区域地下水资源较贫乏，水位持续下降，更新深井，加大了生产成本；三是城西部分耕地土壤化学需氧量超标，影响土壤环境质量。

（四）合理利用

　　本级耕地在利用上应从主攻优质小麦、大力发展设施农业、突出区域特色蔬菜上做文章，复种作物重点发展玉米、大豆间套，玉米间套大蒜等。

二、二级地

（一）面积与分布

　　主要分布在涑水平川一带，市境的东北，包括卿头、开张及城北北部，海拔 345～412 米。面积 228 021.65 亩，占耕地面积的 29.57%，是永济市面积最大的一个级别。

（二）主要属性分析

　　本级耕地土壤包括潮褐土和盐化潮土 2 个亚类，黄土状潮褐土、硫酸盐盐化潮土、氯化物盐化潮土、重碳酸盐盐化潮土 4 个土属。潮褐土母质为黄土状母质和河流冲积物，发育层次明显，石灰淀积物较多，成土矿物以次生黏土矿物为主，经人为多年耕作改良，表层质地较轻，土体构型良好；盐化潮土母质为河流冲积物，质地多为矿质壤土或黏壤土，剖面层次差异较大，有沙黏相间、壤黏相间、通体垆、通体轻壤、通体沙壤等，地下水位浅，矿化度高，土体含盐量高，由于成土过程不同及所处的地理位置不同，分为硫酸盐盐化潮土、氯化物盐化潮土、重碳酸盐盐化潮土等，另外还有大面积的次生盐渍化土，土体构型为通体壤、底沙、底黏。灌溉保证率充分满足，地面平坦，坡度小于 3°，园田化水平较高。有效土层厚度为 130～150 厘米，耕层厚度是 25～30 厘米。本级土壤 pH 在 7.89～9.23，平均值为 8.37；土壤容重在 1.25～1.48 克/厘米³，平均值为 1.36 克/厘米³。

　　本级耕地土壤有机质平均含量为 22.00 克/千克，全氮 1.3 克/千克，有效磷 22.45 毫克/千克，速效钾 228.59 毫克/千克。详见表 5-3。

表 5-3　二级地土壤养分统计表

项目	平均值	最大值	最小值	标准差	变异系数（%）
有机质（克/千克）	22.00	25.00	20.25	1.33	6.05
全氮（克/千克）	1.30	1.50	1.22	0.07	5.38
有效磷（毫克/千克）	22.45	25.00	20.50	1.42	6.33

（续）

项目	平均值	最大值	最小值	标准差	变异系数（%）
速效钾（毫克/千克）	228.59	250.00	210.00	13.96	6.11
pH	8.37	9.23	7.89	0.22	2.63
容重（克/厘米³）	1.36	1.48	1.25	0.03	2.21
有效铜（毫克/千克）	1.06	1.90	0.39	0.21	19.65
有效锰（毫克/千克）	11.26	17.50	5.20	2.00	17.77
有效锌（毫克/千克）	1.11	2.45	0.37	0.33	29.58
有效铁（毫克/千克）	4.88	9.55	1.95	1.12	22.99
有效硼（毫克/千克）	1.07	2.65	0.32	0.41	38.51
有效钼（毫克/千克）	0.04	0.16	0.01	0.02	48.34
有效硫（毫克/千克）	68.92	197.50	16.50	32.86	47.68

本级耕地所在区域，为井、黄两灌区，是永济市的主要产棉区，棉花生产水平较高，据农户调查表统计，棉花平均亩产籽棉250千克，产值为2 500元，亩成本450元，效益为2 050元，居永济市首位。粮食生产处于永济市中上游水平，近3年粮食平均亩产450千克，是永济市重要的粮、棉、油商品生产基地。

（三）主要存在问题

部分耕地土壤熟化度较差，通气性不强，不利于作物生长前期发壮苗，影响棉花增加伏前桃，而后期易于狂长旺熟，影响品质。

（四）合理利用

本级耕地所在区域距峨眉坡脚较远，为次生黄土，质地较细，有垆性，虽经耕作培肥已成绵盖垆，但熟化度差，为此改良利用方向上应以培肥熟土为主。

一是农牧结合。该区域人少地多，肥源缺，应结合当前的产业结构调整，扩大苜蓿种植面积，大力发展以养牛、养羊为主的畜牧业，扩大肥源，改善土壤理化性状，提高土壤有机质含量，培肥土壤。二是合理轮作。尽可能做到须根与直根，深根与浅根，豆科与禾本科，夏作与秋作，高秆与矮秆作物轮作，使养分调剂，余缺互补，坚决杜绝连茬多年种植棉花的习惯。三是禁止浅井水灌溉。本区浅井水水质不良，含盐量和Cl⁻含量较高，灌溉后易使土质变劣。应禁浇浅层咸水，防止土壤盐化，应积极引黄淤沙，淋盐压碱，改垆。

三、三级地

（一）面积与分布

主要分布区栲栳台垣，包括栲栳、张营、蒲州等镇。位于市境的西北方向，海拔380米左右，面积181 000.64亩，占耕地面积的23.47%。

（二）主要属性分析

本级耕地自然条件较好，地势虽属台坪，但平坦宽阔，少量丘陵起伏。典型土种为浅黏黄垆土，成土母质为黄土状、黄土质，耕层质地为轻壤、中壤、土层深厚，有效土层厚度大于 150 厘米，耕层厚度大于 30 厘米。土体构型为通体壤土，灌溉保证率为基本满足，地面基本平坦，坡度 3°～5°，园田化水平较高。本级土壤 pH 变化范围为 7.89～9.1，平均值为 8.35；土壤容重在 1.32～1.42 克/厘米^3，平均值为 1.36 克/厘米^3。本级耕地土壤有机质平均含量为 17.31 克/千克，全氮平均含量为 1.1 克/千克，有效磷平均含量为 17.71 毫克/千克，速效钾平均含量为 179.97 毫克/千克。详见表 5-4。

表 5-4　三级地土壤养分统计表

项目	平均值	最大值	最小值	标准差	变异系数（%）
有机质（克/千克）	17.31	20.00	15.25	1.42	8.20
全氮（克/千克）	1.10	1.20	1.02	0.06	5.45
有效磷（毫克/千克）	17.71	20.00	15.50	1.41	7.96
速效钾（毫克/千克）	179.97	200.00	152.50	13.39	7.44
pH	8.35	9.10	7.89	0.15	1.80
容重（克/厘米^3）	1.36	1.42	1.32	0.02	1.47
有效铜（毫克/千克）	1.01	1.87	0.40	0.19	18.44
有效锰（毫克/千克）	10.65	15.00	5.50	1.89	17.78
有效锌（毫克/千克）	0.92	2.20	0.48	0.30	32.46
有效铁（毫克/千克）	4.19	14.80	2.10	1.05	25.01
有效硼（毫克/千克）	0.89	1.60	0.36	0.34	38.50
有效钼（毫克/千克）	0.04	0.15	0.01	0.02	38.61
有效硫（毫克/千克）	76.94	197.50	18.00	32.37	42.06

本级所在区域，粮食生产水平较高，据农户调查表统计，小麦平均亩产 400 千克，产值为 760 元，成本为 400 元，效益为 360 元。棉花平均亩产籽棉 210 千克，产值为 2 100 元，亩成本 390 元，效益为 1 710 元。

（三）主要存在问题

一是耕地大平小不平，尤其是台垣丘陵地带标准化梯田没有全面建成，植被覆盖率低，水土流失仍较严重。二是微量元素含量较低。微量元素中铁平均值 4.19 毫克/千克，为永济市最低水平；锌、硼、锰等元素含量也为永济市较低水平，不利于农产品品质的改善。三是本区灌溉水质栲栳镇周围的氟化物含量超标，作物长期使用，很可能导致叶尖及叶边组织破坏，影响产量。

（四）合理利用

1. 平田整地　本区虽开阔平坦，但微地貌差异十分复杂，水土流失现象较严重，为此要保证作物高产，必须下工夫平田整地，深翻改土，向大面积园田化发展。

2. 科学种田　本区农业生产水平属中上，粮食产量高，棉花产量不高，就土壤、水利条件而言，并没有充分显示出高产性能。因此，应采用先进的栽培技术，如选用优种、科学管理、平衡施肥等，充分发挥土壤的丰产性能，夺取各种作物高产。

3. 作物布局　本区今后在种植业发展方向上应在主攻优质小麦生产的同时，着力抓好优质芦笋的生产。小麦面积应适当调减，以占耕地的 30%～35% 为宜，芦笋占 30%～35%，食用菌占 5%～10%，棉花等作物应稳定在 20% 左右为宜。麦后复播田应以油料、豆类作物为主，复种指数控制在 35% 左右。沟壑丘陵地带应注重抓好退耕还林，扩大植被覆盖率。

四、四级地

（一）面积与分布

主要分布在山前洪积扇，在栲栳台垣等地形部位也有零星分布，是永济市分布范围较广的耕地级别，海拔 340～450 米，是永济市的主要中产田，面积 169 241.43 亩，占耕地面积的 21.94%。

（二）主要属性分析

该级土地分布范围较大，土壤类型复杂，包括洪积褐土性土、黄土质褐土性土、黄土质石灰性褐土等，成土母质有黄土质、黄土状和洪积物 3 种。耕层土壤质地差异较大，为中壤土、重壤土，有效土层厚度大于 150 厘米，耕层厚度 25～30 厘米。土体构型为通体壤、夹砾、夹黏、深黏。灌溉保证率为基本满足，地面基本平坦，坡度 3°～10°，园田化水平较高。本级土壤 pH 在 7.7～9.05，平均值为 8.32；容重在 1.28～1.48 克/厘米³，平均值为 1.35 克/厘米³。

本级耕地土壤有机质平均含量为 13.1 克/千克，全氮平均含量为 0.86 克/千克，有效磷平均含量为 13.21 毫克/千克，速效钾平均含量为 136.6 毫克/千克。见表 5-5。

表 5-5　四级地土壤养分统计表

项目	平均值	最大值	最小值	标准差	变异系数（%）
有机质（克/千克）	13.10	15.00	10.25	1.33	10.15
全氮（克/千克）	0.86	1.00	0.73	0.08	9.30
有效磷（毫克/千克）	13.21	15.00	10.50	1.36	10.30
速效钾（毫克/千克）	136.60	150.00	102.50	11.44	8.37
pH	8.32	9.05	7.70	0.22	2.64
容重（克/厘米³）	1.35	1.48	1.28	0.18	13.33
有效铜（毫克/千克）	1.06	1.97	0.42	0.20	18.48
有效锰（毫克/千克）	11.33	17.00	6.00	1.85	16.35
有效锌（毫克/千克）	1.11	2.65	0.33	0.34	30.33
有效铁（毫克/千克）	4.94	11.30	2.45	1.07	21.59
有效硼（毫克/千克）	1.04	3.45	0.33	0.42	40.40
有效钼（毫克/千克）	0.04	0.14	0.01	0.02	45.45
有效硫（毫克/千克）	72.13	227.50	18.50	39.13	54.25

主要种植作物以小麦、棉花、蔬菜为主，小麦平均亩产量为 350 千克，产值 665 元，成本 349 元，效益 316 元；棉花平均亩产籽棉 190 千克，产值 1 900 元，成本 370 元，效益 1 530 元。均处于永济市中等水平。

（三）主要存在问题

一是土壤侵蚀严重，漏水漏肥，水肥气热不协调；二是灌溉水平较差，干旱较为严重。

（四）合理利用

该区的主要障碍因素是侵蚀较为严重，肥力不高，为此，在改良利用上，应在培肥上狠下工夫，主要抓好以下 3 点：

1. 增施农家肥 培肥土壤，提高养分含量，改良土壤理化性状，增加团粒结构，提高雨水利用率。结合当前实际，抓好大规模的养畜建圈、积肥沤肥，增加农家肥来源，提高农家肥质量，以提高土壤有机质含量。

2. 秸秆还田 多年来的实验证明，小麦高茬覆盖还田、玉米、豆类鲜秆还田一般增产率在 10% 以上，土壤有机质可增加 0.5～1.08 克/千克。因此，要采取行政干预的措施，坚决禁止焚烧作物秸秆，在此基础上，示范推广棉秆还田。

3. 配方施肥 中产田的养分比例失调，大大地限制了作物增产。因此，要在不同区域的中产田上，大力推广测土配方施肥技术，进一步提高耕地的增产潜力。

五、五 级 地

（一）面积及分布

主要分布在市境东部姚暹渠两侧，包括开张镇、城北 2 个镇街道及董村农场、虞乡农场等。历史上是一个人少地多，广种薄收的区域。海拔 345～350 米，面积 59 011.36 亩，占耕地面积的 7.65%。

（二）主要属性分析

该区域地势平坦，地下水位较高，土壤矿化度一般在 0.3 克/升左右，土壤多为盐化潮土亚类，包括硫酸盐盐化潮土，氯化物盐化潮土 2 个土属。成土母质为冲积物，耕层质地为中壤土、重壤土、黏土，有效土层厚度 130～150 厘米，耕层厚度 25～30 厘米，土体构型为通体壤、夹黏、深黏，灌溉保证率为基本满足，地面平坦，地形坡度为 3°～5°。本区盐碱程度不同，轻、中、重均有分布。pH 在 7.49～8.91，平均值为 8.22；容重在 1.32～1.45 克/厘米³，平均值为 1.37 克/厘米³。

本级耕地土壤有机质平均含量为 9.49 克/千克，全氮平均含量 0.67 克/千克，有效磷平均含量为 9.07 毫克/千克，速效钾平均含量为 93.96 毫克/千克。详见表 5-6。

种植作物以棉花为主，据农户调查表统计，棉花平均亩产籽棉 150 千克，产值 1 500 元，成本 350 元，效益 1 150 元。

（三）主要存在问题

一是盐碱程度普遍较重，氯化物、硫酸盐盐碱地改良较为困难；二是耕地土壤养分为

表5-6 五级地土壤养分统计表

项目	平均值	最大值	最小值	标准差	变异系数（%）
有机质（克/千克）	9.49	10.00	7.25	0.35	3.69
全氮（克/千克）	0.67	0.70	0.53	0.04	5.97
有效磷（毫克/千克）	9.07	10.00	7.25	0.70	7.72
速效钾（毫克/千克）	93.96	100.00	87.50	5.59	5.95
pH	8.22	8.91	7.49	0.18	2.19
容重（克/厘米³）	1.37	1.45	1.32	0.02	1.46
有效铜（毫克/千克）	0.98	1.95	0.50	0.22	22.16
有效锰（毫克/千克）	12.05	17.50	6.80	2.14	17.77
有效锌（毫克/千克）	1.25	2.95	0.58	0.32	25.50
有效铁（毫克/千克）	4.74	11.30	2.40	1.19	25.16
有效硼（毫克/千克）	0.76	1.98	0.29	0.34	44.93
有效钼（毫克/千克）	0.04	0.18	0.01	0.02	49.38
有效硫（毫克/千克）	55.15	182.50	18.00	26.62	48.26

中等偏下，且不同地块之间差异较大，有机质最小值仅为7.25克/千克，有效磷极缺，处于永济市较低水平；三是耕地地下水位较浅，一般在2～7米，伍姓湖洼地地下水位多在1米左右，且地下水矿化度高达2.8～5克/升，非常不宜农田灌溉。

（四）合理利用

本级耕地的主要障碍因素是盐碱危害，改良方向应以改良盐碱为主要措施。

1. 秸秆还田，疏松土壤，防止返盐 在此区继续推广玉米鲜秆还田、小麦高茬覆盖还田、棉秆粉碎还田等还田方式，增加土壤的有机质投入，改善土壤结构，增强通透性，提高地温，提高作物产量。

2. 测土配方施肥，协调土壤养分 测土配方施肥是提高肥料经济效益的重要方法，同时可缓冲盐碱，提高肥料利用率。在施用化肥时应注意施用生理酸性肥料，控制或避用碱性肥料。

3. 合理布局，改变种植制度 盐碱土壤在逐步改良的基础上利用，必须因地制宜地搞好作物的合理布局。对轻度次生盐渍化土壤区，应适当扩大耐盐碱的棉花种植面积，压缩小麦面积。在中度盐碱区，要扩大油葵、苜蓿等作物的种植。

4. 因地制宜，施用各种化学改良剂 近几年施用的改良剂有磷石膏、硫酸亚铁、腐殖酸等，应在大力宣传的基础上，扩大施用面积。

六、六 级 地

（一）面积及分布

该级耕地，主要分布在河漫滩区及洪积扇中、上部。包括蒲州、虞乡、城西、韩阳等镇街道。海拔 330～400 米，沿山一带南高北低坡度较缓，面积 38 773.82 亩，占耕地面积的 5.02%。

（二）主要属性分析

该区耕地主要分为两部分，位于沿山一带的耕地自然资源丰富，土种为洪积褐土性土，成土母质为洪积物，耕层质地为沙壤，有效土层厚度小于等于 100 厘米，耕层厚度 15～20 厘米，土体构型为夹沙、夹砾；位于黄河河漫滩上的耕地，主要以河沙土为主，成土母质为洪积、冲积物，耕层质地为沙壤。本级耕地灌溉保证率为一般或无，地形为平地或缓坡梯田。本级耕地 pH 在 7.7～9.03，平均值为 8.24；容重在 1.21～1.45 克/厘米^3，平均值为 1.35 克/厘米^3。地面坡度小于 3°或 15°～20°。

本级耕地土壤有机质平均含量为 8.28 克/千克，全氮平均含量为 0.59 克/千克，有效磷平均含量为 6.81 毫克/千克，速效钾平均含量为 73.75 毫克/千克。详见表 5-7。

表 5-7　六级地土壤养分统计表

项目	平均值	最大值	最小值	标准差	变异系数（%）
有机质（克/千克）	8.28	8.50	7.65	0.38	4.59
全氮（克/千克）	0.59	0.70	0.40	0.04	6.78
有效磷（毫克/千克）	6.81	7.00	6.50	0.24	3.52
速效钾（毫克/千克）	73.75	75.00	72.50	1.77	2.40
pH	8.24	9.03	7.70	0.22	2.67
容重（克/厘米^3）	1.35	1.45	1.21	0.19	14.07
有效铜（毫克/千克）	0.98	1.87	0.58	0.19	19.70
有效锰（毫克/千克）	11.67	16.00	6.50	1.84	15.74
有效锌（毫克/千克）	1.30	2.25	0.69	0.29	22.21
有效铁（毫克/千克）	4.88	8.10	2.80	0.96	19.75
有效硼（毫克/千克）	0.71	1.80	0.31	0.29	40.69
有效钼（毫克/千克）	0.04	0.15	0.02	0.02	56.49
有效硫（毫克/千克）	49.19	140.00	18.50	20.75	42.19

（三）主要存在问题

一是坡耕地支离破碎，土壤团粒结构差，保水保肥性能较差；二是土壤肥力普遍较低，且地块间差异悬殊；三是农田灌溉系统没有形成，灌溉制度没有相应建立。

永济市耕地地力评价因素情况见表 5-8。

表 5－8　永济市耕地地力评价因素情况

	一级	二级	三级	四级	五级	六级
地形部位	洪积扇下,一级阶地	盆地	垣地	垣地,洪积扇中	盆地,一级阶地	河漫滩,洪积扇中上部
成土母质	黄土状,洪积冲积	黄土状,冲积物	黄土状,黄土质	黄土状,洪积,黄土质	冲积物	洪积,冲积
地形坡度（°）	<3	3~5	3~5	3~10	3~5	<3 或 15~20
有效土层厚度（厘米）	>150	130~150	>150	>150	130~150	100 或 <100
耕层厚度（厘米）	>30	25~30	>30	25~30	25~30	15~20
土体构型	通体壤,壤夹黏	通体壤,底黏,底沙	通体壤	通体壤,夹砾,夹黏,深黏	通体壤,夹黏,深黏,黏土	夹砾,夹沙
耕层质地	轻壤,沙壤	轻壤,中壤	轻壤,中壤	中壤,重壤	中壤,重壤,黏土	沙壤
土壤容重（克/厘米³）	1.36±0.03	1.36±0.03	1.36±0.02	1.35±0.18	1.37±0.02	1.35±0.19
有机质（克/千克）	26.49±1.11	22±1.33	17.31±1.42	13.10±1.33	9.49±0.35	8.28±0.38
盐渍化程度	无	无	无	无	轻,中,重	轻
pH	8.18±0.22	8.37±0.22	8.35±0.15	8.32±0.22	8.22±0.18	8.24±0.22
全氮（克/千克）	1.60±0.09	1.30±0.07	1.10±0.06	0.86±0.08	0.67±0.04	0.49±0
有效磷（毫克/千克）	27.83±2.26	22.45±1.42	17.71±1.41	13.21±1.36	9.07±0.70	6.81±0.24
速效钾（毫克/千克）	294±30.84	228.59±13.96	179.97±13.39	136.6±11.44	93.96±5.59	73.75±1.77
有效铜（毫克/千克）	1.13±0.22	1.06±0.21	1.01±0.19	1.06±0.2	0.98±0.22	0.98±0.19
有效锰（毫克/千克）	11.5±2.18	11.26±2	13.65±1.89	11.33±1.85	12.05±2.14	11.67±1.84
有效锌（毫克/千克）	1.1±0.34	1.11±0.33	1.22±0.3	1.11±0.34	1.25±0.32	1.3±0.29
有效铁（毫克/千克）	5.1±1.16	4.88±1.12	4.19±1.05	4.94±1.07	4.74±1.19	4.88±0.96
有效硼（毫克/千克）	1.23±0.43	1.07±0.41	1.09±0.34	1.04±0.42	0.76±0.34	0.71±0.29
有效钼（毫克/千克）	0.04±0.02	0.04±0.02	0.04±0.02	0.04±0.02	0.04±0.02	0.04±0.02
有效硫（毫克/千克）	75.89±31.31	68.92±32.86	76.94±32.37	72.13±39.13	55.15±26.62	49.19±20.75
灌溉保证率	充分满足	充分满足		基本满足		一般或无
园田化水平	地面平坦,园田化水平高	地面平坦,园田化水平高	地面基本平坦,园田化水平较高	园田化水平较高	地面平坦	平地,缓坡梯田

（四）合理利用

1. 沿山一带的耕地，土层浅薄，侵蚀严重，漏水漏肥，肥力低下，宜农条件差，改良利用应适当发展果林业、中药材、花椒等，并实施粮果、粮经间作。

2. 河滩上的河沙土，虽耕性好，但潮湿冷凉，水分、养分渗漏严重，肥力较差。在改良利用上应针对沙滩广阔、温差大、易风蚀、距村远、土少、肥薄等特点，营造防护林带，种养结合种植绿肥、牧草，发展畜牧，培肥地力，减少水土流失。

第六章　耕地土壤环境质量评价

第一节　耕地土壤重金属含量状况

一、耕地重金属含量

根据永济市实际情况，2002 年耕地养分调查时按 5 万亩布设一个点位，共采集 18 个面源污染点位；2007 年环保站环境质量监测时共采集 22 个点位，进行耕地质量调查。

通过对两个单位两次不同时期耕地质量调查数据进行分析，铅的平均值为 39.05 毫克/千克，最大值为 94.8 毫克/千克；镉的平均值为 0.23 毫克/千克，最大值为 0.60 毫克/千克；汞的平均值为 0.1 毫克/千克，最大值为 0.3 毫克/千克；砷的平均值为 8.86 毫克/千克，最大值为 24.43 毫克/千克；铬的平均值为 68.89 毫克/千克，最大值为 105.05 毫克/千克。所有点位的重金属含量均符合土壤环境质量二级标准。见表 6-1。

表 6-1　大田土壤重金属含量统计结果

项目名称	平均值	最大值	最小值	标准差	变异系数（%）	汇总点数（个）
铅（毫克/千克）	39.05	94.80	13.50	20.26	51.87	40
镉（毫克/千克）	0.23	0.60	0.07	0.18	75.49	40
汞（毫克/千克）	0.10	0.30	未检出	0.09	86.73	40
砷（毫克/千克）	8.86	24.43	3.77	4.39	49.56	40
铬（毫克/千克）	68.89	105.05	20.00	14.96	21.71	40

二、分布规律及主要特征

（一）铅

永济市耕地土壤铅含量最大值为 94.8 毫克/千克，分布在开张镇常营村，土壤类型为氯化物盐化潮土；最小值为 13.5 毫克/千克，主要分布在城东郭李、马铺头、榆林以及城西庄子、李店等村，土壤类型均为洪积褐土性土。

不同土属的含铅顺序为：氯化物盐化潮土（94.80 毫克/千克）＞冲积脱潮土（54.28 毫克/千克）＞硫酸盐盐化潮土（49.20 毫克/千克）＞黄土质石灰性褐土（44.90 毫克/千克）＞黄土状潮褐土（44.20 毫克/千克）＞黄土质褐土性土（43.62 毫克/千克）＞苏打盐化潮土（37.37 毫克/千克）＞洪积褐土性土（29.11 毫克/千克）。见表 6-2。

表6-2　不同土属铅含量统计结果

土属	平均值	最大值	最小值	标准差	变异系数（%）	汇总点数（个）
冲积脱潮土	54.28	72.50	35.35	18.59	34.24	3
洪积褐土性土	29.11	69.00	13.50	16.76	57.59	18
黄土质褐土性土	43.62	55.50	35.35	10.55	24.19	3
黄土质石灰性褐土	44.90	53.10	35.20	9.04	20.14	3
黄土状潮褐土	44.20	89.80	22.85	22.05	49.89	8
硫酸盐盐化潮土	49.20	49.20	49.20	—	—	1
氯化物盐化潮土	94.80	94.80	94.80	—	—	1
苏打盐化潮土	37.37	58.10	23.20	18.35	49.12	3

（二）镉

永济市耕地土壤镉含量最大值为 0.6 毫克/千克，分布在卿头镇东安头村，土壤类型为黄土状潮褐土；最小值为 0.07 毫克/千克，分布在虞乡镇刘家营村，土壤类型为洪积褐土性土和黄土状潮褐土。

不同土属的镉含量顺序为：氯化物盐化潮土（0.51 毫克/千克）＞黄土质石灰性褐土（0.40 毫克/千克）＞硫酸盐盐化潮土（0.37 毫克/千克）＞苏打盐化潮土（0.35 毫克/千克）＞黄土质褐土性土（0.32 毫克/千克）＞黄土状潮褐土（0.26 毫克/千克）＞冲积脱潮土（0.23 毫克/千克）＞洪积褐土性土（0.14 毫克/千克）。见表6-3。

表6-3　不同土属镉含量统计结果

土属	平均值	最大值	最小值	标准差	变异系数（%）	汇总点数（个）
冲积脱潮土	0.23	0.45	0.10	0.19	83.70	3
洪积褐土性土	0.14	0.40	0.07	0.11	81.95	18
黄土质褐土性土	0.32	0.50	0.08	0.22	68.13	3
黄土质石灰性褐土	0.40	0.44	0.35	0.05	11.52	3
黄土状潮褐土	0.26	0.60	0.07	0.24	93.44	8
硫酸盐盐化潮土	0.37	0.37	0.37	—	—	1
氯化物盐化潮土	0.51	0.51	0.51	—	—	1
苏打盐化潮土	0.35	0.39	0.30	0.04	12.47	3

（三）汞

永济市耕地土壤汞含量最大值为 0.30 毫克/千克，分布在城西张华村，土壤类型为洪积褐土性土；最小值为未检出，主要分布在蒲州、韩阳、开张、卿头等镇一些点位。所有土壤汞含量远远低于土壤环境质量的二级标准。

不同土属的汞含量顺序为：洪积褐土性土（0.14 毫克/千克）＞黄土质褐土性土、黄土状潮褐土（0.11毫克/千克）＞冲积脱潮土（0.1毫克/千克）＞苏打盐化潮土（0.04毫克/千克）＞黄土质石灰性褐土（0.02毫克/千克）＞硫酸盐盐化潮土、氯化物盐化潮土（未检出）。见表6-4。

表6-4　不同土属汞含量统计结果

土属	平均值	最大值	最小值	标准差	变异系数（%）	汇总点数（个）
冲积脱潮土	0.10	0.10	0	0.09	90.00	3
洪积褐土性土	0.14	0.30	0	0.09	61.08	18
黄土质褐土性土	0.11	0.279 5	0	0.15	135.70	3
黄土质石灰性褐土	0.02	0.05	0	0.03	173.21	3
黄土状潮褐土	0.11	0.240 5	0	0.09	84.01	8
硫酸盐盐化潮土	未检出	—	—	—	—	1
氯化物盐化潮土	未检出	—	—	—	—	1
苏打盐化潮土	0.04	0.058	0	0.03	87.31	3

（四）砷

永济市耕地土壤砷含量最大值为24.43毫克/千克，分布在城北下高市村，土壤类型为黄土质褐土性土；最小值为3.77毫克/千克，分布在城北赵伊村，土壤类型为冲积脱潮土。

不同土属砷含量顺序为：黄土质褐土性土（14.21毫克/千克）＞苏打盐化潮土（13.64毫克/千克）＞硫酸盐盐化潮土（12.41毫克/千克）＞氯化物盐化潮土（10.62毫克/千克）＞黄土质石灰性褐土（10.15毫克/千克）＞黄土状潮褐土（8.47毫克/千克）＞洪积褐土性土（7.21毫克/千克）＞冲积脱潮土（6.57毫克/千克）。见表6-5。

表6-5　不同土属砷含量统计结果

土属	平均值	最大值	最小值	标准差	变异系数（%）	汇总点数（个）
冲积脱潮土	6.57	10.65	3.77	3.61	54.98	3
洪积褐土性土	7.21	15.59	4.01	3.16	43.84	18
黄土质褐土性土	14.21	24.43	7.06	9.08	63.95	3
黄土质石灰性褐土	10.15	11.68	7.30	2.47	24.32	3
黄土状潮褐土	8.47	12.08	4.17	2.78	32.81	8
硫酸盐盐化潮土	12.41	12.41	12.41	—	—	1
氯化物盐化潮土	10.62	10.62	10.62	—	—	1
苏打盐化潮土	13.64	20.25	7.34	6.46	47.38	3

（五）铬

永济市耕地土壤铬含量最大值为105.05毫克/千克，分布在开张镇城子埠村，土壤类型为黄土状潮褐土；最小值为20毫克/千克，分布在城西庄子村，土壤类型为洪积褐土性土。所有土壤铬含量远远低于土壤环境质量的二级标准。

不同土属铬含量顺序为：氯化物盐化潮土（81.8毫克/千克）＞黄土状潮褐土（81.07毫克/千克）＞黄土质褐土性土（77.28毫克/千克）＞冲积脱潮土（70.17毫克/千克）＞苏打盐化潮土（68.53毫克/千克）＞黄土质石灰性褐土（68.3毫克/千克）＞硫酸盐盐化潮土（66.9毫克/千克）＞洪积褐土性土（61.42毫克/千克）。见表6-6。

表6-6　不同土属铬含量统计结果

土属	平均值	最大值	最小值	标准差	变异系数（%）	汇总点数（个）
冲积脱潮土	70.17	78.80	56.45	12.01	17.12	3
洪积褐土性土	61.42	85.65	20.00	16.72	27.22	18
黄土质褐土性土	77.28	85.65	71.80	7.36	9.53	3
黄土质石灰性褐土	68.30	72.10	63.60	4.32	6.33	3
黄土状潮褐土	81.07	105.05	68.40	11.66	14.39	8
硫酸盐盐化潮土	66.90	66.90	66.90	—	—	1
氯化物盐化潮土	81.80	81.80	81.80	—	—	1
苏打盐化潮土	68.53	69.90	66.60	1.72	2.51	3

三、重金属污染的主要危害

永济市耕地土壤中主要重金属污染元素为镉。

镉是有毒元素，其单质毒性较低，但其化合物的毒性很强，并有致畸、致癌影响。植物可吸收和富集土壤中的镉，使动物和植物食品中的镉含量增高。

第二节　耕地水环境状况

根据永济市的水源水系分布及污染源分布状况，共采集耕地土壤灌溉水样21个，其中深井15个、浅井5个、黄灌1个。重点选测硝酸盐、pH、矿化度、总磷、汞、砷、镉、铬、铜、锌、镍、化学需氧量（COD）、氟化物、硫化物、悬浮物、氯化物17个项目。

一、分析结果

水样中污染元素测定结果见表6-7。

二、评价结果

从评价结果可以看出，栲栳镇长杆村与良种场氟化物超标，城西庄子村的COD超标，开张镇黄营村与蒲州镇西厢村氯化物超标，造成土壤轻度污染。对21个农田灌溉水样平均测定结果进行综合评价，各项污染指标均符合国家绿色食品（NY/T 391—2000）标准，综合评价结果为非污染。具体评价结果见表6-8。

单位:毫克/升

表 6-7　灌溉水源样点污染元素测定结果

采样地点	pH	总磷	汞	铅	砷	镉	铬	铜	锌	COD	氟化物	氯化物
虞乡镇洗马村	7.70	0.183	未检出	0.02 30	未检出	0.005 0	0.01	0.001	0.042	6	0.094	74.9
开张镇黄营村	7.70	0.220	未检出	0.040 0	0.040 0	0.004 0	0.011	未检出	0.037	3	0.65	341.6
栲栳镇长杆村	8.40	0.254	0.000 2	未检出	0.040 0	0.003 0	0.056	未检出	未检出	3.1	2.5	25.7
蒲州渡口	7.60	0.440	0.000 2	0.0220	0.054 0	0.003 0	0.015	0.439	1.145	24.7	0.914	155.4
良种场	8.40	0.332	未检出	未检出	0.023 0	0.001 0	0.033	未检出	0.037	3.1	2.636	55.5
韩阳镇下寺村	7.00	0.004	未检出	0.011 0	0.092 0	0.000 8	0.028	0.082	0.016	7.874	0.16	未检出
城西上庄村	7.03	0.010	未检出	0.015 1	0.005 6	0.000 9	0.02	0.113	0.032	3.816	0.036	未检出
城西张志村	7.13	0.011	未检出	0.016 8	未检出	0.000 2	0.023	0.075	0.032	未检出	0.032	未检出
城西庄子村	6.83	0.021	未检出	0.009 6	0.005 6	0.000 5	0.034	0.1	0.034	362.52	0.034	未检出
城西李店村	7.33	0.007	未检出	0.006 2	0.004 0	0.000 3	0.05	0.135	0.032	未检出	0.024	未检出
城东赵坊村	7.24	0.010	未检出	0.011 3	未检出	0.002 6	0.045	0.097	0.003	72.504	0.11	未检出
城东马铺头村	7.44	0.003	未检出	0.009 0	0.008 0	0.001 4	0.045	0.125	0.003	未检出	0.036	未检出
城东孙李村	6.92	0.016	未检出	0.014 7	0.004 0	0.000 4	0.023	0.132	0.007	3.816	0.036	未检出
卿头镇关家庄村	8.21	0.010	未检出	0.017 4	0.011 2	0.002 1	0.023	0.119	0.009	7.632	0.074	未检出
韩阳镇陈村	7.76	0.004	未检出	0.010 3	0.004 8	0.004 5	0.02	0.103	0.014	7.632	0.032	未检出
城东赵坊村	7.70	0.138	未检出	0.053 0	0.010 0	0.005 0	0.009	未检出	0.336	6	0.724	144.8
蒲州镇西厢村	7.60	0.232	未检出	未检出	未检出	0.004 0	0.009	未检出	0.041	3.1	0.23	401.9
城北赵伊村	7.90	0.146	未检出	0.083 0	0.058 0	0.000 0	0.011	0.004	0.08	16.2	0.772	113.2
城北赵伊村	7.90	1.057	未检出	0.093 0	0.018 0	0.003 0	0.013	0.004	0.144	26.8	0.204	133.6
蒲州镇盂盟桥村	7.9	2.72	未检出	未检出	0.004 0	0.004 0	0.03	0.008	0.032	117	1.302	144.5
虞乡镇百户村	7.8	0.224	未检出	未检出	0.035 0	0.004 0	0.013	未检出	0.017	53.1	0.166	28.1
平均	7.55	0.238	0.00	0.017 0	0.019 5	0.003 1	0.03	0.08	0.09	39.20	0.54	70.7

表6-8　灌溉水源水质评价结果

采样地点	单项评价指数 Si												综合			
	铅	镉	汞	砷	铬	pH	COD	氟化物	铜	锌	氯化物	总磷	Smax	Si	污染等级	综合评价
虞乡镇洗马村	0.23	1.00	0.00	0.00	0.10	0.91	0.02	0.05	0.00	0.02	0.30	0.02	1.00	1.00	I	非污染
开张镇黄营村	0.40	0.80	0.00	0.40	0.11	0.91	0.01	0.33	0.00	0.02	1.37	0.02	1.37	1.37	$II^{1}_{氯}$	轻度污染
栲栳镇长杆村	0.00	0.60	0.20	0.40	0.56	0.99	0.01	1.25	0.00	0.00	0.10	0.03	1.25	1.25	$II^{1}_{氟}$	轻度污染
蒲州渡口	0.22	0.60	0.20	0.54	0.15	0.89	0.08	0.46	0.44	0.57	0.62	0.04	1.00	1.00	I	非污染
良种场	0.00	0.20	0.00	0.23	0.33	0.99	0.01	1.32	0.00	0.02	0.22	0.03	1.32	1.32	$II^{1}_{氟}$	轻度污染
韩阳镇下寺村	0.11	0.17	0.00	0.92	0.28	0.82	0.03	0.08	0.08	0.01	0.00	0.00	0.92	1.00	I	非污染
城西上庄村	0.15	0.19	0.00	0.06	0.20	0.83	0.01	0.02	0.11	0.02	0.00	0.00	0.83	1.00	I	非污染
城西张志村	0.17	0.04	0.00	0.06	0.23	0.84	0.02	0.02	0.08	0.02	0.00	0.00	0.84	1.00	I	非污染
城西庄子村	0.10	0.09	0.00	0.04	0.34	0.80	1.21	0.02	0.10	0.02	0.00	0.00	1.21	1.21	II^{1}_{COD}	轻度污染
城西李店村	0.06	0.05	0.00	0.00	0.50	0.86	0.01	0.01	0.00	0.00	0.00	0.00	0.86	1.00	I	非污染
城东赵坊村	0.11	0.52	0.00	0.08	0.45	0.85	0.24	0.06	0.10	0.00	0.00	0.00	0.85	1.00	I	非污染
城东马铺头村	0.09	0.27	0.00	0.04	0.45	0.88	0.01	0.02	0.13	0.00	0.00	0.00	0.88	1.00	I	非污染
城东孙李庄	0.15	0.08	0.00	0.11	0.23	0.81	0.01	0.02	0.13	0.00	0.00	0.00	0.81	1.00	I	非污染
卿头镇关家庄	0.17	0.43	0.00	0.05	0.23	0.97	0.03	0.04	0.12	0.01	0.00	0.00	0.97	1.00	I	非污染
韩阳镇陈家村	0.10	0.90	0.00	0.10	0.20	0.91	0.03	0.02	0.10	0.17	0.00	0.00	0.91	1.00	I	非污染
城东赵坊村	0.53	1.00	0.00	0.00	0.09	0.91	0.36	0.36	0.00	0.02	0.58	0.01	1.00	1.00	I	非污染
蒲州镇西厢村	0.00	0.80	0.00	0.58	0.09	0.89	0.01	0.12	0.00	0.04	1.61	0.02	1.61	1.61	$II^{1}_{氯}$	轻度污染
城北赵伊村	0.83	0.40	0.00	0.18	0.11	0.93	0.05	0.39	0.00	0.07	0.45	0.01	0.93	1.00	I	非污染
城北赵伊村	0.93	0.60	0.00	0.04	0.13	0.93	0.09	0.10	0.01	0.02	0.53	0.11	0.93	0.93	I	非污染
蒲州镇孟盟桥	0.00	0.80	0.00	0.35	0.30	0.93	0.39	0.65	0.01	0.02	0.58	0.27	0.93	1.00	I	非污染
虞乡镇百户村	0.00	0.80	0.00		0.13	0.92	0.18	0.08	0.00	0.01	0.11	0.02	0.92	1.00	I	非污染
平均	0.17	0.61	0.02	0.19	0.26	0.89	0.13	0.27	0.08	0.05	0.28	0.02	0.89	1.00	I	非污染

另外，在以上测定的基础上，我们通过重点调查，对张营镇舜帝村、蒲州镇杨马村、开张镇民生村浅井水样的氯离子进行了测定，测定结果分别为：1 200 毫克/升、684 毫克/升、872 毫克/升，分别是农田灌溉水质标准 250 毫克/升的 4.8 倍、2.7 倍、3.5 倍。查清了作物生长受抑制甚至死亡绝收的主要原因。

三、综合评述

从农田灌溉水单项评价指数看，大多数水样的水质无超标污染物，有 6 个点位的水质受到不同程度的污染，超标污染物主要为氟化物、氯化物与化学需氧量等。

第三节　点源污染对农田的影响

一、样品采集

根据永济市的具体情况，以农田范围内相对污染和外部环境影响较大的地块为重点，2002 年耕地养分调查时在五七五厂、涑水河、电机厂、纺织厂、印染厂、化肥厂、振兴化工厂 7 个污染源附近，按污染物的扩散方向，作同心圆或扇形布点采样，每个污染源采集 3 个土壤样品（距污染源 250 米、500 米、1 000 米位置分别采样），共采集了 21 个样点；2007 年环保站环境质量监测时采集土壤样品 6 个。两次共采集土壤样品 27 个，对不同厂区附近农田土壤环境质量进行调查。

二、分析结果

点源污染样点土壤污染物分析测定结果见表 6-9。

表 6-9　点源污染样点农田土壤污染物实测结果

企业名称	采样地点	土壤测定值（毫克/千克）				
		镉	汞	砷	铬	铅
电机厂	城西庄子村	0.205	0.55	14.89	94.6	45.8
	城西庄子村	0.210	0.10	12.91	61.7	41.6
	城西庄子村	0.321	0.05	5.26	91.5	30.0
	城西李店村	0.080	0.06	3.17	75.3	37.2
	城西小张村	0.175	0.72	16.72	81.5	44.6
纺织厂	城北赵伊村	0.137	0.10	8.39	78.1	20.6
	城北赵伊村	0.172	0.15	8.84	69.2	26.8
	城北赵伊村	0.182	0.20	5.21	70.5	30.9

（续）

企业名称	采样地点	土壤测定值（毫克/千克）				
		镉	汞	砷	铬	铅
印染厂	城北赵伊村	0.125	0.10	12.87	67.9	26.3
	城北赵伊村	0.140	0.10	6.99	68.9	22.1
	城北赵伊村	0.093	0.10	10.16	75.5	30.5
化肥厂	城北赵杏村	0.123	0.10	9.45	61.5	105.4
	城北赵杏村	0.180	0.10	10.87	64.6	103.7
	城北赵杏村	0.276	0.05	8.41	66.6	145.2
五七五厂	城东吴村	0.257	0.10	5.66	55.1	92.9
	城东吴村	0.284	0.10	8.79	58.7	196.5
	城东吴村	0.420	0.10	9.96	70.7	48.6
	城东马铺头	0.148	0.17	4.09	47.0	33.6
	城东赵坊村	0.119	0.15	2.09	72.1	42.5
	城东榆林村	0.098	0.21	4.49	76.8	51.5
振兴化工厂	虞乡镇百户村	0.478	0.10	12.92	69.9	59.6
	虞乡镇百户村	0.390	0.10	9.98	67.8	101.2
	虞乡镇百户村	0.555	0.10	10.58	69.0	55.9
	虞乡镇刘家营村	0.062	0.14	7.46	58.0	31.8
涞水河	开张镇民生村	0.583	0.05	10.84	71.9	53.4
	开张镇普乐头村	0.572	0.05	6.68	68.2	69.5
	开张镇城子埒村	0.568	0.10	9.12	69.5	64.0

三、评价结果与分析

点源污染样点土壤污染物评价结果见表 6-10。

表 6-10　点源污染样点土壤污染物评价结果

采样地点	单项评价指标 Si					综合			
	镉	汞	砷	铬	铅	Smax	Si	污染等级	综合评价
城西庄子村	0.34	0.55	0.60	0.38	0.13	0.60	1.00	Ⅰ	非污染
城西庄子村	0.35	0.10	0.52	0.25	0.12	0.52	1.00	Ⅰ	非污染
城西庄子村	0.53	0.05	0.21	0.37	0.09	0.53	1.00	Ⅰ	非污染
城西李店村	0.13	0.06	0.13	0.30	0.11	0.30	1.00	Ⅰ	非污染
城西小张村	0.29	0.72	0.67	0.33	0.13	0.72	1.00	Ⅰ	非污染
城北赵伊村	0.23	0.10	0.34	0.31	0.06	0.34	1.00	Ⅰ	非污染

（续）

采样地点	单项评价指标 Si					综合			
	镉	汞	砷	铬	铅	Smax	Si	污染等级	综合评价
城北赵伊村	0.29	0.15	0.35	0.28	0.08	0.35	1.00	I	非污染
城北赵伊村	0.30	0.20	0.21	0.28	0.09	0.30	1.00	I	非污染
城北赵伊村	0.21	0.10	0.51	0.27	0.08	0.51	1.00	I	非污染
城北赵伊村	0.23	0.10	0.28	0.28	0.06	0.28	1.00	I	非污染
城北赵伊村	0.16	0.10	0.41	0.30	0.09	0.41	1.00	I	非污染
城北赵杏村	0.21	0.10	0.38	0.25	0.30	0.38	1.00	I	非污染
城北赵杏村	0.30	0.10	0.43	0.26	0.30	0.43	1.00	I	非污染
城北赵杏村	0.46	0.05	0.34	0.27	0.41	0.46	1.00	I	非污染
城东吴村	0.43	0.10	0.23	0.22	0.27	0.43	1.00	I	非污染
城东吴村	0.47	0.10	0.35	0.23	0.56	0.56	1.00	I	非污染
城东吴村	0.70	0.10	0.40	0.28	0.14	0.70	1.00	I	非污染
城东马铺头	0.25	0.17	0.16	0.19	0.10	0.25	1.00	I	非污染
城东赵坊村	0.20	0.15	0.08	0.29	0.12	0.29	1.00	I	非污染
城东榆林村	0.16	0.21	0.18	0.31	0.15	0.31	1.00	I	非污染
虞乡百户村	0.80	0.10	0.52	0.28	0.17	0.80	1.00	I	非污染
虞乡百户村	0.65	0.10	0.40	0.27	0.29	0.65	1.00	I	非污染
虞乡百户村	0.93	0.10	0.42	0.28	0.16	0.93	1.00	I	非污染
虞乡刘家营村	0.10	0.14	0.30	0.23	0.09	0.30	1.00	I	非污染
开张民生村	0.97	0.05	0.43	0.29	0.15	0.97	1.00	I	非污染
开张普乐头村	0.95	0.05	0.27	0.27	0.20	0.95	1.00	I	非污染
开张城子埒村	0.95	0.10	0.36	0.28	0.18	0.95	1.00	I	非污染

从表 6-10 可以看出，各样点单项污染指数变幅为 0.05～0.97，各污染因子均未超标，达到国家土壤环境质量的二级标准。

第四节　肥料和农药对农田的影响

一、肥料对农田的影响

（一）耕地肥料施用量

1. 粮田肥料施用量　永济市大田作物主要为小麦、玉米、棉花等，从此次调查情况看，小麦全生长期平均亩施纯氮 12.8 千克，五氧化二磷 6.0 千克，氧化钾 2.7 千克；玉米平均亩施纯氮 10.3 千克，五氧化二磷 1.7 千克，氧化钾 0.7 千克；棉花平均亩施纯氮

12.7千克，五氧化二磷5.2千克，氧化钾3.6千克。肥料品种主要为尿素、普钙、硫酸钾、复合（混）肥等。

2. 蔬菜地肥料施用量　永济市的主要蔬菜品种为芦笋、辣椒等，肥料施用量各有不同。芦笋共调查40户，面积284.5亩，全生育期平均亩施纯氮22.6千克，五氧化二磷15.9千克，氧化钾13.1千克；辣椒共调查25户，面积36.4亩，全生育期平均亩施纯氮20.6千克，五氧化二磷7.2千克，氧化钾19.4千克；黄瓜平均亩施纯氮52.1千克，五氧化二磷14千克，氧化钾32.7千克。

3. 果园肥料施用量　从调查数据看，果园平均亩施有机肥1 326千克，平均施用纯氮16.3千克，五氧化二磷14.7千克，氧化钾9.1千克。

（二）施肥对农田的影响

在农业增产的诸多措施中，施肥是最有效最重要的措施之一。无论施用化肥还是有机肥，都给土壤与作物带来大量的营养元素。特别是氮、磷、钾等化肥的施用，极大地增加了农作物的产量。可以说化肥的施用不仅是农业生产由传统向现代转变的标志，而且是农产品从数量和质量上提高和突破的根本。施肥能增加农作物产量、改善农产品品质、提高土壤肥力、改良土壤。合理施肥是农业减灾中的一项重要措施。合理施肥可以改善环境、净化空气。施肥的种种功能已逐渐被世人认识。但是，由于肥料生产管理不善，施肥用量、施肥方法不当而造成土壤、空气、水质、农产品的污染也越来越引起人们的关注。

目前肥料对农业环境的污染主要表现在四个方面：肥料对土壤的污染，肥料对空气的污染，肥料对水源的污染，肥料对农产品的污染。

1. 肥料对土壤的污染

（1）肥料对土壤的化学污染：许多肥料的制作、合成均是由不同的化学反应而形成的，属于化学产品。它们的某些产品特性由生产工艺所决定，具有明显的化学特征，它们所造成的污染均为化学污染。如一些过酸、过碱、过盐、无机盐类，有毒有害矿物质制成的肥料，使用不当，极易造成土壤污染。

一些肥料本身含有放射性元素，如磷肥、含有稀土、生长激素的叶面肥料等，放射性元素含量如超过国家规定标准，不仅污染土壤，还会造成农产品污染，殃及人类健康。土壤被放射性物质污染后，通过放射性衰变，能生产α、β、γ射线。这些射线能穿透人体组织，使机体的一些组织细胞死亡。这些射线对机体既可造成外照射损伤，又可通过饮食或吸收进入人体，造成内照射损伤，使受害人头晕、疲乏无力、脱发、白细胞减少或增加、癌变等。

还有一些矿粉肥、矿渣肥、垃圾肥、叶面肥、专用肥、微肥等肥料中均不同程度地含有某些有毒有害的物质，如常见的有砷、镉、铬、铅、汞等，俗称"五毒元素"，它们不仅在土壤环境中容易富集，而且还非常容易在植株体内、人体内造成积累，影响作物生长和人类健康。如土壤中汞含量过高，会抑制夏谷的生长发育，使其株高、叶面积、干物重及产量降低。这些肥料大量的施用会造成土壤耕地重金属的污染。土壤被有毒化学物质污染后，对人体所生产的影响大部分都是间接的，主要是通过农作物、地面水或地下水对人体产生负面影响。

（2）肥料对土壤的生物性污染：未经无害化处理的人畜粪尿、城市垃圾、食品工业废渣、污水污泥等有机废弃物制成的有机肥料或一些微生物肥料直接施入农田会使土壤受到病原体和杂菌的污染。这些病原体包括各种病毒、病菌、有害杂菌，一些大肠杆菌、寄生虫卵等，它们在土壤中生存时间较长，如痢疾杆菌能在土壤中生存22~142天，结核杆菌能生存一年左右，蛔虫卵能生存315~420天，沙门氏菌能生存35~70天等。它们可以通过土壤进入植物体内，使植株产生病变，影响其正常生长或通过农产品进入人体，给人类健康造成危害。

还有一些病毒性粪便是一些病虫害的诱发剂，如鸡粪直接施入土壤，极易诱发地老虎的繁殖，进而造成对植物根系的破坏。此外，被有机废弃物污染的土壤，是蚊蝇滋生和鼠类繁殖的场所，不仅带来传染病，还能阻塞土壤孔隙，破坏土壤结构，影响土壤的自净能力，危害作物正常生长。

（3）肥料对土壤的物理污染：土壤的物理污染易被忽视。其实肥料对土壤的物理污染经常可见。如生活垃圾、建筑垃圾未经分筛处理或无害化处理制成的有机肥料中含有大量金属碎片、玻璃碎片、砖瓦水泥碎片、塑料薄膜、橡胶、废旧电池等不易腐烂物品，进入土壤后不仅影响土壤结构性、保水保肥性、土壤耕性，甚至使土壤质量下降、农产品数量锐减、品质下降，严重者使生态环境恶化。据统计，城市人均一天产生1千克左右的生活垃圾，这些生活垃圾中有1/3物质不易腐烂，若将这些垃圾当做肥料直接施入土壤，那将是巨大的污染源。

2. 肥料对水体的污染　　海洋赤潮，是当今国家研究的重大课题之一。国家环保局1999年中国环境状况公告：我国近岸海域海水污染严重，1999年，中国海域共记录了15起赤潮。赤潮的频繁发生引起了政府与科学界的极大关注。赤潮的主要污染因子是无机氮和活性磷酸盐。氮、磷、碳、有机物是赤潮微生物的营养物质，为赤潮微生物的繁殖提供了物质基础。铁、锰等物质的加入又可以诱发赤潮微生物的繁殖。所以，施肥不当是加速这一过程的重要因素。

在肥料氮、磷、钾三要素中，磷、钾在土壤中易被吸附或固定，而氮肥易被淋失，所以施肥对水体的污染主要是氮肥的污染。地下水中硝态氮含量的提高与施肥有着密切关系。我国的地下水多数由地表水作为补给水源，地表水的污染，势必会影响到地下水水质，地下水一旦受污染后，要恢复是十分困难的。

3. 施肥对大气的污染　　施用化肥所造成的大气污染主要有 NH_3、NO_x、CH_4、恶臭及重金属微粒、病菌等。在化肥中，气态氮肥碳酸氢铵中有氨的成分。氨是极易挥发的气态物质，喷施、撒施或覆土较浅时均易造成氨的挥发，从而造成空气中氨的污染。NH_3 受光照射或硝化作用生成 NO_x，NO_x 是光污染物质，其危害更为严重。

叶面肥和一些植物生长调节剂中不同程度地含有一些重金属元素，如镉、铅、镍、铬、锰、汞、砷等，虽然它们的浓度很低，但通过喷施散发在大气中，直接造成大气的污染，危害人类。

有机肥料或堆沤肥中的沼气（CH_4）、恶臭、病原微生物或直接散发出让人头晕眼花的气体或附着在灰尘微粒上对空气造成污染。

这些大气污染物不仅对人体眼睛、皮肤有刺激作用，其臭味可引起感官性状的不良反应，还会降低大气能见度，减弱太阳辐射强度，破坏绿化，腐蚀建筑物，恶化居民生活环境，影响人体健康。

4. 施肥对农产品的污染　施肥对农产品的污染首先是表现在不合理施肥致使农产品品质下降，出口受阻，削弱了我国农产品在国际市场的竞争力。被污染的农产品还会以食物链传递的形式危害人类健康。

近年来，随着化肥用量的逐年增加和不合理搭配，农产品品质普遍呈下降趋势。如粮食中重金属元素超标、瓜果的含糖量下降、苹果的苦痘病、番茄的脐腐病的发病率上升，棉麻纤维变短，蔬菜中硝酸盐、亚硝酸盐的污染日趋严重，食品的加工、贮存性变差。

施肥对农产品污染的另一个表现是其对农产品生物特性的影响。肥料中的一些生物污染物在污染土壤、大气、水体的同时也会污染农作物，使农作物各种病虫害频繁发生，严重影响了农作物的正常生长发育，致使产量锐减品质下降。

从永济市目前施肥品种和数量来看，蔬菜生产上有施肥数量多、施肥比例不合理及不正确的施肥方式等问题，因而造成蔬菜品质下降、地下水水质变差、土壤质量变差等环境问题。

二、农药对农田的影响

(一) 农药施用品种及数量

从农户调查情况看，永济市施用的农药主要有以下几个种类：有机磷类农药，平均亩施用量 47.6 克；氨基甲酸酯类农药，平均亩施用量 28.9 克；菊酯类农药，平均亩施用量 27.4 克；杀虫剂，平均亩施用量 82.6 克；除草剂，平均亩施用量 25.1 克。

(二) 农药对农田质量的影响

农药是防治病虫害和控制杂草的重要手段，也是控制某些疾病的病媒昆虫（如蚊、蝇等）的重要药剂。但长期和大量使用农药，也造成了广泛的环境污染。农药污染对农田环境与人体健康的危害，已逐渐引起人们的重视。

当前使用的农药，按其作用来划分，有杀虫剂、杀菌剂和除草剂等，按其化学组成划分有有机氮、有机磷、有机汞、有机砷和氨基甲酸酯等几大类。由于农药种类多，用量大，农药污染已成为环境污染一个重要方面。

1. 对环境的污染　农药是一种微量的化学性环境污染物，它的使用对空气、土壤和水体造成污染。

（1）对空气的污染：主要来自农药的喷撒。喷撒到大气中的农药尘粒，在气流作用下，可飘移到数千米远的地方。喷撒到植物表面或土壤的农药，在气流作用下，也可飞扬到空中，成为大气污染的重要来源。

（2）对水体的污染：主要来自以下几个方面：向水体直接施用农药；含农药的雨水落入水体；植物或土壤黏附的农药，经水冲刷或溶解进入水体；生产农药的工业废水或生活污水污染水体等。

（3）对土壤的污染：直接向土壤或植物表面喷撒农药，是使用农药最常用的一种方式，也是造成土壤污染的重要来源。研究表明，只要使用农药的农田，土壤均受到不同程度的污染。

（4）对农作物的污染：农药可被农作物吸收，进入植物体内。由植物根部吸收的农药量，取决于农药在植物根部表皮脂质中的溶解性；在植物体内被转移的量，则取决于农药在植物组织中的水溶性。有机氯农药可被胡萝卜、马铃薯等块根作物吸收。农药对农作物的污染是相当普遍的。据统计，75％的农药是用于防治农作物病虫害的。

2. 对健康的危害　环境中的农药，可通过消化道、呼吸道和皮肤等途径进入人体。对人类健康产生各种危害。

（1）急性毒作用：环境中的农药进入人体后，首先进入血液，然后通过组织细胞膜与血脑屏障等组织，到达作用部位，引起中毒反应。在短期内摄入大量的农药，会引起急性中毒。这种中毒主要由有机磷农药引起。有机磷农药是一种神经毒性药剂，其毒理作用是抑制体内胆碱酯酶，使其失去分解乙酰胆碱的作用，造成乙酰胆碱聚积，导致神经功能紊乱。在临床上表现出一系列症状，如恶心、呕吐、流涎、呼吸困难、瞳孔缩小、肌肉痉挛、神志不清等。

（2）慢性毒作用：长期接触农药，可以引起慢性中毒。有机磷农药慢性中毒，主要表现为血中胆碱酯酶活性显著而持久的降低，并伴有头晕、头痛、乏力、食欲不振、恶心、气短、胸闷、多汗，部分病人还有肌束纤颤等症状。有机氯农药慢性中毒，主要表现为食欲不振、上腹部和肋下疼痛、头晕、头痛、乏力、失眠、噩梦等。接触高毒性农药（如氯丹和七氯化茚等）会出现肝脏肿大，肝功能异常等症候。

（3）在人体内蓄积：有机氯农药的脂溶性决定了它可在人体脂肪中的蓄积。有机氯农药在人体内的蓄积是世界性的，在体内蓄积的远期影响尚待进一步研究。

（4）对酶类的影响：许多有机氯农药可以诱导肝细胞微粒体氧化酶类，从而改变体内的某些生化过程。此外，有机氯农药对其他一些酶类也有一定影响。艾氏剂或狄氏剂可使大鼠的谷丙转氨酶和醛缩酶的活性增高。DDT 对 ATP 酶具有抑制作用。有机磷农药进入人体后，即与体内的胆碱酯酶结合，形成比较稳定的磷酰化胆碱酯酶，使胆碱酯酶失去活性，丧失对乙酰胆碱的分解能力，从而造成体内乙酰胆碱的蓄积，引起神经传导生理功能的紊乱，出现一系列有机磷农药中毒的临床症状。

（5）对神经系统的作用：农药对神经系统的作用，主要是通过对有机磷农药的研究获得的。有机磷农药急性中毒，除出现前述一般常见的症状外，还可引起患者中枢神经系统功能失常，出现共济失调、震颤、嗜睡、精神错乱、抑郁、记忆力减退和语言失常等。

（6）对内分泌系统的影响：有机氯农药对内分泌系统的影响，曾有不少报道。如 DDT 对大鼠、鸡、鹌鹑具有雌性激素样作用。研究表明，当 DDT 在 4 毫克/千克·日剂量时，可引起狗的肾上腺皮质萎缩及细胞蜕变。

（7）对免疫功能的影响：有机氯农药对机体的免疫功能具有一定影响。用 DDT 对家兔做实验，发现在 DDT 影响下，机体形成抗体的能力明显降低。应用 0.5 毫克/千克剂量的 DDT 时，发现白细胞的吞噬活性与抗体形成均明显下降。

（8）对生殖机能的影响：有机氯农药对生殖机能的影响，主要表现在鸟类产蛋数目减少，蛋壳变薄和胚胎不易发育，从而使鸟类的繁殖明显受到影响。此外，有机氯农药对哺乳动物的生殖功能也有一定影响。有机磷农药，如敌敌畏和马拉硫磷就能损害大鼠的精子；敌百虫与甲基对硫磷能使大鼠的受孕和生育能力明显降低。

（9）致突变作用、致畸作用和致癌作用：有关农药的这些作用已有一些报道。虽然有些研究是在大剂量和短时间作用下获得的，并不能真正代表外环境中农药（低浓度和长时间作用）的效应，但如果试验证实某种农药具有致突变、致畸和致癌作用，则说明该农药对人类健康毕竟是一个潜在的威胁。

3. 永济市农药使用所造成的主要环境问题　永济市施用农药品种多、数量多，因而造成的环境问题也较多，归纳起来，主要有以下 5 种：

（1）农药施入大田后直接污染土壤，造成土壤农残污染。

（2）造成地下水的污染。

（3）造成农产品质量降低。

（4）破坏大田内生态系统的稳定与平衡。

（5）对土壤微生物群落形成一定程度的抑制作用。

第五节　耕地环境质量评价

永济市境内有涑水河及电机厂、印染厂、化肥厂、纺织厂、化工厂等污染源，水土综合评价结果表明，大田环境的主要污染元素为氟、氯及化学需氧量，主要污染区域为开张、蒲州、栲栳以及城西的一部分农田土壤。

一、面源污染水土综合评价

（一）土壤

本数据只对两次调查所取得的 40 个点位样品中的污染元素进行评价，40 个土壤样品的大田污染指数值均不大于 1，为非污染土壤。单项污染指数最大值为卿头镇东安头村镉元素，镉的测定值为 1.0 毫克/千克，已达农田土壤环境质量二级标准中镉元素的限值。具体评价结果见表 6-11。

表 6-11　面源污染点位土壤综合评价结果表

采样地点	单因子评价					综合			
	铬	汞	砷	镉	铅	Smax	Si	污染等级	综合评价
城西庄子村	0.27	0.05	0.44	0.67	0.15	0.67	1.00	I	非污染
栲栳镇北苏村	0.29	0.05	0.45	0.63	0.11	0.63	1.00	I	非污染
蒲州镇西闫村	0.28	0.00	0.53	0.64	0.07	0.64	1.00	I	非污染
蒲州镇鲁家村	0.28	0.05	0.29	0.51	0.17	0.51	1.00	I	非污染
城东孙常村	0.29	0.05	0.42	0.64	0.20	0.64	1.00	I	非污染
虞乡镇石卫村	0.32	0.05	0.43	0.75	0.21	0.75	1.00	I	非污染
开张镇石桥村	0.28	0.00	0.48	0.78	0.18	0.78	1.00	I	非污染
蒲州镇韩家庄村	0.27	0.06	0.81	0.62	0.09	0.81	1.00	I	非污染

（续）

采样地点	单因子评价					综合			
	铬	汞	砷	镉	铅	Smax	Si	污染等级	综合评价
虞乡镇屯里村	0.30	0.05	0.44	0.98	0.26	0.98	1.00	I	非污染
卿头镇东安头村	0.27	0.00	0.46	1.00	0.13	1.00	1.00	I	非污染
蒲州镇北文学村	0.25	0.00	0.29	0.58	0.10	0.58	1.00	I	非污染
韩阳镇长旺村	0.25	0.00	0.39	0.61	0.16	0.61	1.00	I	非污染
城西张华村	0.22	0.10	0.62	0.22	0.11	0.62	1.00	I	非污染
董村农场	0.27	0.00	0.50	0.62	0.14	0.62	1.00	I	非污染
开张镇常营村	0.33	0.00	0.42	0.85	0.27	0.85	1.00	I	非污染
栲栳镇任村	0.29	0.05	0.47	0.66	0.13	0.66	1.00	I	非污染
城北下高市村	0.30	0.00	0.98	0.83	0.16	0.98	1.00	I	非污染
常青农场	0.28	0.00	0.46	0.74	0.15	0.74	1.00	I	非污染
城西上庄村	0.28	0.19	0.17	0.14	0.09	0.28	1.00	I	非污染
城西张华村	0.24	0.30	0.28	0.12	0.09	0.30	1.00	I	非污染
城西桃李村	0.35	0.15	0.17	0.11	0.10	0.35	1.00	I	非污染
城北东伍姓村	0.32	0.24	0.27	0.12	0.09	0.32	1.00	I	非污染
开张镇城子埒村	0.42	0.22	0.31	0.13	0.07	0.42	1.00	I	非污染
城西吕坂村	0.34	0.28	0.28	0.13	0.10	0.34	1.00	I	非污染
城西张志村	0.34	0.03	0.30	0.12	0.10	0.34	1.00	I	非污染
城北赵伊村	0.23	0.08	0.15	0.22	0.10	0.23	1.00	I	非污染
城东孙李村	0.33	0.14	0.16	0.17	0.12	0.33	1.00	I	非污染
虞乡镇百户村	0.30	0.10	0.21	0.17	0.16	0.30	1.00	I	非污染
卿头镇关家庄村	0.34	0.11	0.28	0.17	0.10	0.34	1.00	I	非污染
开张镇陈村	0.31	0.10	0.30	0.19	0.10	0.31	1.00	I	非污染
城西李店村	0.29	0.11	0.18	0.14	0.04	0.29	1.00	I	非污染
城西庄子村	0.08	0.21	0.20	0.13	0.04	0.21	1.00	I	非污染
城东四冯村	0.28	0.27	0.42	0.16	0.04	0.42	1.00	I	非污染
城东郭李村	0.19	0.10	0.32	0.14	0.04	0.32	1.00	I	非污染
城东马铺头村	0.15	0.22	0.25	0.16	0.04	0.25	1.00	I	非污染
城东吴村	0.26	0.14	0.20	0.13	0.06	0.26	1.00	I	非污染
城东榆林村	0.33	0.23	0.28	0.17	0.04	0.33	1.00	I	非污染
城东赵坊村	0.19	0.20	0.20	0.18	0.07	0.20	1.00	I	非污染
城东干樊村	0.22	0.14	0.18	0.14	0.05	0.22	1.00	I	非污染
城东孙常村	0.22	0.06	0.19	0.14	0.07	0.22	1.00	I	非污染
全市平均值	0.28	0.10	0.35	0.39	0.11	0.39	1.00	I	非污染

表6－12 面源污染点位水质综合评价结果表

| 采样地点 | 单项评价指数 Si | | | | | | | | | | | | | | | 综合 | | |
	铅	镉	汞	砷	铬	pH	COD	氟化物	铜	锌	氯化物	总磷	Smax	Si	污染等级	综合评价
虞乡洗马	0.23	1.00	0.00	0.00	0.10	0.91	0.02	0.05	0.00	0.02	0.30	0.02	1.00	1.00	I	非污染
开张黄营	0.40	0.80	0.00	0.40	0.11	0.91	0.01	0.33	0.00	0.02	1.37	0.02	1.37	1.37	II¹氯	轻度污染
栲栳长杆	0.00	0.60	0.20	0.40	0.56	0.99	0.01	1.25	0.00	0.00	0.10	0.03	1.25	1.25	II¹氟	轻度污染
韩阳下寺	0.11	0.17	0.00	0.92	0.28	0.82	0.03	0.08	0.08	0.01	0.00	0.00	0.92	1.00	I	非污染
城西上庄	0.15	0.19	0.00	0.06	0.20	0.83	0.01	0.02	0.11	0.02	0.00	0.00	0.83	1.00	I	非污染
城西张志	0.17	0.04	0.00	0.00	0.23	0.84	0.00	0.02	0.08	0.02	0.00	0.00	0.84	1.00	I	非污染
城东赵坊	0.11	0.52	0.00	0.00	0.45	0.85	0.24	0.06	0.10	0.00	0.00	0.00	0.85	1.00	I	非污染
城东孙李	0.15	0.08	0.00	0.04	0.23	0.81	0.01	0.02	0.13	0.00	0.00	0.00	0.81	1.00	I	非污染
卿头关家庄	0.17	0.43	0.00	0.11	0.23	0.97	0.03	0.04	0.12	0.00	0.00	0.00	0.97	1.00	I	非污染
韩阳陈村	0.10	0.90	0.00	0.05	0.20	0.91	0.03	0.02	0.10	0.01	0.00	0.00	0.91	1.00	I	非污染
蒲州西厢	0.00	0.80	0.00	0.00	0.09	0.89	0.01	0.12	0.00	0.02	1.61	0.02	1.61	1.61	II¹氯	轻度污染
城北赵伊	0.83	0.40	0.00	0.58	0.11	0.93	0.05	0.39	0.00	0.04	0.45	0.01	0.93	1.00	I	非污染
平均	0.20	0.49	0.02	0.21	0.23	0.89	0.04	0.20	0.06	0.01	0.32	0.01	0.89	1.00	I	非污染

（二）水质

在大田中共取了 12 个灌溉水样，其中深井 9 个，浅井 3 个。从评价结果可以看出，9 个点位的井水为非污染，有 3 个点位的井水为轻度污染，主要污染物为氟化物与氯化物。其中开张镇黄营村、蒲州镇西厢村井水中氯化物超标；栲栳镇长杆村氟化物超标。所有井水中重金属含量均符合灌溉水环境质量评价中绿色食品标准。具体评价结果见表 6-12。

（三）综合评价

永济市大田共采集了 40 个土样、12 个水样，评价结果见表 6-12、表 6-13。每个代表水样所灌溉的农田范围见表 6-13。

表 6-13　面源污染水样、土样对应表

水　样	土　样
虞乡镇洗马村	屯里村、石卫村
开张镇黄营村	常营、石桥、东安头、董村农场、城子垛
栲栳镇长杆村	北苏、任村、常青农场
韩阳镇下寺村	长旺
城西上庄村	上庄、庄子、李店
城西张志村	张志、张华、桃李
城东赵坊村	赵坊、干樊、榆林、马铺头、吴村
城东孙李村	孙李、四冯、郭李、孙常
卿头镇关家庄村	关家庄
韩阳镇陈村	陈村
蒲州镇西厢村	西闫、鲁家、韩家庄、北文学、吕坂
城北赵伊村	赵伊、下高市、东伍姓

除了张镇黄营村、蒲州镇西厢村、栲栳镇长杆村代表水样灌溉的农田受到氯化物、氟化物的轻度污染外，其余点位的水土综合评价结果均为非污染。所有土样、水样中的重金属含量均符合大田土壤环境质量评价的二级标准与灌溉水环境质量评价中绿色食品标准。

二、点源污染水土综合评价

（一）土壤

本数据只对两次调查所取的 7 个厂区附近的 27 个土样点样品中的污染元素进行评价，从综合评价结果可以看出，27 个样点的污染指数均不大于 1，为非污染土壤。综合评价结果见表 6-14。

表 6-14　点源污染点位土壤综合评价结果表

企业名称	单项评价指标 Si					综合			
	镉	汞	砷	铬	铅	Smax	Si	污染等级	综合评价
电机厂	0.33	0.30	0.42	0.32	0.11	0.42	1.00	Ⅰ	非污染
纺织厂	0.27	0.15	0.30	0.29	0.07	0.30	1.00	Ⅰ	非污染
印染厂	0.20	0.10	0.40	0.28	0.08	0.40	1.00	Ⅰ	非污染
化肥厂	0.32	0.08	0.38	0.26	0.34	0.38	1.00	Ⅰ	非污染
五七五厂	0.37	0.14	0.23	0.25	0.22	0.37	1.00	Ⅰ	非污染
振兴化工厂	0.62	0.11	0.41	0.26	0.18	0.62	1.00	Ⅰ	非污染
涑水河	0.96	0.07	0.36	0.28	0.18	0.96	1.00	Ⅰ	非污染

（二）水质

在采集点源污染土样的同时，共采集了 7 个灌溉水样，综合评价结果见表 6-15。

从水质分析结果看，除城西庄子村的水样受到 COD 的轻度污染外，其余代表水样各项污染指标均达到农田灌溉水环境质量评价中的绿色食品标准，评价结果为非污染。

表 6-15　点源污染点位水质评价结果表

采样地点	单项评价指数 Si												综合			
	铅	镉	汞	砷	铬	pH	COD	氟化物	铜	锌	氯化物	总磷	Smax	Si	污染等级	综合评价
城西庄子	0.10	0.09	0.00	0.06	0.34	0.80	1.21	0.02	0.10	0.02	0.00	0.00	1.21	1.21	Ⅱ$^1_{COD}$	轻度污染
城西李店	0.06	0.05	0.00	0.04	0.50	0.86	0.00	0.01	0.14	0.02	0.00	0.00	0.86	1.00	Ⅰ	非污染
城东马铺头	0.09	0.27	0.00	0.08	0.45	0.88	0.00	0.02	0.13	0.02	0.00	0.00	0.88	1.00	Ⅰ	非污染
城东赵坊	0.53	1.00	0.00	0.10	0.09	0.91	0.02	0.36	0.00	0.17	0.58	0.01	1.00	1.00	Ⅰ	非污染
城北赵伊	0.93	0.60	0.00	0.18	0.13	0.93	0.09	0.10	0.00	0.07	0.53	0.11	0.93	0.93	Ⅰ	非污染
蒲州孟盟桥	0.00	0.80	0.00	0.04	0.30	0.93	0.39	0.65	0.01	0.02	0.58	0.27	0.93	1.00	Ⅰ	非污染
虞乡百户	0.00	0.80	0.00	0.35	0.13	0.92	0.18	0.08	0.00	0.01	0.11	0.02	0.92	1.00	Ⅰ	非污染
平均	0.24	0.52	0.00	0.12	0.28	0.89	0.27	0.18	0.05	0.04	0.26	0.06	0.89	1.00	Ⅰ	非污染

（三）综合评价

点源污染样点，在 7 个厂区附近共采集 27 个土壤样品，7 个水样，测定及评价结果见表 6-14、表 6-15。每个水样所灌溉的农田范围见表 6-16。

表 6 - 16 点源污染水样、土样对应表

水　样	土　样
城西庄子村	庄子 3 个点（电机厂）
城西李店村	李店 1 个点、小张 1 个点（电机厂）
城东赵坊村	赵坊 1 个点、榆林 1 个点（五七五厂）
城东马铺头村	马铺头 1 个点、吴村 3 个点（五七五厂）
虞乡镇百户村	百户 3 个点、刘家营 1 个点（化工厂）
城北赵伊村	赵伊 6 个点（纺织厂、印染厂）、赵杏 3 个点（化肥厂）
蒲州孟萌桥	民生 1 个点、普乐头 1 个点、城子埠 1 个点（涑水河）

　　除城西庄子村的代表水样灌溉的农田受到 COD 的轻度污染外，其余点位的水土综合评价结果均为非污染。所有土样、水样中的重金属含量均符合大田土壤环境质量评价的二级标准与灌溉水环境质量评价中绿色食品标准。

第七章　蔬菜地地力评价及合理利用

第一节　蔬菜生产历史与现状

一、蔬菜生产历史

永济市种植蔬菜的历史有 1 000 多年。新中国成立前大多数农户种植蔬菜，主要是为了自己食用，主要蔬菜品种为韭菜、葱、蒜、茄子、萝卜等。城镇郊区一部分农民，种植少量的商品菜，供给城镇居民食用。

新中国成立初期，随着经济发展，城镇人民需菜量大幅增加，因此，在城郊区迅速建立起了蔬菜基地。农业合作社期间建有若干个集体菜园。面积也由新中国成立初的 3 000 亩扩大到 6 000 亩，翻了一番。20 世纪 70 年代蔬菜种植面积激增到 12 000 亩，产量由原来的 500 万千克增加到 3 000 万千克，商品率由原来的 20％上升到 70％以上。但蔬菜生产仍仅局限于市镇郊区周围，基本是按计划种植，统购包销，严重阻碍了蔬菜产业的发展。

20 世纪 80 年代以来，特别是 1985 年以后，随着改革开放社会主义市场经济的确立和不断推进，人民生活质量的大幅度提高，科学技术的进步，促进了永济市蔬菜产业的迅猛发展。1985 年蔬菜种植面积为 10 365 亩，总产 3 092 万千克；1995 年发展到 4.8 万余亩；2000 年发展到 9 万余亩，增长了近 9 倍，总产量达 6 500 余万千克。同时，蔬菜的品种与种植技术也有了巨大的变化与进步。1980 年引进大棚种植技术，1994 年引进日光温室，1985 年从荷兰引进芦笋种植加工技术，从而使永济市蔬菜实现终年供应，特别是芦笋生产已走出市、省，甚至销往海外，成为山西省芦笋主要出口创汇基地。

二、蔬菜生产现状

目前永济市蔬菜播种面积为 10.5 万亩（含芦笋），总产量 7 500 万～8 500 万千克，总产值 4.7 亿元左右。从永济市蔬菜生产现状看，主要有以下几个明显的特点：

一是出口创汇菜占主导地位。永济市芦笋栽培面积达 8 万亩，成为全国最大的芦笋生产基地，总产鲜笋 2.8 万吨，总产值 1.2 亿元。全市有 10 个芦笋加工企业，加工成品 2.5 万吨，产品远销德国、法国、日本、新西兰、西班牙等 42 个国家和地区。

二是设施蔬菜发展势头良好。全市大棚菜以大棚番茄为主，2010 年种植面积达 0.44 万亩，总产 2.64 万吨，总产值 1.1 亿元，平均每亩产值可达 2.5 万元。由于效益好，市场走俏，呈现出继续扩展的良好趋向。

三是加工原料菜正在起步。永济市有众多的芦笋加工企业，每年的加工期仅为 3～4 个月，设备闲置时间长，为了促进芦笋产业的深入发展，提高企业效益，同时帮助农民进行产业结构调整，实现企业与农民双赢，近年来引进了法国青刀豆、甜玉米、朝鲜蓟等多个加工原料菜进行试种，同期选择适宜本地种植和加工出口的品种，并迅速扩大规模，形成产业。

第二节 调查结果与分析

一、农户调查结果与分析

蔬菜地共调查农户 120 户，调查蔬菜品种主要有：芦笋、辣椒、番茄、黄瓜，涉及蒲州、城北、城东、城西、韩阳、虞乡、卿头等蔬菜产区。

（一）蔬菜地产量、产值及成本构成

因蔬菜种类不同，各种蔬菜产量、产值及成本构成差异较大，见表 7-1。

表 7-1 蔬菜地产量、产值及成本构成

蔬菜品种	亩产量（千克/亩）	亩产值（元/亩）	亩生产成本（元/亩）	其中（元/亩）							
				化肥	有机肥	农药	农膜	种苗	灌溉	人工	其他
芦笋	350	2 450	600	150	100	30	—	—	30	200	90
辣椒	3 000	6 000	2 100	300	200	200	600	200	100	500	—
番茄	8 000	25 000	9 800	600	300	600	1 200	500	300	5 000	1 300
黄瓜	8 000	20 000	8 240	540	300	500	1 200	400	300	4 000	1 000

从表 7-1 中可以看出高投入、高产值这一农业生产规律。其中番茄投入最高，亩产值也最高，亩纯收益为 15 200 元，居四种蔬菜之首，其次为黄瓜、辣椒，最次为芦笋。

（二）蔬菜地肥料投入情况

肥料的应用是提高蔬菜产量、增加效益最主要的手段，据统计，当今农作物增产的60%作用来源于施肥，表 7-2 是永济市四种不同蔬菜的施肥情况。

表 7-2 蔬菜地肥料投入情况

蔬菜	有机肥（千克/亩）	其中			化肥（千克/亩）	其中			总计			投入（元/亩）		
肥料		N	P_2O_5	K_2O		N	P_2O_5	K_2O	N	P_2O_5	K_2O	有机肥	化肥	总投入
芦笋	1 000	3.8	1.6	1.8	60	12	9	6	15.8	10.6	7.8	100	150	250
辣椒	2 000	7.6	3.2	3.6	100	25	10	10	32.6	13.2	13.6	200	300	400
番茄	3 000	11.4	4.8	5.4	200	40	24	16	51.4	28.8	21.4	300	600	1 100
黄瓜	3 000	11.4	4.8	5.4	180	40.5	18	9	51.9	22.8	14.4	300	540	1 000

从表 7-2 可以看出，蔬菜的施肥比例一般保持在 $N：P_2O_5：K_2O=1：(0.4\sim0.7)：(0.3\sim0.5)$，肥料投资占总产值的 10% 以上，比一般农作物施肥量高 100%～200%。

二、蔬菜地土壤属性

(一)蔬菜地土壤物理性状

蔬菜地土壤容重平均值为 1.35 克/厘米^3，比大田土壤容重平均值 1.37 克/厘米^3 稍低。其中芦笋产区的土壤容重最低，为 1.31 克/厘米^3，属沙壤土；其次为番茄产区为 1.36 克/厘米^3，属中壤土；容重最高的是东北腹地的黄瓜产区，土壤容重为 1.39 克/厘米^3，属重壤土。

(二)蔬菜地土壤化学性状

调查结果表明，蔬菜地土壤有机质平均含量为 19.89 克/千克，全氮 1.26 克/千克，有效磷 32.41 毫克/千克，速效钾 245.2 毫克/千克，pH 8.07。依照山西省耕地地力土壤养分分级标准，有机质属三级水平，全氮和速效钾属二级水平，有效磷属一级水平。

(三)不同层次土壤养分变化

对 120 个菜点中的 34 个点位亚耕层调查结果表明：除中量元素镁与微量元素铜、钼含量耕层低于亚耕层外，其余元素含量均是耕层高于亚耕层。统计结果见表 7-3。

表 7-3　菜地不同层次土壤养分变化

养分 不同 层次	有机质 （克/ 千克）	全氮 （克/ 千克）	有效磷 （毫克/ 千克）	速效钾 （毫克/ 千克）	交换性钙 （毫克 /千克）	交换性镁 （毫克/ 千克）	有效铜 （毫克/ 千克）	铁 （毫克/ 千克）	锰 （毫克/ 千克）	硼 （毫克/ 千克）	钼 （毫克/ 千克）	硅 （毫克/ 千克）	硫 （毫克/ 千克）	锌 （毫克/ 千克）
耕层	19.89	1.26	32.41	245.2	8.40	0.40	1.36	6.61	8.78	0.68	0.22	135.4	153.2	2.02
亚耕层	16.46	0.68	18.69	159.0	7.40	0.41	1.41	5.61	8.20	0.64	0.25	120.2	140.0	1.15

(四)不同种植年限土壤养分变化

蔬菜是一项高投入高产出的产业，一般情况下，蔬菜的生产过程就是一个培肥过程。表 7-4 表明，蔬菜种植年限越长，土壤有机质含量就越高，土壤速效养分含量高而稳定。老菜地有机质、全氮、有效磷都比 3 年以下的新菜地高，而速效钾较之为低，处于三级水平。

表 7-4　蔬菜地不同种植年限土壤养分含量对照表

养分 种植年限	有机质 （克/千克）	全氮 （克/千克）	有效磷 （毫克/千克）	速效钾 （毫克/千克）
10 年以上	24.6	1.11	36.8	172.3
5 年	16.5	1.08	43.1	268.6
3 年以下	11.6	0.69	25.7	231.2

第三节　蔬菜地地力评价

一、分布与面积

根据永济市蔬菜地地力评价结果：菜田一级地 1 200 亩，分布在山前洪积扇及川道河滩部分地块；二级地 20 000 亩，主要分布在盆地、山前洪积扇及川道河滩区；三级地 29 000 亩，分布在栲栳台垣丘陵区；四级地 5 100 亩，分布在栲栳台垣及山前洪积扇区；五级地 2 000 亩，分布在山前洪积扇、栲栳台垣及川道河滩区部分地块；六级地 45 000 亩，分布在川道河滩区；七级、八级、九级地 2 700 亩，分布在山前洪积扇和川道河滩区。

二、各等级分述

（一）一级地

本级菜地主要分布在城区山前平原及蒲州镇沿栲栳台垣黄河滩一级阶地，土属为冲积脱潮土和冲积潮土，土壤肥沃，耕层质地为沙壤土，灌溉便利，全市老菜区主要集中在该区。土壤有机质平均含量 31.2 克/千克，属省一级水平；全氮 1.02 克/千克，属省三级水平；有效磷 32.6 毫克/千克，属省一级水平；速效钾 172.5 毫克/千克，属省三级水平。

（二）二级地

本级菜地主要分布在城区涑水盆地、山前洪积扇及蒲州黄河川道一级阶地，土属为洪积褐土性土及冲积脱潮土，土壤耕性良好，部分地块通体沙壤，有轻度盐碱，灌溉便利，是永济市蔬菜主产区，主要包括常规蔬菜、辣椒、日光温室蔬菜及部分芦笋。土壤有机质平均含量 18.5 克/千克，全氮 1.04 克/千克，均属省三级水平；有效磷 21.6 毫克/千克，属省二级水平；速效钾 168.8 毫克/千克，属省三级水平。

（三）三级地

本级菜地主要分布在栲栳及蒲州的栲栳台垣，土属以浅黏黄垆土为主，地势平坦宽阔，土壤质地以黄垆为主，土层深厚，保水保肥，井黄两灌，是永济市优质芦笋主产区。土壤有机质 15.8 克/千克，属省三级水平；全氮 0.95 克/千克，属省四级水平；有效磷 16.8 毫克/千克，速效钾 188.3 毫克/千克，均属省三级水平。

（四）四级地

本级菜地主要分布在栲栳、蒲州的栲栳台垣及城东、城西山前洪积扇，土属主要有浅黏黄垆土及洪积褐土性土，分布范围广，耕层土壤质地差异较大，种植蔬菜主要有辣椒和芦笋。土壤有机质平均含量 15.2 克/千克，属省三级水平；全氮 0.88 克/千克，属省四级水平；有效磷 17.2 毫克/千克，属省三级水平；速效钾 176.6 毫克/千克，属省三级水平。

（五）五级地

本级地主要分布在栲栳台垣及城东山前洪积扇，土属主要有浅黏黄垆土及洪积褐土性土，有障碍层，夹黏，夹沙夹砾。土壤平均有机质含量 12.8 克/千克，全氮 0.76 克/千克，有效磷 13.8 毫克/千克，均属省四级水平；速效钾 216.7 毫克/千克，属省一级水平。

（六）六级地

主要分布在韩阳、蒲州、栲栳及市农牧场黄河川道河滩区，土属为河沙土，通体沙质土，耕层差，保水保肥性差，有盐害，是永济市芦笋主产区，多为老笋地，产量较低。土壤有机质平均含量 8.6 克/千克，全氮 0.62 克/千克，有效磷 7.5 毫克/千克，均属省五级水平；速效钾 112 毫克/千克，属省四级水平。

（七）七级、八级、九级

主要分布在山前洪积扇和川道河滩区，土层浅薄，侵蚀严重，漏水漏肥，肥力较差。土壤有机质平均含量 6.6 克/千克，全氮 0.5 克/千克，属省五级水平；有效磷 6.2 毫克/千克，属省六级水平；速效钾 137.3 毫克/千克，属省四级水平。

第四节　蔬菜地合理利用建议

一、蔬菜地适宜性状况

蔬菜的生长需要较为适宜的土壤条件，其中耕地地力状况是决定其蔬菜生长的主要因素。

（一）不同区域适宜性状况

由于不同蔬菜区域耕地地力状况不同，因此，不同的蔬菜产区适宜性状况不同。

芦笋是近年来永济市发展起来的具有地方特色的蔬菜产业，其产品远销世界各国，在国际上享有盛誉。芦笋产区主要分布在黄河滩涂和栲栳台垣，该区土地广阔，土质偏沙，灌溉便利，耕地质量状况优良，气候对芦笋生长也极为适宜；且已有 30 年种植芦笋的历史，区内及周边有 10 多家芦笋加工厂，无论芦笋生产还是芦笋加工都有较为成熟的技术和设备，因此，该区对于芦笋生产为高度适宜。

辣椒产区主要分布在城区涑水河一级阶地及中条山洪积扇下，人多地少，作物复种指数高，土壤肥沃、土质优良，灌溉便利，农田基础设施较好，形成一个相对集中的辣椒产销集散地，鲜椒远销各国各地，该区对于辣椒生产高度适宜。

城西街道张华村地形部位属涑水河一级阶地，已有 10 多年鲜椒栽种历史，是永济市远近闻名的辣椒村，人均辣椒地 0.6 亩，仅此一项年人均增收 2 300 余元。该村农民仙百安早在 1990 年就开始栽种大棚辣椒，他不但技术熟练，而且善于经营，如今他每年种植 5 亩辣椒，仅此一项年纯收入近 2 万元，成了远近闻名的鲜辣椒种植大户。

常规菜区主要分布在城区周边的涑水河一级阶地，该区人多地少，以蔬菜为其主要产业，有 30 年的种植历史，一般适宜常规菜生产。

日光温室菜区主要分布在山前洪积扇及东部腹地。山前洪积扇土壤肥沃，水土质量好，产销通畅，种植技术熟练，对日光温室蔬菜生产高度适宜；而东部腹地地下水位高，土壤质地黏重，土壤有盐碱化倾向，产销不畅，管理粗放，对日光温室蔬菜生产不适宜。

城西街道庄子村、西姚温村等村近几年产业结构调整，大力发展日光温室产业。温室主要建造在山前洪积扇上，以种植秋冬茬番茄为主，在村委会的带动下，该村农民对发展日光温室情有独钟，基本上实现户均一个棚（0.6 亩），通过科学管理，效益连年上升，平均每个棚产值 1 万余元，最高的可达 2 万元。

（二）不同土壤适宜状况

土壤对于作物的适宜性可以决定作物的产量及品质。黄河滩涂的冲积潮土，土壤肥沃，土质为沙壤土，保水保肥，对于芦笋高度适宜。而该区河沙土虽然土质疏松，但养分含量低，漏水漏肥，对于芦笋一般适宜。栲栳台垣土壤多为浅黏黄垆土，土壤为中壤，保水保肥，对于芦笋中度适宜。芦笋以根茎为产品，适宜沙质壤土种植。蒲州镇韩家庄村地处栲栳台垣以西黄河沿岸一级阶地，是永济市栽种芦笋最早的一个村，该村耕地以河沙土和沙壤土为主，目前该村栽种芦笋面积达 5 000 亩，引进台商永裕公司，实现芦笋产销一条龙，农民人均年收入 4 000 元以上。在韩家庄村的带动和影响下，永济市目前已形成沿黄河一级阶地 10 万亩芦笋产销基地，推动了当地农业经济的发展。

涑水河一级阶地的冲积脱潮土，土质为沙质壤土，结构良好，速效养分含量高，高度适宜辣椒生产。而该区的常规菜区的老菜地，却由于遭受污染，土壤病虫害较为严重，不适宜辣椒生产。

山前洪积扇的洪积褐土性土，土壤肥沃，有机质含量高，土壤为沙壤，高度适宜日光温室大棚菜生产。

二、蔬菜地合理利用建议

（一）合理布局

在发展无公害农产品及绿色农产品的前提下，结合此次蔬菜地地力评价，对永济市蔬菜产业采取统筹规划、合理布局的原则，并加以科学管理。第一，黄河滩涂及栲栳台垣的芦笋产区适宜芦笋生产，目前已成规模，应在原有的基础上提高栽培水平，建立一个外向型的芦笋绿色生产加工基地。第二，辣椒产区应布局在城西涑水河一级阶地为主包括部分山前洪积扇的地方种植。第三，常规菜区应打破以前的种植格局，一些老菜区已不适宜种植蔬菜，应逐步改种棉花、绿肥及其他经济作物，而常规菜种植应以城区为中心向北向西发展包括栲栳台垣和涑水河一级阶地部分地区；另外一些地区如张营镇、黄河一级阶地、干樊、下吴村的韭菜，韩阳镇山前洪积扇，谭庄、盘底村的大蒜，当地的土壤及农业生长环境都高度适宜，种菜效益较高，可以逐步发展成该种蔬菜的生产基地，划片管理。第四，辣椒菜区应在原有的基础上（即城西涑水河一级阶地）稳定产量，提高品质，加强无害化管理。由于辣椒不耐长途贮运，并受国内市场的影响，短时间内面积不宜再扩大。第五，日光温室可规划在沿中条山山前洪积扇区，实践证明，该区光照充足，土壤肥沃，水质良好，温度适宜，不受污染，是永济市发展日光温室蔬菜的理想地区。应以虞乡镇洗马村、城西街道西姚温村、庄子村、任阳村为中心，面积适当扩大，对东部腹地卿头、开张两镇，由于受土壤、水质的制约，不宜再发展日光温室。

（二）科学施肥

根据调查结果，为适应无公害农产品生产要求，针对不同等级菜地应采取相应的施肥比例：Ⅰ级、Ⅱ级菜地 $N : P_2O_5 : K_2O = 1 : 0.5 : 0.5$；Ⅲ级、Ⅳ级菜地 $N : P_2O_5 : K_2O = 1 : 0.6 : 0.4$；其他各级菜地 $N : P_2O_5 : K_2O = 1 : 0.5 : 0.3$。从以上施肥比例可以看出，Ⅰ级、Ⅱ级菜地应以提高钾肥用量为主；Ⅲ级、Ⅳ级菜地应提高磷肥用量，补充适量钾肥；Ⅳ级以下菜地应提高氮肥用量，配合施用磷、钾肥。

（三）标准化生产

建立蔬菜无害化生产管理制度，包括实行产地检验检疫制度、市场准入制度及无害化栽培制度。首先，健全组织。以永济市农业委员会牵头，成立绿色食品办公室，负责全面工作，其他各职能部门如环保局、技术监督局，应紧密配合，负责具体工作。其次，健全制度。制订整套有利于蔬菜无害化生产的制度、政策及生产标准，确保各个环节的行为有法可依，有据可查。另外要做好宣传培训工作。我国农业正处于传统农业向现代农业的转型期，农民无害化生产意识淡薄，技术落后，缺乏法制观念，在今后一段时间内，要把宣传培训工作摆在首位，使农民逐渐摆脱传统农业的束缚。

（四）集约化经营

集约化经营也是我们当前蔬菜生产面临的主要问题。第一，蔬菜种植面积分散，各自为政，缺乏统一有效的管理。第二，产后服务跟不上，农民生产出来的蔬菜要经过几道菜商手才能到达消费者或加工商手中，层层盘剥，农民种菜积极性受挫。针对以上诸多问题，依照国外的先进经验，政府牵头，建立一套协会＋农户或者公司＋农户的集约化经营管理方式，按照"自愿加入、分散经营、集中管理"的原则，对产前、产中、产后实行系列化服务，积极引导农民发展名、特、优及劳动密集型等出口创汇型蔬菜产业。并可运用互联网等现代化信息技术把具有永济特色的蔬菜产业做大做强。

第八章 果园土壤地力状况及培肥对策

第一节 果园土壤养分状况

永济市位于黄河中游，山西省的西南端。境内地势平坦，光热资源丰富，水利设施较为完善，是全国优质棉、全省商品粮基地，全国最大的芦笋生产基地。近年来，随着农业产业结构的不断完善和调整，水果产业迅速崛起，已成为永济农业的五大支柱产业之一。据 2008 年全市果树资源普查，全市各种水果总面积 14.78 万亩，主要以苹果、梨、桃、杏、葡萄等水果为主，其中苹果 9.08 万亩、梨 0.65 万亩、桃 1.15 万亩、杏 3 万亩、葡萄 0.9 万亩。

果园土壤养分状况是决定水果产量和品质的一个基本因素，为了查清果园土壤养分状况，建立果园土壤养分数据库，提出配方施肥意见，达到果品优质高产，根据《山西省果园土壤养分调查技术规程》的要求，结合本市的实际情况，对全市有代表性的果园进行了专题调查，查清了果园土壤养分现状及其变化规律，为全市的种植业结构调整，发展名特、优质、高产、高效、可持续农业提供了科学依据。

一、立地条件

立地条件即果园土壤的自然环境条件和与果园地力直接相关的地形地貌及成土母质特征。

1. 地形类型与其特征描述 永济市果园主要分布在二级阶地、一级阶地、河漫滩、山地、丘陵等地形部位上，苹果相对集中在二级阶地、丘陵上；杏主要分布在沿山一带的山地土壤上；梨、桃主要分布在一级阶地、二级阶地、丘陵等地形部位上。

2. 成土母质类型及其主要分布 果园土壤的成土母质主要有洪积（山地）、冲积（河漫滩、一级阶地）、黄土质及黄土状（丘陵）等。

二、养分状况

（一）不同行政区域果园土壤养分状况

由于地理位置、环境条件、耕作方式和管理水平的不同，各行政区域果园土壤养分测定值差异很大。具体见表 8-1。

从养分测定结果看，全市果园土壤有机质平均含量为 18.52 克/千克，为省三级标准；全氮平均含量为 1.25 克/千克，为省二级标准；有效磷含量 31.9 毫克/千克，速效钾 297 毫克/千克，均为省一级标准；中量元素交换性钙和交换性镁含量分别为 8.91 克/千克、0.52 克/千克，均为省三级标准；微量元素中，有效硼 1.63 毫克/千克，为省二级标准；

表 8-1　不同行政区域果园土壤养分状况

行政区域	有机质(克/千克)	全氮(克/千克)	有效磷(毫克/千克)	速效钾(毫克/千克)	有效铜(毫克/千克)	有效锌(毫克/千克)	有效锰(毫克/千克)	有效铁(毫克/千克)	有效硼(毫克/千克)	交换性钙(克/千克)	交换性镁(克/千克)	pH
城东	16.00	0.95	26.3	284.0	0.69	0.90	11.49	4.79	1.69	8.50	0.32	8.24
城北	18.40	1.25	34.1	305.0	1.48	0.57	10.25	4.80	1.50	8.89	0.54	8.34
城西	16.70	0.95	25.2	276.0	0.80	1.26	11.93	5.93	1.29	7.89	0.49	8.14
虞乡	18.20	1.18	36.2	290.0	1.21	1.22	10.33	4.34	1.39	9.08	0.65	8.35
卿头	17.50	1.06	28.9	340.0	1.44	1.51	12.84	5.59	1.60	7.95	0.81	8.60
开张	18.10	1.67	23.8	349.0	0.89	0.80	13.76	5.86	1.72	8.88	0.62	8.62
张营	19.40	1.36	29.8	340.0	1.07	1.37	11.24	5.53	1.48	8.73	0.42	8.60
栲栳	23.50	1.46	38.4	385.0	1.34	1.84	14.41	5.32	1.92	8.56	0.55	8.55
蒲州	17.90	1.19	35.7	219.0	1.42	1.20	13.28	5.07	1.84	9.82	0.49	8.51
韩阳	16.90	0.84	25.8	277.0	1.21	1.10	12.00	5.00	1.60	7.90	0.36	8.08
平均	18.52	1.25	31.9	297.0	1.21	1.17	12.24	5.18	1.63	8.91	0.52	8.44

表 8-2　不同地形部位的土壤养分状况

地形	有机质(克/千克)	全氮(克/千克)	有效磷(毫克/千克)	速效钾(毫克/千克)	有效铜(毫克/千克)	有效锌(毫克/千克)	有效锰(毫克/千克)	有效铁(毫克/千克)	有效硼(毫克/千克)	交换性钙(克/千克)	交换性镁(克/千克)	pH
河滩地	13.87	0.85	19.7	186.0	0.54	0.83	9.74	4.38	1.68	7.90	0.44	8.73
一级阶地	17.58	1.21	27.6	295.5	1.25	1.40	12.03	4.29	1.55	9.28	0.42	8.27
二级阶地	19.20	1.44	33.8	353.2	1.22	0.97	12.46	5.28	1.68	8.87	0.62	8.55
丘陵	20.90	1.42	38.2	320.5	1.31	1.31	13.25	6.15	1.82	9.40	0.60	8.54
山地	16.90	0.90	29.1	209.4	1.23	1.23	11.62	5.01	1.42	8.34	0.40	8.24

表 8-3　不同土壤类型土壤养分含量状况

土类	有机质(克/千克)	全氮(克/千克)	有效磷(毫克/千克)	速效钾(毫克/千克)	有效铜(毫克/千克)	有效锌(毫克/千克)	有效锰(毫克/千克)	有效铁(毫克/千克)	有效硼(毫克/千克)	交换性钙(克/千克)	交换性镁(克/千克)	pH
褐土	18.71	1.28	32.9	299.1	1.35	1.20	12.30	5.49	1.66	8.96	0.48	8.48
潮土	18.34	1.23	30.9	295.0	1.07	1.15	12.18	4.89	1.60	8.87	0.56	8.40

有效铜 1.21 毫克/千克，有效锌 1.17 毫克/千克，均为省三级标准；有效铁 5.18 毫克/千克、有效锰 12.24 毫克/千克，均为省四级标准，属一般偏低水平。全市果园土壤 pH 平均值为 8.44，偏碱性。

从不同行政区域果园土壤养分状况统计结果看，栲栳镇有机质含量最高，为 23.5 克/千克，城东街道最低，为 16 克/千克；全氮以开张镇含量最高，为 1.67 克/千克，韩阳镇最低，为 0.84 克/千克；有效磷以栲栳镇含量最高，为 38.4 毫克/千克，开张镇最低，为 23.8 毫克/千克；速效钾以栲栳镇含量最高，为 385 毫克/千克，蒲州镇最低，为 219 毫克/千克。土壤 pH 以开张镇最高，为 8.62，说明果园土壤已严重偏碱。

（二）不同地形部位的土壤养分状况

从不同地形部位统计结果看，丘陵土壤的有机质含量最高，平均值为 20.9 克/千克，其次是二级阶地为 19.2 克/千克，河滩地最低，为 13.87 克/千克；全氮含量二级阶地最高，为 1.44 克/千克，河漫滩最低，为 0.85 克/千克；有效磷含量丘陵地最高，为 38.2 毫克/千克，河滩地最低，为 19.7 毫克/千克；速效钾含量二级阶地最高，为 353.2 毫克/千克，河滩地最低，为 186 毫克/千克。具体见表 8-2。

（三）不同土壤类型土壤养分含量

永济市园地土壤类型主要为褐土和潮土两大土类，占园地面积 86% 以上。从养分统计结果看，两大土类各养分间差异不大，具体见表 8-3。

（四）不同果树品种土壤养分状况

从不同果树品种土壤养分统计结果看，有机质、全氮、有效磷含量最高的均是苹果，平均值分别为 19.59 克/千克、1.4 克/千克、35.45 毫克/千克，含量最低的均为杏树，分别为 15.44 克/千克、0.96 克/千克、24.4 毫克/千克；速效钾含量最高的是葡萄，为 329.5 毫克/千克，含量最低的仍为杏树，为 245.1 毫克/千克。具体统计结果见表 8-4。

表 8-4　不同果树品种土壤养分状况

果树品种\养分	苹果	梨	桃	杏	葡萄
有机质（克/千克）	19.59	18.24	17.97	15.44	18.95
全氮（克/千克）	1.40	1.01	1.07	0.96	1.19
有效磷（毫克/千克）	35.45	27.70	28.60	24.40	29.10
速效钾（毫克/千克）	313.60	270.20	292.30	245.10	329.50
有效铜（毫克/千克）	1.32	1.55	1.02	0.96	1.01
有效锌（毫克/千克）	1.20	1.49	1.09	0.96	1.41
有效锰（毫克/千克）	12.90	12.61	11.43	9.94	14.25
有效铁（毫克/千克）	5.14	4.30	6.42	5.08	4.68
有效硼（毫克/千克）	1.69	1.45	1.78	1.35	1.81
交换性钙（克/千克）	9.27	9.18	8.72	7.89	8.71
交换性镁（克/千克）	0.50	0.58	0.67	0.44	0.65
pH	8.48	8.40	8.52	8.32	8.42

三、生产管理状况

提高水果产量、质量，培肥果园土壤，施肥是关键。从永济市果园土壤养分调查的基本情况看，90 个点位中施用有机肥（包括秸秆覆盖、生物覆盖等）的有 72 个点，占调查点位的 80%。其中有机、无机配合施用的有 71 点，占调查点位的 78.9%；单施有机肥的有 1 个点，占调查点位的 1.1%；单施无机肥料的有 8 个点，占调查点位的 8.9%。永济市果园土壤养分调查统计，平均亩施有机肥 1 620 千克，亩施纯氮 16.8 千克，亩施五氧化二磷 19.7 千克，亩施氧化钾 11.7 千克。

四、主要存在问题

（一）忽视有机肥的投入

近年来由于大牲畜饲养量减少，优质有机肥数量不断减少，在优先满足瓜菜等特种经济作物需肥的情况下，果树施用的优质有机肥数量严重不足。据调查，永济市果园土壤平均亩施用的 1 620 千克的有机肥中，优质有机肥的施用量不足 500 千克，因而，尽管增加了秸秆等其他有机物的投入，但是仍改变不了果园土壤肥力低而不稳的现状；另外，由于果园施有机肥的难度较大，肥效缓慢，仍有个别果园不施有机肥或进行生物覆盖。据调查情况看，不施有机肥的果园存在着土壤板结，果面光洁度不够，着色及果味等品质差的问题。若连续几年不施有机肥，则个别果园出现根腐病，特别是氮、磷、钾化肥配比不当的果园，氮素过多，根腐病发生更为严重。栲栳镇高市村杜朝霞 2002 年栽种的 6 亩苹果，由于不重视有机肥和钾的投入，单施氮、磷化肥，且每年施用的肥料为硝酸磷肥，有时还配用尿素，氮素施用量过大，年平均株施纯氮达 1.0 千克以上，致使果树根腐病发病率达 80% 以上，以致在 2008 年将果树全部毁掉。

（二）化肥三要素比例失调

在果树施肥上，大多数果农施肥比较盲目，从调查结果看，不少农户所施肥料中的氮、磷、钾养分比例不适合作物要求，未起到调节土壤养分状况的作用。根据果树的需肥规律，每生产 50 千克果实需要的氮、磷、钾比例，苹果为 1∶(0.3～0.5)∶(1～1.3)，梨为 1∶(0.7～1.3)∶(0.9～1.2)，杏、桃为 1∶0.8∶1，葡萄为 1∶(0.5～0.8)∶1.2。而调查结果表明，施用氮、磷、钾的比例 $N∶P_2O_5∶K_2O$ 为 1∶0.82∶0.57，并且化肥施用分布极不平衡，高产果园氮、磷、钾比例低于中低产田，另外，有许多地块不施钾肥，这种现象，制约了化肥总体利用效率最大限度的提高。

（三）化肥施用方法不当

经调查，发现大多数果农，在施肥技术上存在一定的问题，主要表现在：第一，施肥深度不够，一般在 0～20 厘米土层，不在果树根系密集层，影响到根系对养分的吸收，造成养分挥发、固定或流失；第二，施肥时期不当，根据氮肥的特性和果树需肥规律，一般应分次施用，但在专题调查中，仅有 36% 的果园氮肥分次施用，其他果园均为一次施用，造成果树生长后期氮供应不足，严重影响了果实的产量和品质；第三，化肥施用过于集中，特别是高氯化肥集中施用后造成了局部土壤氯离子浓度过大，对果树生长产生了危害。

（四）微量元素肥料施用量不够

从调查中发现，果园微量元素肥料的施用面积和施用量都极少，一般情况下，仅限于在治理果树病虫害的过程中，施用掺有微量元素（一般是铜、锌、铁）的复合农药制剂；另外，由于氮、磷等大量元素的盲目施用，致使土壤中量元素间的相互拮抗作用增强，因而造成果园土壤铁、锌、锰、硼的缺乏，严重影响了果树生长。

第二节　果园土壤培肥对策

根据果园测土分析结果，按照果树的需肥规律、施肥原则，结合今后果业生产发展方向，以及市场对果品质量的高标准要求，永济市不少果园处于营养不良状况，需要下大工夫实施果园"沃土工程"，具体措施为：

一、增加土壤有机肥投入量

一个优质果园要求的土壤有机质含量在 15 克/千克以上，最好能达到 25 克/千克以上。而永济市虽然有机质平均值达到该水平，但不同果园之间差异较大，绝大多数果园土壤有机质含量在 12 克/千克以下，这是影响永济市果品质量上不去、效益差的原因。果农多年的施肥习惯以速效性化肥为主，有机肥用量很少，造成树体虚旺不壮，平均单产低，品质差，因此要采取一切措施，增加土壤有机肥投入。一般果园每年每亩应施优质有机肥 2 500 千克左右，低产果园（亩产 1 000 千克以下）或高产果园（亩产 2 000 千克以上）以及土壤有机质小于 10 克/千克的果园，每年每亩应施有机肥 3 000～5 000 千克，且最好与磷肥混匀发酵后施用。一方面减少磷素被土壤固定，另一方面促进有机肥中各养分的转化，以满足果树生长的需求，提高果园土壤养分储量，促进果园土壤的可持续发展。除此之外，提倡果农走种养结合的道路，在果树行间种草，一年内刈割 2～3 次，覆盖于树盘和树行内，或作为饲料饲养家畜，家畜又能制造优质有机肥，既能直接或间接的提高土壤肥力，又能增加养殖业的效益。特别是有机质、全氮含量较低的河漫滩区、台垣区、平川区和高产果园，一定要在重视有机肥投入的同时，搞好生物覆盖，适宜晋南南部果园种植的草种有鸭茅草、百脉根、扁茎黄芪、白（红）三叶等。

二、合理调整化肥使用比例与数量

根据果园土壤养分状况、施肥现状、果园施肥与土壤养分的关系，以及果园培肥试验结果，结合果树的需肥规律，提出相应的施肥比例与数量。以苹果为例：一般条件下，亩产 2 000 千克优质苹果，氮、磷、钾三要素每亩施用量为：氮 20 千克、磷 9～15 千克、钾 20 千克。因而川原区、台垣区特别是灌水条件不好的干旱垣区，在施肥比例上适当提高钾肥用量，特别是高产果园和土壤钾较低的果园，三要素比例应为 1∶0.5∶1.2；河漫滩区果园，应提高氮、钾的施用量，三要素比例应为 1：0.3：1.2。

三、增施微量元素肥料

果园土壤微量元素含量普遍较高，但由于土壤中各元素间的拮抗作用，在果树生长中存在微量元素缺乏症状，所以高产果园以及土壤中量元素、微量元素较低的果园要在合理施用大量元素肥料的同时，注意施用微量元素肥料。一般果园以喷施为主，高产果园最好2 年或 3 年每亩底施硼肥或锌肥 1.5～2.0 千克，同时，在果树生长期喷施氨基酸类叶面肥，以提高果树的抗逆性能，改善果实品质，提高果实产量。中低山区和丘陵区应在加强氮、磷、钾合理配比的基础上，重视微量元素的合理施用，特别是锌肥和硼肥。

四、采取合理的施肥方法

根据果树的生长特点、需肥规律以及各种化肥的特性，科学的施肥方法是：第一，各种肥料必须施在果树根系密集层（一般在 10～40 厘米），否则根系不能正常吸收养分，降低了肥效。第二，旱地果树施用化肥，特别是高氯化肥，不能过于集中，防止由于局部土壤肥料溶液（尤其是氯离子）浓度过高对果树生长的危害。第三，氮肥应分别在果树生长的花前、果实膨大期和秋梢停止生长以后施入土壤，最好能与灌水相结合，防止氮素损失。一般情况下 8 月份以后应控制氮肥的施用，对缺氮土壤，应叶面喷施尿素给予补充；磷肥应秋季一次施足；钾肥应秋季和夏季分两次施入。第四，河漫滩区由于土壤属沙质土，因而化肥施用应注意少量多次，防止氮素挥发和钾素淋失。

五、降低土壤酸碱度

永济市果园土壤 pH 大多在 8.0 以上，土壤含盐量超过 0.2%，土壤盐碱程度日趋严重，影响了土壤肥效的发挥和养分的利用，极不利于果树生长发育。因此，在用肥上（无论是基肥还是追肥）都应以酸性或中性肥为主，同时注意压盐排碱，特别是在化肥的选择使用上，以硫酸钾、尿素、硝酸磷等为主，结合土施硫酸亚铁，加强中耕等措施，防止土壤泛碱。

第九章　耕地地力评价与测土配方施肥

第一节　测土配方施肥的原理与方法

一、测土配方施肥的含义

测土配方施肥是以肥料田间试验、土壤测试为基础，根据作物需肥规律、土壤供肥性能和肥料效应，在合理施用有机肥料的基础上，提出氮、磷、钾及中、微量元素等肥料的施用品种、数量、施肥时期和施用方法。通俗地讲，就是在农业科技人员指导下科学施用配方肥。测土配方施肥技术的核心是调整和解决作物需肥与土壤供肥之间的矛盾。同时有针对性地补充作物所需的营养元素，作物缺什么元素就补充什么元素，需要多少补充多少，实现各种养分平衡供应，满足作物的需要。达到增加作物产量、改善农产品品质、节省劳力、节本增效的目的。

二、应用前景

土壤有效养分是作物营养的主要来源，施肥是补充和调节土壤养分数量与补充作物营养最有效的手段之一。作物因其种类、品种、生物学特性、气候条件以及农艺措施等诸多因素的影响，其需肥规律差异较大。因此，及时了解不同作物种植土壤中的土壤养分变化情况，对于指导科学施肥具有重要的现实意义。

测土配方施肥是一项应用性很强的农业科学技术，在农业生产中大力推广应用，对促进农业增效、农民增收具有十分重要的作用。通过测土配方施肥的实施，能达到五个目标：一是节肥增产。在合理施用有机肥的基础上，提出合理的化肥投入量，调整养分配比，使作物产量在原有基础上能最大限度地发挥其增产潜能。二是提高产品品质。通过田间试验和土壤养分测试，在掌握土壤供肥状况，优化化肥投入的前提下，科学调控作物所需养分的供应，达到改善农产品品质的目标。三是提高肥效。在准确掌握土壤供肥特性，作物需肥规律和肥料利用率的基础上，合理设计肥料配方，从而达到提高产投比和增加施肥效益的目标。四是培肥改土。实施测土配方施肥必须坚持用地与养地相结合、有机肥与无机肥相结合，在逐年提高作物产量的基础上，不断改善土壤理化性状，达到培肥和改良土壤，提高土壤肥力和耕地综合生产能力，实现农业可持续发展。五是生态环保。实施测土配方施肥，可有效地控制化肥特别是氮肥的投入量，提高肥料利用率，减少肥料的面源污染，避免因施肥引起的富营养化，实现农业高产和生态环保相协调的目标。

三、测土配方施肥的依据

（一）土壤肥力是决定作物产量的基础

肥力是土壤的基本属性和特征，是土壤从养分条件和环境条件方面，供应和协调作物生长的能力。土壤肥力是土壤的物理、化学、生物学性质的反映，是土壤诸多因子共同作用的结果。农业科学家通过大量的田间试验和示踪元素的测定证明，作物产量的构成，有40%～80%的养分吸收自土壤。养分吸收自土壤比例的大小和土壤肥力的高低有着密切的关系，土壤肥力越高，作物吸自土壤养分的比例就越大，相反，土壤肥力越低，作物吸自土壤的养分越少，那么肥料的增产效应相对增大，但土壤肥力低绝对产量也低。要提高作物产量，首先要提高土壤肥力，而不是依靠增加肥料。因此，土壤肥力是决定作物产量的基础。

（二）有机与无机相结合、大中微量元素相配合

用地和养地相结合是测土配方施肥的主要原则，实施配方施肥必须以有机肥为基础，土壤有机质含量是土壤肥力的重要指标。增施有机肥可以增加土壤有机质含量，改善土壤理化生物性状，提高土壤保水保肥性能，增强土壤活性，促进化肥利用率的提高，各种营养元素的配合才能获的高产稳产。要使作物—土壤—肥料形成物质和能量的良性循环，必须坚持用养结合，投入产出相对平衡，保证土壤肥力的逐步提高，达到农业的可持续发展。

（三）测土配方施肥的理论依据

测土配方施肥是以养分学说、最小养分律、同等重要律、不可代替律、肥料效应报酬递减律和因子综合作用律等为理论依据，以确定不同养分的施肥总量和肥料配比为主要内容。同时注意良种、田间管护等影响肥效的诸多因素，形成了测土配方施肥的综合资源管理体系。

1. 养分归还学说　作物产量的形成有40%～80%的养分来自土壤。但不能把土壤看做一个取之不尽，用之不竭的"养分库"。为保证土壤有足够的养分供应容量和强度，保证土壤养分的携出与输入间的平衡，必须通过施肥这一措施来实现。依靠施肥，可以把作物吸收的养分"归还"土壤，确保土壤肥力。

2. 最小养分律　作物生长发育需要吸收各种养分，但严重影响作物生长，限制作物产量的是土壤中那种相对含量最小的养分因素，也就是最缺的那种养分。如果忽视这个最小养分，即使继续增加其他养分，作物产量也难以提高。只有增加最小养分的量，产量才能相应提高。经济合理的施肥是将作物所缺的各种养分同时按作物所需比例相应提高，作物才会优质高产。

3. 同等重要律　对作物来讲，不论大量元素或微量元素，都是同样重要缺一不可的，即使缺少某一种微量元素，尽管它的需要量很少，仍会影响某种生理功能而导致减产。微量元素和大量元素同等重要，不能因为需要量少而忽略。

4. 不可替代律　作物需要的各种营养元素，在作物体内都有一定的功效，相互之间不能替代，缺少什么营养元素，就必须施用含有该元素的肥料进行补充，不能互相替代。

5. 肥料效应报酬　随着投入的单位劳动和资本量的增加，报酬的增加却在减少，当施肥量超过适量时，作物产量与施肥量之间单位施肥量的增产会呈递减趋势。

6. 因子综合作用律　作物产量的高低是由影响作物生长发育诸因素综合作用的结果，但其中必有一个起主导作用的限制因子，产量在一定程度上受该限制因素的制约。为了充分发挥肥料的增产作用和提高肥料的经济效益，一方面，施肥措施必须与其他农业技术措施相结合，发挥生产体系的综合功能；另一方面，各种养分之间的配合施用，也是提高肥效不可忽视的问题。

四、测土配方施肥确定施肥量的基本方法

（一）土壤与植物测试推荐施肥方法

该技术综合了目标产量法、养分丰缺指标法和作物营养诊断法的优点。对于大田作物，在综合考虑有机肥、作物秸秆应用和管理措施的基础上，根据氮、磷、钾和中、微量元素养分的不同特征，采取不同的养分优化调控与管理策略。其中，氮肥推荐根据土壤供氮状况和作物需氮量，进行实时动态监测和精确调控，包括基肥和追肥的调控；磷、钾肥通过土壤测试和养分平衡进行监控；中、微量元素采用因缺补缺的矫正施肥策略。该技术包括氮素实时监控、磷钾养分恒量监控和中、微量元素养分矫正施肥技术。

1. 氮素实时监控施肥技术　根据不同土壤、不同作物、不同目标产量确定作物需氮量，以需氮量的30%～60%作为基肥用量。具体基施比例根据土壤全氮含量，同时参照当地丰缺指标来确定。一般在全氮含量偏低时，采用需氮量的50%～60%作为基肥；在全氮含量居中时，采用需氮量的40%～50%作为基肥；在全氮含量偏高时，采用需氮量的30%～40%作为基肥。30%～60%基肥比例可根据上述方法确定，并通过"3414"田间试验进行校验，建立当地不同作物的施肥指标体系。有条件的地区可在播种前对0～20厘米土壤无机氮进行监测，调节基肥用量。

$$基肥用量（千克/亩）=\frac{（目标产量需氮量－土壤无机氮）×（30\%～60\%）}{肥料中养分含量×肥料当季利用率}$$

其中：土壤无机氮（千克/亩）＝土壤无机氮测试值（毫克/千克）×0.15×校正系数

氮肥追肥用量推荐以作物关键生育期的营养状况诊断或土壤硝态氮的测试为依据，这是实现氮肥准确推荐的关键环节，也是控制过量施氮或施氮不足、提高氮肥利用率和减少损失的重要措施。测试项目主要是土壤全氮含量、土壤硝态氮含量或小麦拔节期茎基部硝酸盐浓度、玉米最新展开叶叶脉中部硝酸盐浓度，水稻采用叶色卡或叶绿素仪进行叶色诊断。

2. 磷钾养分恒量监控施肥技术　根据土壤有（速）效磷、钾含量水平，以土壤有（速）效磷、钾养分不成为实现目标产量的限制因子为前提，通过土壤测试和养分平衡监控，使土壤有（速）效磷、钾含量保持在一定范围内。对于磷肥，基本思路是根据土壤有效磷测试结果和养分丰缺指标进行分级，当有效磷水平处在中等偏上时，可以将目标产量需要量（只包括带出田块的收获物）的100%～110%作为当季磷肥用量；随着有效磷含

量的增加，需要减少磷肥用量，直至不施；随着有效磷的降低，需要适当增加磷肥用量，在极缺磷的土壤上，可以施到需要量的150%～200%。在2～3年后再次测土时，根据土壤有效磷和产量的变化再对磷肥用量进行调整。首先需要确定施用钾肥是否有效，再参照上面方法确定钾肥用量，但需要考虑有机肥和秸秆还田带入的钾量。一般大田作物磷、钾肥料全部做基肥。

3. 中微量元素养分矫正施肥技术 中、微量元素养分的含量变幅大，作物对其需要量也各不相同。主要与土壤特性（尤其是母质）、作物种类和产量水平等有关。矫正施肥就是通过土壤测试，评价土壤中、微量元素养分的丰缺状况，进行有针对性的因缺补缺的施肥。

（二）肥料效应函数法

根据"3414"方案田间试验结果建立当地主要作物的肥料效应函数，直接获得某一区域、某种作物的氮、磷、钾肥料的最佳施用量，为肥料配方和施肥推荐提供依据。

（三）土壤养分丰缺指标法

通过土壤养分测试结果和田间肥效试验结果，建立不同作物、不同区域的土壤养分丰缺指标，提供肥料配方。

土壤养分丰缺指标田间试验也可采用"3414"部分实施方案。"3414"方案中的处理1为空白对照（CK），处理6为全肥区（NPK），处理2、4、8为缺素区（即PK、NK和NP）。收获后计算产量，用缺素区产量占全肥区产量百分数即相对产量的高低来表达土壤养分的丰缺情况。相对产量低于50%的土壤养分为极低，相对产量50%～60%（不含）为低，60%～70%（不含）为较低，70%～80%（不含）为中，80%～90%（不含）为较高，90%（含）以上为高（也可根据当地实际确定分级指标），从而确定适用于某一区域、某种作物的土壤养分丰缺指标及对应的肥料施用数量。对该区域其他田块，通过土壤养分测试，就可以了解土壤养分的丰缺状况，提出相应的推荐施肥量。

（四）养分平衡法

1. 基本原理与计算方法 根据作物目标产量需肥量与土壤供肥量之差估算施肥量，计算公式为：

$$施肥量（千克/亩）=\frac{目标产量所需养分总量-土壤供肥量}{肥料中养分含量×肥料当季利用率}$$

养分平衡法涉及目标产量、作物需肥量、土壤供肥量、肥料利用率和肥料中有效养分含量五大参数。土壤供肥量即为"3414"方案中处理1的作物养分吸收量。目标产量确定后因土壤供肥量的确定方法不同，形成了地力差减法和土壤有效养分校正系数法两种。

地力差减法是根据作物目标产量与基础产量之差来计算施肥量的一种方法。其计算公式为：

$$施肥量（千克/亩）=\frac{（目标产量-基础产量）×单位经济产量养分吸收量}{肥料中养分含量×肥料利用率}$$

基础产量即为"3414"方案中处理1的产量。

土壤有效养分校正系数法是通过测定土壤有效养分含量来计算施肥量。其计算公式为：

施肥量（千克/亩）＝

$$\frac{作物单位产量养分吸收量\times 目标产量-土壤测试值\times 0.15\times 土壤有效养分校正系数}{肥料中养分含量\times 肥料利用率}$$

2. 有关参数的确定

——目标产量

目标产量可采用平均单产法来确定。平均单产法是利用施肥区前 3 年平均单产和年递增率为基础确定目标产量，其计算公式是：

目标产量（千克/亩）＝（1＋递增率）×前 3 年平均单产（千克/亩）

一般粮食作物的递增率为 10%～15%，露地蔬菜为 20%，设施蔬菜为 30%。

——作物需肥量

通过对正常成熟的农作物全株养分的分析，测定各种作物 100 千克经济产量所需养分量，乘以目标常量即可获得作物需肥量。

$$作物目标产量所需养分量（千克）＝\frac{目标产量（千克）}{100}\times 100 千克产量所需养分量（千克）$$

——土壤供肥量

土壤供肥量可以通过测定基础产量、土壤有效养分校正系数两种方法估算：

通过基础产量估算（处理 1 产量）：不施肥区作物所吸收的养分量作为土壤供肥量。

$$土壤供肥量（千克）＝\frac{不施养分区农作物产量（千克）}{100}\times 100 千克产量所需养分量（千克）$$

通过土壤有效养分校正系数估算：将土壤有效养分测定值乘一个校正系数，以表达土壤"真实"供肥量。该系数称为土壤有效养分校正系数。

$$土壤有效养分校正系数（\%）＝\frac{缺素区作物地上部分吸收该元素量（千克/亩）}{该元素土壤测定值（毫克/千克）\times 0.15}$$

——肥料利用率

一般通过差减法来计算：利用施肥区作物吸收的养分量减去不施肥区农作物吸收的养分量，其差值视为肥料供应的养分量，再除以所用肥料养分量就是肥料利用率。

肥料利用率（%）＝

$$\frac{施肥区农作物吸收养分量（千克/亩）-缺素区农作物吸收养分量（千克/亩）}{肥料施用量（千克/亩）\times 肥料中养分含量（\%）}\times 100\%$$

上述公式以计算氮肥利用率为例来进一步说明。

施肥区（$N_2P_2K_2$ 区）农作物吸收养分量（千克/亩）："3414"方案中处理 6 的作物总吸氮量；

缺氮区（$N_0P_2K_2$ 区）农作物吸收养分量（千克/亩）："3414"方案中处理 2 的作物总吸氮量；

肥料施用量（千克/亩）：施用的氮肥肥料用量；

肥料中养分含量（%）：施用的氮肥肥料所标明的含氮量。

如果同时施用了不同品种的氮肥，应计算所用的不同氮肥品种的总氮量。

——肥料养分含量

供施肥料包括无机肥料与有机肥料。无机肥料、商品有机肥料含量按其标明量，不明养分含量的有机肥料养分含量可参照当地不同类型有机肥养分平均含量获得。

第二节 测土配方施肥项目技术内容和实施情况

一、样品采集

样品采集是测土配方施肥工作的一个重要环节，它的代表性、准确性直接关系到分析数据的准确性、可靠性。我们坚持资料收集整理与野外定点采样调查相结合的原则，收集整理了土壤图、土地利用现状图、行政区划图等有关图件资料，并参考第二次土壤普查采样点位、2002 年耕地地力调查与质量评价点位图，进行了采样规划，按照农业部统一的测土配方施肥技术规范和要求，丘陵旱地平均 50～80 亩、平原水浇地 100～150 亩采集 1 个土样，通过科学规划和周密决策，在全市 10 个镇、街道 262 个行政村确定了 5 500 个点位，并在各镇、街道 1∶10 000 土地利用现状图标注了采样点位置和编号，绘制了田间采样点位图。采样程序是根据采样村耕地面积和地理特征，确定点位和点位数→野外工作带上取样工具（土钻、土袋、调查表、标签、GPS 定位仪等）→联系采样村对地块熟悉的农户代表→到采样点位选择有代表性地块→GPS 定位仪定位→S 型取样→混样→四分法分样→装袋→填写内外标签→填写土样基本情况表的田间调查部分→访问采样点农户填写土样基本情况表其他内容→土样风干→化验室测试。同时填写采样地块基本情况表和农户施肥情况调查表。根据要求，永济市 2007—2009 年累计采集土样 5 608 个，其中 2007 年3 048 个、2008 年 1 560 个、2009 年 1 000 个。

二、田间调查

在采样的同时，对所有采样地块的基本情况及农户施肥情况进行了认真调查，填写了"测土配方施肥采样地块基本情况调查表"、"农户施肥情况调查表"，共涉及 114 项内容。通过田间调查，初步掌握了全市耕地地力基础条件，土壤理化性状与施肥管理水平。

三、分析化验

大量元素测试内容为：有机质、全氮、全磷、全钾、碱解氮、有效磷、速效钾、缓效钾、pH 等 9 项，其中有机质、全氮、碱解氮、有效磷、速效钾、缓效钾、pH 为 100%测试，全磷、全钾为 10%测试。中微量元素测试内容为：硫、铁、铜、锰、锌、钼、硼。根据要求，运城市土壤肥料测试中心与永济市土壤肥料化验室对采集的土壤样品按规定的测试项目进行分析化验，共分析化验 54 120 项次，其中，大量元素 39 256 项次、中微量元素 11 140 项次、其他项目 3 724 项次。2007 年采集土壤样品 3 048 个，化验大量元素21 336 项次，中微量元素 7 200 项次，其他项目 1 447 项次；2008 年采集土样 1 560 个，化验大量元素 10 920 项次，中微量元素 2 700 项次，其他项目 1 287 项次；2009 年采集土样 1 000 个，化验大量元素 7 000 项次，中微量元素 1 440 项次，其他项目 990 项次。同时完成 205 个小麦植株和籽粒样品全氮、全磷、全钾、水分等四项测试工作，共测试 820 项次。土壤测试由运城市土壤肥料检测中心和永济市土肥站共同完成，植株和籽粒测试由运城市土壤肥料检测中心完成。圆满完成了合同要求的测试任务。

测试方法简述：

（1）pH：土液比 1∶2.5，电位法。

（2）有机质：采用油浴加热重铬酸钾氧化容量法。

（3）全氮：采用凯氏蒸馏法。

（4）碱解氮：采用碱解扩散法。

（5）全磷：（选测 10%的样品）氢氧化钠熔融——钼锑抗比色法。

（6）有效磷：采用碳酸氢钠或氟化铵－盐酸浸提——钼锑抗比色法。

（7）全钾：采用氢氧化钠熔融——火焰光度计或原子吸收分光光度计法。

（8）速效钾：采用乙酸铵提取——火焰光度法。

（9）缓效钾：采用硝酸提取——火焰光度法。

（10）有效硫：采用磷酸盐—乙酸或氯化钙浸提——硫酸钡比浊法。

（11）阳离子交换量：采用（选测 10%的样品）EDTA——乙酸铵盐交换法。

（12）有效铜、锌、铁、锰：采用 DTPA 提取——原子吸收光谱法。

（13）有效钼：选测 10%的样品，采用草酸—草酸铵浸提——极谱法草酸—草酸铵提取、极谱法。

（14）水溶性硼：采用沸水浸提——甲亚胺－H 比色法或姜黄素比色法。

四、田间试验

田间肥料试验是测土配方施肥的基础。为摸清永济市土壤养分校正系数、土壤供肥能力、不同作物养分吸收量和肥料利用率等基本参数，掌握农作物在不同施肥单元的优化施肥量、施肥时期和施肥方法，构建农作物科学施肥模型，我们根据农业部及山西省测土配方施肥项目实施方案的安排，严格按照《山西省主要作物"3414"肥料效应田间试验方案》和《山西省主要作物测土配方施肥示范方案》所定标准，3 年共安排"3414"试验 60 个，其中冬小麦试验 30 个、夏玉米试验 20 个、棉花试验 10 个，试验资料齐全，有试验方案、工作记录、汇总表格，并完成了不同作物的年度试验报告。

"3414"试验为完全处理试验，"3414"方案设计是指氮、磷、钾 3 个因素、4 个水平、14 个处理，小区随机排列，分别在高、中、低产田安排试验。试验地不施有机肥，4 个水平的含义：0 水平指不施肥，2 水平指当地最佳施肥量，1 水平＝2 水平×0.5，3 水平＝2 水平×1.5。小区面积 30 米²。试验用肥采用国标单质肥料，氮肥为中国石油宁夏石化公司生产的尿素，含 N≥46.4%，磷肥为云南昆明磷化总厂生产的粒状过磷酸钙，含 P_2O_5≥12%，钾肥为山西钾肥有限责任公司生产的硫酸钾，含 K_2O≥45%。全部在永济市生产资料门市部购买。试验用全部磷钾肥作底肥一次施入，氮肥 2/3 作底肥，1/3 作追肥。

为了使试验误差减少到最小，根据山西省试验方案要求分别制定了永济市冬小麦—夏玉米轮作肥料效应试验方案、永济市棉花肥料效应试验方案。在试验实施过程中，严格按照方案进行操作，试验播种前多点采集土样进行化验分析。按照方案要求施肥，在每季作物播种施肥时均由永济市土肥站技术人员亲自操作，直接参与试验的关键环节，我们还为试验农户准备了作物生育期情况及农事操作记载本，要求各试验农户对农事操作进行认真记载。并在作物各生育期对生育性状进行调查。冬小麦试验在冬前和小麦返青期对小麦基本苗数、亩总茎数、主茎叶龄、单株分蘖、次生根等进行调查；玉米试验在玉米苗期、大喇叭口期对玉米生育性状进行调查；棉花试验对棉花伏桃、铃重、衣分等进行了调查、考种。另外我们还为试验农户准备"作物产量分摘产量记载表"，要求各小区单收记产，以确保试验结果准确可靠，并填写各类试验表格。

通过试验初步摸清了土壤养分校正系数、土壤供肥量、农作物需肥规律和肥料利用率等基本参数，建立了小麦、玉米、棉花3种主要作物的氮磷钾肥料效应模型和养分丰缺指标，确定了作物合理施肥品种和数量，基肥、追肥分配比例，最佳施肥时期和施肥方法，建立了施肥指标体系，为配方设计和施肥指导提供了科学依据。

冬小麦和夏玉米"3414"试验操作规程如下：

根据全市地理位置、肥力水平和产量水平等因素，确定"3414"试验的试验地点→镇、街道农技人员承担试验→小麦、玉米播前召开专题培训会→试验地基础土样采集和调查→地块小区规划→不同处理按照方案施肥→播种→生育期和农事活动调查记载→收获期测产调查→小区植株全株采集→小区土样采集→小区产量汇总→室内考种→试验结果分析汇总→撰写试验报告。在试验中除了要求试验人员严格按照试验操作规程操作，做好有关记载和调查外，市土肥站还在作物生长的关键时期组织专人到各试验点进行检查指导，确保试验按方案要求准确无误地完成。

五、配方制定与校正试验

在土壤测试的同时，我们着手组织有关技术力量积极开展了配方设计工作，根据养分平衡法的原则，3年共完成大配方9个，提供施肥建议卡11万份。并选择了300个有代表性的采样点，对测土配方施肥的效果进行了跟踪观测调查，取得了满意的效果，使用配方的农民对测土配方施肥进行了充分肯定。

为保证肥料配方的准确性，减少配方肥大面积应用的风险，3年来共安排校正试验60个，其中冬小麦试验30个、夏玉米试验30个、棉花试验10个。试验资料齐全，并完成了不同作物的年度试验报告。从校正试验统计结果看，配方施肥无论从产量、净增值、产投比效果均好于常规施肥。

六、配方肥加工与推广

永济市按配方施肥有两种方式，一是农民按配方建议卡自行购买肥料进行施肥，3年累计施用面积118万亩次；二是直接施用配方肥面积41万亩次。所用配方肥由山西省农业厅指定的供肥企业——山西凯盛肥业有限公司进行生产。永济市的供肥企业山西凯盛肥业有限公司，厂址在运城市北郊，3 年共为企业提供了 9 个肥料配方。供肥前，永济市农委与企业签订了《配方肥生产、供应协议》，明确了各自的职责。配方肥由企业直接送到市农委确定的 10 个供肥网点，各网点分别建立销售台账。据统计 3 年累计供应配方肥 21000 吨。

在配方肥推广上具体做法是：一是大搞技术宣讲，把测土配方施肥，合理用肥，施用配方肥的优越性讲得家喻户晓，人人明白，并散发有关材料；二是全市建立 60 个配方肥供应点及 1 个中心配肥站，由市农委统一制作铜牌，挂牌供应；三是小麦、玉米播种季节，农委组织全体技术人员，到各配方肥供应点，指导群众合理配肥，合理施用配方肥；四是搞好配方肥的示范，让事实说话，通过以上措施，有效地推动全市配方肥的应用，并取得了明显的经济效益。

七、数据库建设与地力评价

在数据库建设上，我们按照农业部规定的测土配方施肥数据字典建立数据库，以第二次土壤普查、耕地地力调查、历年土壤肥料田间试验和土壤监测数据资料为基础，收集整理了 3 年的野外调查、田间试验和化验分析数据，委托一名懂计算机、业务能力强的人员专门负责，对 3 年的测土配方施肥采样地块基本情况调查表、农户施肥情况调查表、土壤测试结果汇总表、田间试验结果汇总表、田间示范结果汇总表、植物测试结果表等表格全部按要求输入计算机。同时委托山西农业大学资源环境学院完成其他有关数据库的内容，建立县域测土配方施肥数据库，并进行县域耕地地力评价。在地力评价工作中，我们主要做了四项工作：一是制作了一套图，包括土壤养分图、耕地地力等级图、土壤改良利用分区图等；二是建立了永济市耕地地力评价数据库；三是建立了永济市耕地资源信息管理系统；四是基本完成了该书的编辑工作。

八、化验室建设与质量控制

完善了化验室建设，提升了化验室标准。化验室面积占地 260 米^2，由样品保存室、天平室、药品室、蒸馏消化室、仪器室、储藏室、制水室组成。主要仪器设备有：电子天平、原子吸收、紫外分光光度计、火焰光度计、恒温油浴锅、多功能快速消化器、六联电炉、酸度计、电导仪、水浴锅、恒温干燥箱、振荡器、箱式电阻炉、样品粉碎机等，能满足配方施肥所规定的大、中及微量元素的测定。化验室共配备专职人员 2 名，兼职人员 5 名，市农委有一名副主任专门负责此项工作。化验人员经过岗前集中培训和独立岗位训练，保证了从土样制备到土壤测试及玻璃器皿的洗涤等各项工作，专人管理，各负其责，各项工作顺利开展。在测试过程中，对于每一批测试样品均加入标样和暗标，对于标样结果合格率为 50%～70%，按 5% 样品进行抽检；对于标样结果合格率为 70%～90%，按 10% 样品进行抽检；保证了测试结果的真实准确。化验室规章制度齐全，有化验室岗位职责、管理制度、测试质量控制办法等，确保化验数据在允许误差范围之内。

九、技术推广应用

自项目启动以来，我们始终把宣传培训放在首位，进行了形式多样的宣传培训，组织编写了测土配方施肥培训教材和宣传资料，召开了测土配方施肥启动仪式和技术培训会。根据项目实施进度有针对性地开展不同层次的技术培训。一是结合采样调查对所有参加人员进行土壤采集调查技术培训，培训内容包括 GPS 定位仪的使用及取样方法，各种调查表格的填写等，通过培训提高了农业科技人员的技术水平和实际操作能力，保证了采样调查工作高质量完成；二是对镇、街道农技人员、各村示范户进行培训，提高了骨干人员的素质，使他们能够准确掌握测土配方施肥相关技术，提高技术指导水平；三是充分利用互联网、电视、广播、报刊、集会、科技直通车、印发材料等多种形式，向农民宣讲测土配方施肥技术，把测土配方施肥知识传送到千家万户，使其成为农民群众的自觉行动。3 年中，共举办各类技术培训班 297 场次，培训各类人员 88 872 人次，发放技术培训资料 115 200 份，各类媒体宣传 146 期次，科技赶集 102 次，召开现场会 16 次，宣挂各类宣传条幅、横幅 110 条。制作发放测土配方施肥建议卡 11 万份，建立万亩示范片 8 个，千亩示范片 69 个，百亩示范片 10 个。示范区建设有效地推动了测土配方施肥技术的应用，取得了增产、节肥、增效的良好经济效益和生态效益。

十、施肥指标体系建立

1. 建立土壤养分丰缺指标　根据项目区耕地肥力基础、耕作制度、种植作物等综合因素，确定合理的配方施肥技术参数，是测土配方施肥顺利实施的基本保证。从测土配方施肥项目实施初期，我们就组织技术人员依据永济市耕地状况，利用第二次土壤普查、基本农田分等定级、耕地地力调查与质量评价、土壤肥力动态监测等相关数据以及农户施肥经验，在综合评估的基础上，制定了永济市主要作物测土配方施肥指标体系。"3414"试验完成后，我们按要求进行了有关统计分析，初步建立了小麦、玉米、棉花施肥指标体系和施肥参数。

通过对小麦各试验点相对产量与土测值的相关分析，按照相对产量的百分数划段将土壤养分划分为"极低"、"低"、"中"、"高"4 个等级，初步建立了"永济市冬小麦测土配方施肥丰缺指标体系"。

通过对玉米各试验点相对产量与土壤养分测定值的相关分析，按照相对产量的实际情况，将土壤养分划分为"极低"、"低"、"中"、"高"4 个等级，初步建立了"永济市夏玉米测土配方施肥丰缺指标体系"。

通过对棉花各试验点相对产量与土壤养分测定值的相关分析，按照相对产量的实际情况，将土壤养分划分为"极低"、"低"、"中"、"高"4 个等级，初步建立了"永济市棉花测土配方施肥丰缺指标体系"。

2. 建立相应的推荐施肥指标　根据 3 年来的"3414"试验结果，进行了分类汇总，建立了永济市小麦、玉米、棉花测土配方施肥经验公式。

十一、专家系统开发

测土配方施肥是被联合国粮农组织重点推荐的一项先进农业技术，也是我国当前大力推广的科学施肥技术，是通过对土壤采样和化验分析，以土壤测试和田间试验为基础，根据作物需肥规律、土壤供肥性能和肥料效应，在合理施用有机肥料的基础上，提出氮、磷、钾及中、微量元素等肥料的施用品种、数量、施肥时期和施用方法，以最经济的肥料用量和配比，获取最好的农产品产出的科学施肥技术。专家系统的开发，不仅需要很强的专业知识，还需要很强的计算机编程能力，需要一个团队整体协作才能完成，为此我们采取与永济市鑫诚电子产品销售有限公司合作的方式，经过 3 年的努力，开发完成了永济市测土配方施肥专家咨询系统，目前该系统已进入生产实用阶段。

主要技术内容为：专家咨询系统采用面向对象的分析和设计方法，以可视化编程语言Visualc++6.0 作为开发工具平台，主要有测土施肥的计算、作物营养诊断和试验分析等功能，通过软件平台，运用土壤化验数据，针对不同作物，不同土壤类型、灌溉条件及化肥种类，较为精确地计算出作物施肥方案，并且可进行批量计算和打印，大大提高了测土施肥工作效率。作物营养诊断模块图文结合，可以方便快捷进行作物营养诊断。同时为进一步准确制定适合永济市的施肥方案，解决实际生产过程中存在的各种土肥问题提供依据，从而不断提升永济市的测土配方施肥技术水平。

第三节　田间肥效试验及施肥指标体系建立

根据农业部及省农业厅测土配肥项目实施方案的安排和山西省土肥站制定的《山西省主要作物"3414"肥料效应田间试验方案》、《山西省主要作物测土配方施肥示范方案》所规定标准，为摸清永济市土壤养分校正系数、土壤供肥能力、不同作物养分吸收量和肥料利用率等基本参数，掌握农作物在不同施肥单元的优化施肥量、施肥时期和施肥方法，构建农作物科学施肥模型，为完善测土配方施肥技术指标体系提供科学依据，从 2007 年秋播起，我们在大面积实施测土配方施肥的同时，安排实施了小麦、玉米、棉花"3414"试验、示范各 120 点次，取得了大量的科学试验数据，为下一步的测土配方施肥工作奠定了良好的基础。

一、测土配方施肥田间试验的目的

田间试验是获得各种作物最佳施肥品种、施肥比例、施肥时期、施肥方法的唯一途径，也是筛选、验证土壤养分测试方法、建立施肥指标体系的基本环节。通过田间试验，掌握各个施肥单元不同作物优化施肥数量，基、追肥分配比例，施肥时期和施肥方法；摸清土壤养分较正系数、土壤供肥能力、不同作物养分吸收量和肥料利用率等基本参数；构建作物施肥模型，为施肥分区和肥料配方设计提供依据。

二、测土配方施肥田间试验方案的设计

（一）田间试验方案设计

按照农业部《测土配方施肥技术规范》的要求，以及山西省农业厅土壤肥料工作站《测土配方施肥实施方案》的规定，根据永济市主栽作物为小麦、玉米、棉花的实际，采用"3414"方案设计（设计方案处理编制见表9-1）。"3414"的含义是指氮、磷、钾3个因素、4个水平、14个处理。4个水平的含义：0水平指不施肥；2水平指当地推荐施肥量；1水平＝2水平×0.5；3水平＝2水平×1.5（该水平为过量施肥水平）。小麦"3414"试验2水平处理的施肥量（千克/亩），N 12、P_2O_5 14、K_2O 10，玉米2水平处理的施肥量（千克/亩），N 14、P_2O_5 0、K_2O 8，棉花2水平处理的施肥量（千克/亩），N 12、P_2O_5 8、K_2O 10。校正试验设配方施肥示范区、常规施肥区、空白对照区3个处理。按照山西省土肥站示范方案进行。

表9-1 "3414"完全试验设计方案处理编制表

试验编号	处理编码	施肥水平		
		N	P_2O_5	K_2O
1	$N_0P_0K_0$	0	0	0
2	$N_0P_2K_2$	0	2	2
3	$N_1P_2K_2$	1	2	2
4	$N_2P_0K_2$	2	0	2
5	$N_2P_1K_2$	2	1	2
6	$N_2P_2K_2$	2	2	2
7	$N_2P_3K_2$	2	3	2
8	$N_2P_2K_0$	2	2	0
9	$N_2P_2K_1$	2	2	1
10	$N_2P_2K_3$	2	2	3
11	$N_3P_2K_2$	3	2	2
12	$N_1P_1K_2$	1	1	2
13	$N_1P_2K_1$	1	2	1
14	$N_2P_1K_1$	2	1	1

（二）试验材料

供试肥料分别为中国石油宁夏石化公司生产的46％尿素，云南昆明磷化总厂生产的12％粒状过磷酸钙，山西钾肥有限责任公司生产的45％硫酸钾。

三、测土配方施肥田间试验设计方案的实施

（一）地点与布局

在多年耕地土壤肥力动态监测和耕地分等定级的基础上，将永济市耕地进行高、中、低肥力区划，确定不同肥力的测土配方施肥试验所在地点，同时在对承担试验的农户科技水平与责任性、地块大小、地块代表性等条件综合考察的基础上，确定试验地块。试验田的田间规划、施肥、播种、浇水以及生育期观察、田间调查、室内考种、收获计产等工作都由专业技术人员严格按照田间试验技术规程进行操作。

（二）试验地块选择

试验地选择平坦、整齐、肥力均匀，具有代表性的不同肥力水平的地块；坡地选择坡度平缓、肥力差异较小的田块；试验地避开了道路、堆肥场所等特殊地块。

（三）试验作物品种选择

田间试验选择当地主栽作物品种或拟推广品种。

（四）试验准备

整地、设置保护行、试验地区划；小区应单灌单排，避免串灌串排；试验前采集土壤样。

（五）测土配方施肥田间试验的记载

田间试验记载的具体内容和要求：

1. 试验地基本情况 包括：

地点：省、市、县、村、邮编、地块名、农户姓名。

定位：经度、纬度、海拔。

土壤类型：土类、亚类、土属、土种。

土壤属性：土体构型、耕层厚度、地形部位及农田建设、侵蚀程度、障碍因素、地下水位等。

2. 试验地土壤、植株养分测试 有机质、全氮、碱解氮、有效磷、速效钾、pH等土壤理化性状，必要时进行植株营养诊断和中微量元素测定等。

3. 气象因素 多年平均及当年分月气温、降水、日照和湿度等气候数据。

4、前茬情况 作物名称、品种、品种特征、亩产量，以及N、P、K肥和有机肥的用量、价格等。

5. 生产管理信息 灌水、中耕、病虫防治、追肥等。

6. 基本情况记录 品种、品种特性、耕作方式及时间、耕作机具、施肥方式及时间、播种方式及工具等。

7. 生育期记录

（1）小麦主要记录：播种期、播种量、平均行距、出苗期、分蘖期、越冬期、返青

期、拔节期、孕穗期、抽穗期、扬花期、灌浆期、成熟期等。

（2）夏玉米主要记录：播种期、播种量、平均行距、平均株距、出苗期、拔节期、大喇叭口期、抽雄期、吐丝期、灌浆期、成熟期等。

（3）棉花主要记录：播种期、播种量、平均行距、平均株距、出苗期、开花期、吐絮期等。

8. 生育指标调查记载

（1）小麦主要调查和室内考种记载：基本苗、冬前亩总茎数、单株分蘖、单株次生根、春季单株分蘖数、亩成穗、株高、茎粗、穗长、结实小穗数、穗粒数、千粒重、小区产量等。

（2）夏玉米主要调查和室内考种记载：亩株数、株高、单株次生根、穗位高及节位、亩收获穗数、穗长、穗行数、穗粒数、百粒重、小区产量等。

（3）棉花主要调查和室内考种记载：亩株数、株高、第一果枝节位、单株果枝数、单株结铃数、单铃重、衣分、小区产量等。

（六）试验操作及质量控制情况

试验田地块的选择严格按方案技术要求进行，同时要求承担试验的农户要有一定的科技素质和较强的责任心，以保证试验田各项技术措施准确到位。

田间调查项目如基本苗、单株分蘖、亩株数、亩成穗等。小麦采取五点取样，夏玉米、棉花每区全数；室内考种每小区取 1 米^2 进行考种。

（七）数据分析

田间调查和室内考种所得数据，全部按照肥料效应鉴定田间试验技术规程操作，利用 Excel 程序和"3414"田间试验设计与数据分析管理系统进行分析。

四、初步建立了冬小麦、夏玉米、棉花测土配方施肥丰缺指标体系

1. 建立施肥模型　运用中国农业大学资源与环境学院刘维震博士"3414 试验及其统计分析方法"与统计软件将小麦、玉米、棉花各试点氮、磷、钾 3 个因素与产量进行肥料效应方程拟合，并分别对高、中、低肥力水平进行方程拟合。

2007—2009 年不同作物高、中、低肥力水平肥料效应方程拟合见表 9 - 2。

2. 最佳产量及最佳施肥量　2007—2009 年不同作物高、中、低肥力水平最佳产量及最佳施肥量汇总见表 9 - 3。

3. 技术参数

（1）作物养分吸收规律总结：从表 9 - 4 可以看出，小麦每形成 100 千克子粒所需养分的数量、比例都不相同，以全钾的吸收量 4.44 千克最大，全氮 3.50 千克次之，全磷吸收量 0.78 千克为最小。

试验结果表明，冬小麦随着产量水平的不同，吸收比例也有着明显的差异，在低水平条件下不仅吸肥总量少，而且氮磷的吸收比例相对较高。而随着产量的提高，吸肥总量增加，而氮的吸收比例相对降低，磷钾则提高。

表 9 - 2 2007—2009 年不同作物高、中、低肥力水平肥料效应方程拟合表

年度	作物	试点	养分	施肥效应方程	方差分析结果
2007—2008 年	小麦	高肥力	N	$y=-0.23X^2+8.72x+431.58$ $R^2=0.99$	F=96.34 F 检验=0.072
			P	$y=437.68+10.23x$ $x<9.28$ $y=532.6$ $x>9.28$ $R^2=0.99$	F=31 321.03 F 检验=0.004
			K	$y=-0.111x^2+4.94x+466.95$ $R^2=0.99$	F=147.83 F 检验=0.058
		中肥力	N	$y=-0.22x^2+7.1x+298.9$ $R^2=0.99$	F=382.1 F 检验=0.036
			P	$y=-0.11x^2+5.15x+304.94$ $R^2=0.99$	F=226.53 F 检验=0.047
			K	$y=331.73+4.03x$ $x<6.64$ $y=358.5$ $x>6.64$ $R^2=0.99$	F=91.27 F 检验=0.074
		低肥力	N	$y=-0.3x^2+8.69x+189.4$ $R^2=0.99$	F=240.33 F 检验=0.046
			P	$y=-0.16x^2+6.22x+196.9$ $R^2=0.98$	F=32.16 F 检验=0.124
			K	$y=225.6+4.88x$ $x<5.23$ $y=251.1$ $x>5.23$ $R^2=0.98$	F=22.48 F 检验=0.15
2008 年	棉花	高肥力	N	$y=350+1.6x$ $x<15$ $y=374$ $x>15$ $R^2=0.64$	F=0.89 F 检验=0.60
			P	$y=320.10+6.76x$ $x<8$ $y=374.20$ $x>8$ $R^2=0.96$	F=11.13 F 检验=0.21
			K	$y=339.82+3.95x$ $x<13.54$ $y=393.30$ $x>13.54$ $R^2=0.94$	F=8.16 F 检验=0.24
		中肥力	N	$y=-0.2x^2+5.5x+266.16$ $R^2=0.96$	F=12.64 F 检验=0.195
			K	$y=-0.075x^2+2.5x+283.99$ $R^2=0.97$	F=14.05 F 检验=0.185
			P	$y=266.5+5.34x$ $x<9.05$ $y=314.87$ $x>9.05$ $R^2=0.996$	F=114.69 F 检验=0.066
		低肥力	N	$y=185.4+6.53x$ $x<9.2$ $y=245.5$ $x>9.2$ $R^2=0.99$	F=60 340.25 F 检验=0.002 8
			P	$y=190.2+9.95x$ $x<5.5$ $y=244.9$ $x>5.5$ $R^2=0.90$	F=4.59 F 检验=0.31
			K	$y=223.48+4.19x$ $x<6.4$ $y=250.3$ $x>6.4$ $R^2=0.97$	F=19.33 F 检验=0.16
2008 年	玉米	高肥力	N	$y=524.36+4.92x$ $x<16.05$ $y=603.3$ $x>16.05$ $R^2=0.98$	F=31.92 F 检验=0.124
		中肥力	N	$y=351.7+4.53x$ $x<12.74$ $y=409.4$ $x>12.74$ $R^2=0.99$	F=173.91 F 检验=0.053
			K	$y=-0.33x^2+5.25x+389.8$ $R^2=0.99$	F=105.45 F 检验=0.069
		低肥力	N	$y=288.98+1.56x$ $x<13$ $y=309.3$ $x>13$ $R^2=0.71$	F=1.20 F 检验=0.54
			K	$y=313.26+4.48x$ $x<3.37$ $y=328.3$ $x>3.37$ $R^2=0.73$	F=1.37 F 检验=0.52

（续）

年度	作物	试点	养分	施肥效应方程	方差分析结果
2008—2009 年	小麦	高肥力	N	$y=-0.28x^2+10.81x+372.30$ $R^2=0.999\,9$	F=350 380 F检验=0.001 2
			P	$y=-0.18x^2+9.20x+367.58$ $R^2=0.999\,9$	F=8 981.1 F检验=0.007 5
			K	$y=-0.33x^2+10.89x+385.95$ $R^2=0.999\,9$	F=12 564 F检验=0.006 3
		中肥力	N	$y=-0.14x^2+7.51x+301.20$ $R^2=0.990\,1$	F=50.25 F检验=0.099
			P	$y=-0.16x^2+7.22x+302.06$ $R^2=0.991\,2$	F=56.27 F检验=0.094
			K	$y=-0.22x^2+6.89x+324.24$ $R^2=0.988\,6$	F=21.58 F检验=0.150 5
		低肥力	N	$y=-0.30x^2+10.30x+288.10$ $R^2=0.994\,4$	F=88.55 F检验=0.074 9
			P	$y=-0.19x^2+9.14x+278.04$ $R^2=0.996\,7$	F=150.12 F检验=0.057 6
			K	$y=-0.24x^2+7.46x+313.85$ $R^2=0.999\,8$	F=3 228.06 F检验=0.012 4
2009—2010 年	小麦	高肥力	N	$y=-0.178x^2+6.894x+403.77$ $R^2=0.999\,4$	F=818.72 F检验=0.025
			P	$y=-0.366x^2+10.745x+377.2$ $R^2=0.99$	F=49.55 F检验=0.1
			K	$Y=-0.382x^2+7.793x+413.93$ $R^2=0.908\,7$	F=4.98 F检验=0.302
		中肥力	N	$y=-0.26x^2+7.568x+339.88$ $R^2=0.997\,6$	F=204.13 F检验=0.049
			K	$y=-0.599x^2+10.847x+349.13$ $R^2=0.984\,6$	F=31.93 F检验=0.124
			P	$y=321.5+10.381x$　$x<7$ $y=394.2$　$x>7$　$R^2=0.974\,4$	F=19.02 F检验=0.16
		低肥力	N	$y=-0.338x^2+8.865x+235.95$ $R^2=0.999\,8$	F=2 367.07 F检验=0.015
			P	$y=216.5+10.4x$　$x<7$ $y=289.3$　$x>7$　$R^2=0.98$	F=29.25 F检验=0.13
			K	$y=-0.718x^2+11.58x+255.28$ $R^2=0.943\,9$	F=8.41 F检验=0.237

（续）

年度	作物	试点	养分	施肥效应方程	方差分析结果
2009年	小麦	高肥力	N	$y=-0.118x^2+6.61x+457.39$ $R^2=0.999\,4$	F=792.64 F检验=0.025 1
			K	$y=-0.322x^2+9.48x+476.93$ $R^2=0.984\,8$	F=32.43 F检验=0.123 2
		中肥力	N	$y=386.85+5.42x \quad x<14.58$ $y=465.9 \quad x>14.58 \quad R^2=0.998\,4$	F=313.48 F检验=0.039 9
			K	$y=-0.339x^2+8.91x+404.73$ $R^2=0.909\,6$	F=5.03 F检验=0.300 7
		低肥力	N	$y=-0.115x^2+5.75x+308.29$ $R^2=0.987\,2$	F=38.65 F检验=0.113
			K	$y=-0.163x^2+6.66x+327.03$ $R^2=0.999\,7$	F=1 775.54 F检验=0.016 8

表 9 - 3　2007—2009 年不同作物高、中、低肥力水平最佳产量及最佳施肥量汇总表

作物	试验年度	肥力水平	最佳产量 （千克/亩）	最佳施肥量（千克/亩）		
				N	P_2O_5	K_2O
小麦	2007— 2008年	高肥力	532.6	13.86	9.28	7.24
		中肥力	358.5	10.77	8.75	6.64
		低肥力	251.1	10.39	9.42	5.23
棉花	2008年	高肥力	393.3	15.00	8.00	13.54
		中肥力	314.9	11.69	9.06	8.63
		低肥力	250.3	9.20	5.50	6.40
玉米	2008年	高肥力	603.3	16.05	—	—
		中肥力	409.4	12.74	—	1.87
		低肥力	328.3	13.00	—	3.37
小麦	2008— 2009年	高肥力	499.6	17.03	16.58	11.76
		中肥力	394.0	16.02	10.90	7.33
		低肥力	371	12.42	9.17	8.81
小麦	2009— 2010年	高肥力	464.8	13.73	10.59	5.29
		中肥力	394.2	10.70	7.00	5.93
		低肥力	297.0	10.14	7.00	5.45
玉米	2009年	高肥力	543.9	17.03	—	6.37
		中肥力	465.9	14.58	—	4.70
		低肥力	365.5	13.71	—	2.84

表 9-4 100 千克小麦籽粒吸收氮、磷、钾养分 单位：千克

处理	全氮			全磷			全钾			亩产
	平均值	最大值	最小值	平均值	最大值	最小值	平均值	最大值	最小值	
空白区 1	3.14	3.61	2.60	1.48	0.81	0.64	4.13	5.16	3.14	334.10
缺氮区 2	3.20	3.75	2.78	1.71	0.97	0.79	4.03	5.02	3.18	344.47
缺磷区 4	3.77	4.14	3.43	1.47	0.86	0.57	4.88	5.37	4.16	353.33
全肥区 6	3.73	3.78	3.65	1.59	0.81	0.78	4.67	5.22	4.29	431.13
缺钾区 8	3.64	3.69	3.56	1.60	0.82	0.77	4.48	4.56	4.38	388.93
平均	3.50	4.14	2.60	0.78	0.97	0.57	4.44	5.37	3.14	370.39

对于施肥时期来说，底肥中足量的氮素对小麦壮苗具有重要的作用，因此小麦磷钾肥全部用于底施，氮肥的 60%~70% 可作为底肥，余量可根据小麦的生长发育及土壤状况、产量水平进行追施。中低产田可在起身期一次追施，高产田可分期追施，除在起身期适量追施外，第二次可在孕穗期追施，但用量不宜太大，时期不宜过晚，以防贪青晚熟。旱地小麦所有肥料均应一次底施。

（2）技术参数总结

①土壤养分校正系数。根据试验结束后各小区土壤养分测试值及小麦产量，利用校正系数＝缺素区作物地上吸收该元素量/该元素土壤测定值×0.15；肥料利用率＝肥料供应的养分量/所用肥料养分量。肥料供应的养分量＝施肥区作物吸收的养分量－不施肥区作物吸收的养分量。根据这些方法，初步得出永济市土壤养分校正系数及肥料利用率。初步分析数据见表 9-5。

表 9-5 永济市不同作物土壤养分校正系数

作物	土壤养分	不同肥力土壤养分校正系数		
		高肥力	中肥力	低肥力
小麦	碱解氮	0.60	0.63	0.83
	有效磷	0.96	1.01	1.13
	速效钾	0.27	0.27	0.33
玉麦	碱解氮	0.66	0.69	0.90
	有效磷	0.75	0.80	1.38
	速效钾	0.22	0.29	0.30
棉花	碱解氮	0.85	0.93	1.03
	有效磷	1.10	1.28	1.27
	速效钾	0.35	0.38	0.42

②肥料利用率。从表 9-6 可以看出，随着施肥量的增加，肥料利用率呈下降的趋势。说明施肥量太大会造成肥料的浪费。从试验结论可以看出，永济市的肥料利用率普遍偏低，小麦中磷肥利用率仅为 6.62%，玉米中肥料利用率更低，这可能与肥料的施用方法和基础条件有关。

表9-6 永济市不同作物不同施肥水平下肥料利用率（%）

作物名称 肥料品种		小麦	玉米	棉花
N	1水平	23.14	7.18	22.13
	2水平	17.87	8.62	18.35
	3水平	13.82	5.91	10.72
	平均	18.27	7.24	17.07
P	1水平	8.18	2.80	12.27
	2水平	6.39	2.78	11.27
	3水平	5.31	2.51	8.15
	平均	6.62	2.69	10.56
K	1水平	13.93	0.03	9.75
	2水平	11.04	1.04	10.53
	3水平	8.82	1.22	8.85
	平均	11.26	0.76	9.71

③建立土壤养分丰缺指标体系。根据耕地肥力基础、耕作制度、种植作物等综合因素，确定合理的配方施肥技术参数，是测土配方施肥顺利实施的基本保证。依据永济市耕地土壤状况，利用第二次土壤普查、基本农田分等定级、2002年耕地地力调查与质量评价、土壤肥力动态监测等相关数据以及农户施肥经验，在综合评估的基础上，初步建立了永济市冬小麦、夏玉米、棉花测土配方指标体系和施肥参数。

通过对各试验点相对产量与土测值的相关分析，按照相对产量达<50%、50%～75%、75%～95%、≥95%将土壤养分划分为"极低"、"低"、"中"、"高"4个等级，初步建立了"永济市作物养分丰缺指标体系"。通过各试验点的产量与施肥量进行回归分析，建立肥料效应函数，结合专业背景知识，通过多点结果按照不同肥力水平进行汇总，初步计算出不同肥力条件下推荐施肥量。

a. 冬小麦碱解氮丰缺指标及推荐施肥

表9-7 永济市冬小麦碱解氮丰缺指标与推荐施肥

等级	相对产量（%）	土壤碱解氮含量（毫克/千克）	氮肥推荐用量（千克/亩，N）
高	>95	>100.6	5
中	75～90	55.2～100.6	5～10
低	50～75	26～55.2	10～15
极低	<50	<26	15

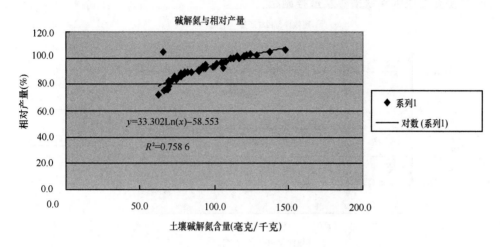

图 9-1　冬小麦丰缺指标方程——碱解氮（毫克/千克）

b. 冬小麦有效磷丰缺指标及推荐施肥

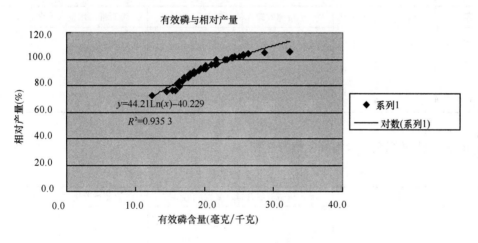

图 9-2　冬小麦丰缺指标方程——有效磷（毫克/千克）

表 9-8　永济市冬小麦有效磷丰缺指标与推荐施肥

等级	相对产量（%）	土壤有效磷含量（毫克/千克）	磷肥推荐用量（千克/亩，P_2O_5）
高	＞95	＞21.3	4
中	75～90	13.5～21.3	4～8
低	50～75	7.7～13.5	8～10
极低	＜50	＜7.7	10

c. 冬小麦速效钾丰缺指标及推荐施肥

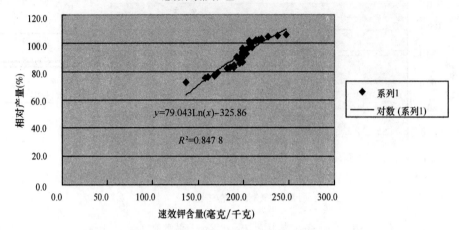

速效钾与相对产量

$$y=79.043\text{Ln}(x)-325.86$$

$$R^2=0.847\,8$$

图 9-3　冬小麦丰缺指标方程——速效钾（毫克/千克）

表 9-9　永济市冬小麦速效钾丰缺指标与推荐施肥

等级	相对产量（%）	土壤速效钾含量（毫克/千克）	钾肥推荐用量（千克/亩，K_2O）
高	＞95	＞205.3	3
中	75～90	159.4～205.3	3～5
低	50～75	116.2～159.4	5～8
极低	＜50	＜116.2	8

d. 夏玉米碱解氮丰缺指标及推荐施肥

表 9-10　永济市夏玉米碱解氮丰缺指标与推荐施肥

等级	相对产量（%）	土壤碱解氮含量（毫克/千克）	氮肥推荐用量（千克/亩，N）
高	＞95	＞137.7	6
中	75～90	51.1～137.7	6～10
低	50～75	14.8～51.1	10～14
极低	＜50	＜14.8	14

e. 夏玉米有效磷丰缺指标及推荐施肥

表 9-11　永济市夏玉米有效磷丰缺指标与推荐施肥

等级	相对产量（%）	土壤有效磷含量（毫克/千克）	磷肥推荐用量（千克/亩，P_2O_5）
高	＞95	＞23.9	2
中	75～90	9.2～23.9	2～4
低	50～75	2.8～9.2	4～8
极低	＜50	＜2.8	8

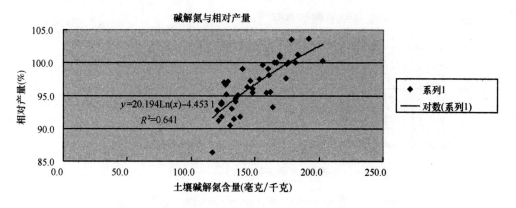

图9-4　夏玉米丰缺指标方程——碱解氮（毫克/千克）

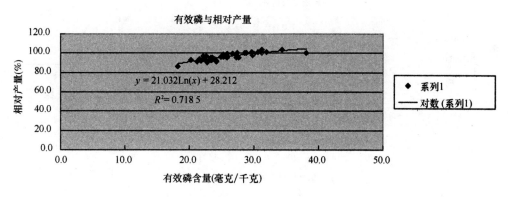

图9-5　夏玉米丰缺指标方程——有效磷（毫克/千克）

f. 夏玉米速效钾丰缺指标及推荐施肥

表9-12　永济市夏玉米速效钾丰缺指标与推荐施肥

等级	相对产量（%）	土壤速效钾含量（毫克/千克）	钾肥推荐用量（千克/亩，K_2O）
高	＞95	＞186.4	1
中	75~90	91.9~186.4	1~3
低	50~75	38.0~91.9	3~5
极低	＜50	＜38.0	5

g. 棉花碱解氮丰缺指标及推荐施肥

表9-13　永济市棉花碱解氮丰缺指标与推荐施肥

等级	相对产量（%）	土壤碱解氮含量（毫克/千克）	氮肥推荐用量（千克/亩，N）
高	＞95	＞115.3	8
中	75~90	60.1~115.3	8~14
低	50~75	26.6~60.1	14~16
极低	＜50	＜26.6	16

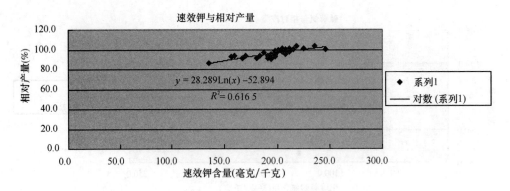

图 9-6　夏玉米丰缺指标方程——速效钾（毫克/千克）

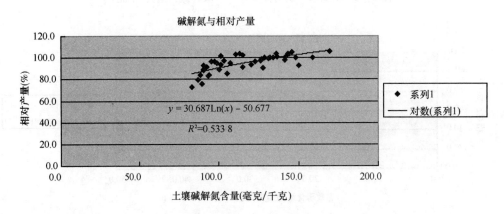

图 9-7　棉花丰缺指标方程——碱解氮（毫克/千克）

h. 棉花有效磷丰缺指标及推荐施肥

表 9-14　永济市棉花有效磷丰缺指标与推荐施肥

等级	相对产量（%）	土壤有效磷含量（毫克/千克）	磷肥推荐用量（千克/亩，P_2O_5）
高	＞95	＞25.3	4
中	75～90	14.8～25.3	4～7
低	50～75	7.6～14.8	7～9
极低	＜50	＜7.6	9

i. 棉花速效钾丰缺指标及推荐施肥

表 9-15　永济市棉花速效钾丰缺指标与推荐施肥

等级	相对产量（%）	土壤速效钾含量（毫克/千克）	钾肥推荐用量（千克/亩，K_2O）
高	＞95	＞199.4	3
中	75～90	145.0～199.4	3～6
低	50～75	97.4～145.0	6～8
极低	＜50	＜97.4	8

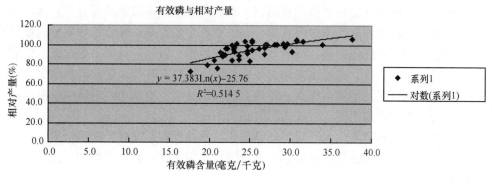

图 9-8 棉花丰缺指标方程——有效磷（毫克/千克）

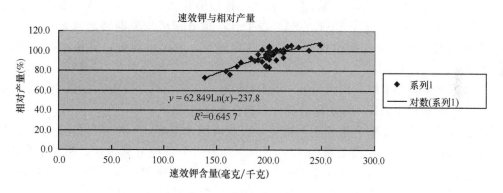

图 9-9 棉花丰缺指标方程——速效钾（毫克/千克）

第四节 主要作物不同区域测土配方施肥技术

一、冬小麦测土配方施肥技术

小麦是永济市的主要粮食作物之一，主要分布在城东街道、城西街道、蒲州镇、虞乡镇、栲栳镇等镇街道，2008 年种植面积为 25.5 万亩，占全市耕地面积的 36%，2008 年，全市冬小麦年平均总产量为 72 930 吨，平均亩产 286.5 千克。

小麦生产历来是永济市种植业的大头，但近年来由于小麦生产的比较效益下降，部分农民对小麦生产的资金和科技投入有所忽视，导致肥料施用方面粗放经营的问题越来越突出。从而导致全市的小麦生产多年一直徘徊在一个水平。如果能按照小麦需肥规律和土壤供应情况，合理利用肥料进行配方施肥，全市小麦产量将会迅速迈上一个更高的台阶。

（一）冬小麦的需肥规律

在冬小麦整个生育期，需要的氮、磷、钾数量及其比例，因自然条件、品种、栽培技术、施肥水平等因素不同而不同。在一般生产水平下，每生产 100 千克小麦籽粒，需从土壤中吸收氮素（N）3 千克，五氧化二磷（P_2O_5）1.25 千克，氧化钾（K_2O）2.5 千克，$N：P_2O_5：K_2O$ 为 1：0.4：0.8。

小麦整个生育期内，除种子萌发期间因本身贮藏养料，不需吸收养分外，从苗期到成熟的各个生育期，均需要从土壤中吸收养分。小麦各个生育期，吸收积累养分的数量和模式是不同的。苗期氮素代谢旺盛，同时对磷钾反应敏感。因此，保证苗期的氮素供应，可促进冬前分蘖、培育壮苗，为麦苗安全过冬，壮秆大穗打下基础。但此时氮素过多，也会造成分蘖过猛出现狂长，造成群体大、个体差的局面。由于麦苗小，根量少，温度低，吸收养分能力弱，养分积累不多，一般不到总量的10%。

拔节期生殖生长和营养生长并进。幼穗分化、植株发育、茎秆充实需要大量养分和碳水化合物。此时吸收特点是代谢速度快，养分吸收与积累多，氮、钾的积累已达最大值的一半，磷约占40%。

进入孕穗期，干物质积累速度达到高峰，相应地养分吸收与积累达到最大。此时养分吸收速度远大于拔节期，尤其是磷、钾，要比拔节期大4～5倍。地上部的氮素积累已达到最大值的80%左右，磷钾在85%以上。在拔节期至孕穗期满足氮素供应。可弥补基肥的养分经前期消耗而出现不足，提高成穗率，巩固亩穗数，促进小花分化，增加穗粒数。

抽穗开花后，小麦以碳代谢为主。根系吸收能力逐渐减弱并丧失，养分吸收随之减少并停止。因呼吸作用消耗，地上部分养分积累在灌浆后减少。

总的来看，小麦在整个生育期内对氮的吸收有两个高峰，一个是分蘖盛期，麦苗虽小，但需氮量较大，占总需要量的12%～14%；另一个是拔节到孕穗，植株生长迅速，需要量急剧增加，占总需要量的35%～40%。这两个时期需氮的绝对值多，且吸收速度快。小麦吸收磷主要在拔节孕穗期，这个时期磷的吸收量可达总量的60%。苗期磷吸收量虽然少，只占总量的10%左右，但此时磷营养对于植株，尤其对根系极为重要，是小麦需磷的临界期。小麦在幼穗分化期间，磷素代谢比较旺盛。此时磷营养条件好，幼穗发育时间长，小穗数增多，导致穗大粒多。小麦对钾的吸收在拔节前比较少，拔节至孕穗期是小麦吸钾最多，吸收最快的时期，吸钾量可达到总吸钾量60%～70%。此时保证充足的钾素供应，可使小麦植株粗壮，生长旺盛，有利于光合产物运输，加速灌浆，对穗粒数和粒重有良好的作用，同时还可提高籽粒蛋白质含量，改善小麦品质。

（二）施肥技术

1. 肥料施用量 小麦的施肥量要根据产量水平、肥料种类、土壤肥力、前茬作物、品种类型和气候条件等综合考虑。目前生产上多采用以产量指标定施肥量的方法。就是根据每生产100千克小麦籽粒吸收氮、磷、钾的数量，计算出所定产量指标吸收氮、磷、钾的总量，再参考土壤肥力基础、肥料种类、肥料当季吸收利用率等，计算所需各种肥料的总量。化肥的施用量要根据不同品种小麦对养分的需求特点，按照高产田及强筋麦田要适量增氮、控磷、补钾、增微，中、低产田及中筋麦田要稳氮磷、针对性补施钾肥和微肥的原则，在近几年土壤养分分析的基础上，提出了小麦的具体施肥量。具体为：（1）强筋麦田：适当增加氮肥投入及中后期投入比例。产量水平400～500千克的麦田，亩施 N 14～16千克、P_2O_5 4～6千克、K_2O 6～8千克；产量水平300～400千克的麦田，亩施 N 12～14千克、P_2O_5 6～8千克、K_2O 5～6千克。（2）中筋麦田：即以往大面积种植的常规小麦品种，其蛋白质、面筋含量相对较低，要求在确保一定产量前提下，稳氮、稳磷，适当补施钾肥，控制后期化肥施用。其中，高产水浇地，亩施 N $11\sim13$ 千克、P_2O_5 $6\sim8$ 千克、K_2O $5\sim6$ 千克；中产水浇地及肥厚旱地，亩施氮 $9\sim10$ 千克，磷肥按氮磷比 $1:(0.6\sim0.8)$ 配施，钾肥根据土壤速效钾含量针对性补施；低产水浇地及薄旱地，亩施氮 $6\sim9$ 千克，磷肥按氮磷比 $1:(1\sim1.2)$ 配施。此外，秋作物秸秆还田地块要趁青绿及早翻压还田，翻压时每亩应施氮 $2\sim4$ 千克，以协调碳氮比，促进秸秆腐解。要大力推广硫酸锌或硫酸锰拌种技术（每千克小麦种子拌硫酸锌或硫酸锰 $4\sim6$ 克），旱地和水地高产田最好每亩底施硫酸锌或硫酸锰 $1\sim2$ 千克。晚播麦田因腾茬晚，播种迟，冬前积温不足，要以肥拌种、重肥促苗，以达到冬前苗壮，春季转化快的目的。

2. 施肥时期

（1）基肥：高产小麦基本苗较少，要求分蘖成穗率高，这就要求土壤能为小麦的前期生长提供足够的营养。同时，小麦又是生育期较长的作物，要求土壤持续不断的供给养料，一般强调基肥要足。基肥的作用首先在于提高土壤养分的供应水平，使植株的氮素水平提高，增强分蘖能力；其次在于能够调节整个生长发育过程中的养分供应状况，使土壤在小麦生长的各个阶段都能为小麦提供各种养料，尤其是在促进小麦后期稳长不早衰上有特殊作用。高产条件下，基肥用量氮肥一般应占总用量的 $40\%\sim60\%$，磷、钾肥全部作为基肥施入。

（2）种肥：种肥由于集中而又接近种子，肥效高起效快，对培育壮苗有显著作用。种肥的作用因土壤肥力、栽培季节等条件而异，对于基肥少的瘠薄地以及晚茬麦，增产作用较大；而对于肥力条件较好或基肥用量多以及早播小麦，种肥往往无明显的增产效果。小麦苗期根系吸收磷的能力弱，而苗期又是磷素反应的敏感期，所以磷肥作为种肥对促进小麦吸收磷素、提高磷肥的利用率有很大的意义。种肥可采用沟施或拌种。

（3）苗肥：苗肥的作用是促进冬前分蘖和巩固早期分蘖。小麦播种后 $15\sim30$ 天进入分蘖期，此时要求有充足的养分供应，尤其是氮素，否则分蘖发生延缓甚至不发生。施用苗肥，还能促进植株的光合作用，从而促进碳水化合物在体内的积累，提高抗寒力。

一般在小麦播种后 $15\sim30$ 天或三叶期以前施下，氮肥用量占总施用量的 $10\%\sim20\%$。

（4）拔节肥：拔节肥可以加强小花分化强度，增加结实率，改善弱小分蘖营养条件，巩固分蘖成穗，增加穗数，延长上部功能叶的功能期，减少败育小花数，提高粒重，因而具有非常重要的作用，氮肥用量为总施用量的 $30\%\sim40\%$。但要防止过量施氮引起倒伏。

（5）根外喷肥：根外喷肥是补充小麦后期营养不足的一种有效施肥方法。由于麦田后期不便追肥，且根系的吸收能力随着生育期的推进日趋降低。因此，若小麦生育后期必须追肥料时，可采用叶面喷施的方法，这也是小麦增产的一项重要措施。

3. 施肥方法　目前化肥撒施现象相当普遍，造成肥料利用率不高，效益下降。为此，提出三点要求：

（1）大力提倡机械深施：基、追肥施用深度要分别达到 $20\sim25$ 厘米、$5\sim10$ 厘米。试验证明，碳铵深施可提高利用率 30%，尿素深施可提高利用率 10%，而且碳铵深施后其利用率不低于尿素。要坚决杜绝把肥料撒在地面然后旋耕的做法。

（2）施足底肥，合理追肥：俗话说"麦收胎里富"，说明施足底肥是夺取小麦丰产的基础。一般有机肥、磷、钾、锌肥等均作底肥，氮肥则分期施用。强筋麦田，氮肥50%～60%底肥、40%～50%追施；可灌溉的中筋麦田，氮肥60%～80%底肥、20%～40%追施；旱地氮肥重施，追肥视春季墒情而定。追肥时期应在拔节期依苗情按弱—壮—旺的顺序依次推迟，施用量亦依次减少。

（3）叶面喷肥，提质防衰：小麦产量水平在400千克以下的麦田，可在拔节期、孕穗期各喷一次0.2%的硫酸锌或0.05%的钼酸铵肥液以提高小麦品质与产量；生长中后期喷施2%的尿素，既可提高籽粒蛋白质含量，又能防止小麦脱肥早衰；抽穗到乳熟期喷施0.2%～0.3%的磷酸二氢钾溶液可防止小麦贪青晚熟。

二、棉花的测土配方施肥技术

棉花是永济市的第一大经济作物，2008年种植面积39.4万亩，主要分布在卿头镇、开张镇、栲栳镇、张营镇、城北街道等镇和街道。近两年，棉花已成为永济市农民致富的主导产业，棉花生产的丰收，直接关系农民的收入，又在一定程度上影响着农村的繁荣和稳定，因此，做好棉花的施肥工作，对于永济市社会主义新农村建设有着极其重要的作用。

（一）需肥规律

棉花正常生长发育需要多种营养元素，其中以氮、磷、钾3种元素需求量最大，土壤一般不能满足，需要通过施肥来补充。其他微量元素如锌、锰、硼等，棉花需求量虽少，但由于受土壤气候等条件影响，土壤有时也不能满足对其生长发育的要求，表现为缺乏，施用微肥显著增产。

棉花一生中对氮、磷、钾元素的吸收数量受气候、土壤栽培条件及品种产量水平的影响，大致每生产100千克棉花（皮）需氮（N）17.5千克、磷（P_2O_5）6.3千克、钾（K_2O）15.5千克。

棉花不同生育时期吸收养分的数量是不同的。一般来讲，苗期是以长根、茎、叶为主的营养生长时期，植株小，生长量少，对养分的需要量少。蕾期营养与生殖生长同时进行，是棉花旺盛生长时期，此期棉花生长速度快，对养分的需要数量增多；花铃期营养生长达到最高峰，进而转向生殖生长占优势的时期，此时棉花对养分的吸收达到高峰，吸收的数量最多；吐絮期以后，棉花生长明显减弱，根系吸收能力下降，对养分的吸收量明显减少。

据中国农业科学院棉花研究所对中棉12研究表明，苗期棉花对氮（N）、磷（P_2O_5）、钾（K_2O）的吸收量分别占一生总吸收量的4.5%、3.0%～3.4%，3.7%～4.0%；蕾期分别为27.8%～30.4%、25.3%～28.7%和28.3%～31.6%；花铃期最高分别为59.8%～62.4%、64.4%～67.1%和61.6%～63.2%；吐絮期分别为2.7%～7.8%、1.1%～6.9%和1.2%～6.3%。

值得一提的是，苗期虽然对养分元素需要量少，但其作用大，如此时营养元素缺乏，会造成幼苗生长受挫，即使以后大量施肥也难以补救，因此，应满足棉花苗期对营养元素的需求，尤其是对磷素的需求，强调早施磷肥，并施入氮肥做基肥、种肥。

（二）施肥技术

1. 施肥量 不同棉田的施肥量应依据产量水平及土壤供肥能力来确定。据试验，每生产 100 千克皮棉，约需施氮（N）20～23 千克、磷（P_2O_5）10～16 千克、钾（K_2O）20～28 千克。根据永济市近几年的土壤养分测试结果，根据不同产量水平来确定施肥量，亩施用优质有机肥不低于 2 500 千克基础上，化肥施用总量为：

①产量水平（皮棉）≥100 千克/亩，氮肥（N）12～16 千克/亩，磷肥（P_2O_5）8～10 千克/亩，钾肥（K_2O）5～7 千克/亩。

②产量水平（皮棉）70～100 千克/亩，氮肥（N）10～14 千克/亩，磷肥（P_2O_5）7～9 千克/亩，钾肥（K_2O）4～5 千克/亩。

③产量水平（皮棉）<70 千克/亩，氮肥（N）8～10 千克/亩，磷肥（P_2O_5）5～7 千克/亩，钾肥（K_2O）2.5～4 千克/亩。在土壤硼、锌缺乏的地块，基施硼砂 1.0 千克/亩、硫酸锌 1～1.5 千克/亩。

2. 施肥时期

（1）施足基肥：棉花生育期长，需肥量大，为保证棉花产量及培肥地力的需要，棉花基肥用量应达到全生育期总施肥量的 60%～70%，有机肥、磷肥、钾肥全部做基肥，结合秋冬或春耕施入，氮肥视地力水平，高产田 1/3 做底肥，中产田 1/2 做底肥，低产田 2/3 做底肥；缺锌、锰、硼的棉田，每亩可底施硫酸锌、硫酸锰 1～2 千克，硼砂 0.5～1 千克。

（2）追肥：

①苗肥。苗期是棉花养分敏感期，此期应保证棉花幼苗生长对养分的需求，视棉田及生长情况，对肥力瘠薄、基肥少、生长弱的棉田增施苗肥，以促使小苗、弱苗转为壮苗，达到苗色、苗高均匀一致均衡生长。苗期施肥量一般为标准氮肥 75 厘米^3，壮苗肥力高、基肥足的棉田可不施苗肥。

②蕾肥。蕾期为营养与生殖生长同时进行的时期，为达到棉田高产，应掌握棉株营养生长壮而不旺，达到营养与生殖生长协调进行。蕾肥应做到稳施，施肥种类、数量要根据具体情况而定，一般原则是：旱薄地、底肥少、长势弱的棉田应早施多施，以氮肥为主，每亩用标准氮肥 10 千克，配合少量磷肥或有机肥；追肥时间在现蕾初期；肥力高、底肥足、长势壮的棉田宜晚施，以农家肥（粪肥、饼肥或腐熟有机肥）与磷肥配合，不施或施少量氮肥（每亩用标准氮肥 5～8 千克），追肥时间应在盛蕾或初花期。

③花铃。花铃期为棉花生长最旺盛的时期，棉花营养与生殖生长均出现高峰，需要养分最多，此期重施肥对促成桃、防早衰、多结三桃、增加铃重均起到关键作用。施肥上应视情况，为控制棉株不徒长，肥力高、植株生长旺的棉田可晚施肥，推迟到盛花期植株下部有 1～2 个大桃时进行；肥力瘠薄、长势弱的棉田，花铃肥应早施重施，追肥时间可在初花期。一般花铃肥用量应占总追肥量的 60% 左右，每亩施标准氮肥 15～25 千克，折合尿素 10～20 千克。

④盖顶肥。施用盖顶肥可防止植株后期脱肥、早衰，促多结铃，增铃重。对地力较薄、明显有脱肥、早衰趋势的棉田，要及时补施盖顶肥，但不宜太晚，以防棉花贪青晚熟，对于肥力高，棉花生长旺的棉田不用施盖顶肥。

另外，由于棉花中、后期，根系吸收能力减弱，为补充养分不足，对于脱肥或肥力不足的棉田可进行叶面喷肥。一般地力差、生长弱的棉田，可喷 1%～2% 的尿素溶液，长势旺的棉田可喷 2%～3% 的磷肥水溶液，或 300～500 倍的磷酸二氢钾溶液，每次每亩

60～70千克，喷2～3次。

3. 施肥方法

（1）看土施肥：不同的土壤类型，不仅施肥量不同，施肥方法也有区别。壤土地保肥和供肥性能好，磷、钾肥作基肥一次放入。氮肥1/3作基肥，2/3作追肥，有利于前期蹲苗和花铃期的大量需肥。垆土地肥效发挥慢，应增施有机肥，疏松土壤，增加通气性，提高地温，促进养分转化，确保苗全苗壮。同时氮肥应提前早施，基肥中氮肥用量应占全生育期氮肥用量的1/2，花铃肥可提前到初花期追肥。

沙土地保水保肥性差。磷、钾肥可作基肥一次施入，氮肥在沙土地易流失下渗，应采取少量多次的追肥方法，基肥中氮肥占全生育期氮肥用量的1/4，蕾期视苗情追1/4，盛花期追剩余部分的2/3，花铃期再追少量氮肥。

丘陵坡地，水土流失严重，耕作层浅薄，应增施有机肥，加厚活土层。施用氮肥应少量多次，分期施用，磷钾肥应穴施或分层施，减少流失冲刷损失，保证丘陵坡地棉花对养分的迫切需要。

（2）看苗情施肥：对基肥充足、生长旺盛的棉花，要适当控制氮肥的施用。蕾期可以不施或少施速效氮肥，或适当推迟追肥，以使棉株稳长。基肥不足，苗期未施或少施，而棉苗又弱小，生长缓慢，则应早追或多追肥，在初蕾期或初花期追肥。对盛花肥不足或结铃多的棉花，为防止棉株早衰，有利于保伏桃，多结桃，应在盛花后期追少量氮肥，称"盖顶肥"。对有缺肥早衰趋势的棉田，应早追肥。对生长旺盛的棉田，应少追或不追氮肥，只喷磷酸二氢钾，以防贪青晚熟。

（3）看肥料施肥：肥料种类不同，施肥方法亦有区别。棉花常用的氮肥有碳酸氢铵、硝铵和尿素。碳铵易挥发，常做基肥施用，沟施或穴施后覆土。硝铵在土壤中容易渗漏，宜做追肥，也可作旱地基肥。尿素是高浓度的中性氮肥，作棉花追肥效果良好。过磷酸钙是应用最广的磷肥，常作棉花的基肥，播种前一次施入。磷酸二铵、硝酸磷肥、磷酸二氢钾、三元素肥料是目前棉农喜欢的复合肥料。磷酸二铵是以磷为主的复合肥料，也是理想的棉花基肥（作基肥时应配一定比例的氮肥）。硝酸磷肥是以氮为主的复合肥，宜作基肥（需配比一定比例的磷肥），必要时也可做旱地追肥。磷酸二氢钾是含磷和钾的复合肥，养分含量高，价格昂贵，不宜做基肥，但作根外追肥效果好。三元素肥料是含氮、磷、钾元素的肥料，养分齐全，是理想的棉花基肥，但要根据具体情况进行选择。

（4）看天气施肥：当天气干旱时，土壤含水量少，肥料不易发挥，花铃肥应早施、重施，可在初花期施肥。当雨涝时，土壤含水量大，肥力充足，植株生长旺盛，待下部有1～2个成铃时再追肥，以免过早封垄，加重荫蔽，造成下部烂桃。烈日时，棉叶气孔关闭，不可进行根外追肥，最好在上午10时以前或下午4时以后进行。遇大风时，叶面蒸腾加剧，土壤溶液浓度升高，不可马上追肥，以免"烧苗"。

三、玉米的测土配方施肥技术

玉米为永济市的主要复播作物，分布在城东街道、城西街道、蒲州镇、虞乡镇、栲栳镇等镇街道，种植面积为29万亩左右。

（一）需肥规律

玉米植株高大，是高产作物，对养分需求比较多。玉米全生育期所吸收的养分，因种植方式、产量高低和土壤肥力水平高低而异。每生产 100 千克玉米籽粒，需从土壤中吸收氮素（N）2.57 千克，五氧化二磷（P_2O_5）0.86 千克，氧化钾（K_2O）2.14 千克，N：P_2O_5：K_2O 为 1：0.3：0.8。玉米对营养元素的吸收速度和数量各生育期差别很大，一般规律是随着玉米的植株的生长对养分的吸收速度加快，到灌浆期、成熟期逐渐减慢。

夏玉米苗期植株小，生长慢，需肥较少，这时对氮、磷、钾的吸收量为总吸收量的 10％左右，以后逐渐加快，从拔节到孕穗吸收速度达到高峰，在 20～30 天中吸收氮、磷、钾量分别达到总吸收量的 76.2％、63.1％、63.4％，因此夏玉米施肥关键是保证拔节到抽雄期养分充足供应，施肥时应根据这一规律采取前重后轻的原则。

夏玉米因播种时间紧迫，一般不施基肥，但注意一定保证磷的供给，因为玉米对磷的营养临界期在出苗后 7 天左右。氮的营养临界期晚于磷，在营养生长转向生殖生长的幼穗分化期。玉米的氮素最大效率期在大喇叭口期抽雄初期，此期生长迅速，生长量大，此间追施氮肥，占总氮量的 2/3。夏玉米对钾的吸收，均在拔节以后开始迅速上升，到抽穗开花期达到顶点，所以钾肥应施在前期，后期没有施钾肥的必要。

（二）施肥技术

1. 施足基肥　夏玉米施用基肥，可以结合耕种或浅耕灭共茬时进行，基肥用量占总施肥量的 60％～80％，磷钾肥和有机肥全部作基肥施用，氮肥的 2/3 用于作追肥。在一年两熟制中，夏玉米抢时播种很重要，往往来不及施用有机肥作基肥，可以采取给冬小麦增施有机肥，磷肥作基肥，让麦收后播种的夏玉米利用有机肥、磷肥的后效，这对冬小麦和夏玉米生产都有重要意义。另外，大力提倡采用小麦高茬覆盖还田的办法来弥补夏玉米基肥的不足，还田时要配施氮素化肥。

玉米是对锌敏感的作物，玉米施锌能取得明显的增产效果。一般情况下，每亩施硫酸锌 1～2 千克作基肥，能增产 10％～15％。

2. 合理追肥　玉米是一种需肥较多和吸肥较集中的作物，出苗后单靠基肥不能满足拔节期和生育后期的需要，必须通过追肥来供给生长后期对养分的需求。夏玉米在定苗后施苗肥，应以氮肥为主，用量约为氮素追肥总量的 30％。磷钾肥在基肥中未施，也应全部作苗肥一次施入。大喇叭口期施肥，是一次关键性的追肥，占追肥总量的 60％。最后一次追肥为攻粒肥，在开花受粉前后施用，其用量占追肥总量的 10％。上述追肥技术并不是固定不变的，在采取各项措施时，要根据具体条件灵活掌握。例如，所提的"前轻后重"的追肥技术，是适用于土壤肥力水平较高的地块。而在土壤肥力水平低，由于苗期玉米生长细弱，应采用前重后轻的追肥技术，促进幼苗早发、快长。旱地玉米追肥效果受降水影响较大，故追肥宜早，雨后可及时发挥作用。

3. 注意事项

（1）土壤性质与施肥：为了充分发挥肥料的作用，应根据土壤的性质，选择肥料的种类，确定肥料的用量、施肥时期、施肥方法。对于质地黏重的土壤，一般保肥力强，追肥应早施，可在拔节至大喇叭口期一次追入；而轻壤和沙壤，漏水漏肥，保肥力差，应遵循少量多次的原则，可分两次追入，除追拔节孕穗肥外，还应在后期追施粒肥，以防后期脱肥。

（2）气象条件与施肥：光照、温度、风、降水等条件，一方面直接影响根系的生长及其对养分的吸收，另一方面还直接影响土壤中养分的状况，也会进一步影响施肥效果。夏玉米适逢高温多雨季节，生长迅速，对养分的需求量大，但应控制氮肥的施用量，以免造成贪青晚熟。在选择肥料品种时，应避免施用硝态氮肥，以防因降水过多造成养分损失和水质污染。

（3）肥料性质与施肥：化肥种类繁多，性质各异，施用方法也不尽相同。氨态氮肥易溶于水，作物能直接吸收利用，肥效快，但遇碱遇热易分解挥发，因而施用时应深施并立即覆土。尿素施入土壤后经微生物作用，水解转化，才能被玉米吸收，所以尿素作追肥要提前施用，采取条施、穴施、沟施，避免撒施。

（4）农业技术措施与施肥：农业技术措施与肥效密切相关。耕作不仅可以改变土壤的理化性状和微生物活动，促进土壤养分的分解，调节土壤养分的供应状况，而且还能促控玉米根系的生长和对养分的吸收能力；良好的灌溉条件可以大大提高肥效，充分发挥肥料的增产效果；耕作制度改变，复种指数提高，不仅需要养分数量增加，养分构成的比例也将发生变化；合理的化肥施用可以促进作物个体健壮生长，增强抗逆能力。

第十章 中低产田类型分布及改良利用

第一节 类型、面积划分标准与分布

中低产田是存在着各种制约农业生产的土壤障碍因素，产量相对低而不稳定的耕地土壤。根据土壤主导障碍因素及改良主攻方向，永济市中低产田分为盐碱耕地型、障碍层次型、干旱灌溉型、坡地梯改型、瘠薄培肥型 5 个类型，面积为 44.8 万亩，占耕地面积的 58.09%。

一、盐碱耕地型

盐碱耕地型是指由于耕层可溶性盐分含量或碱化度超过限量，从而影响作物正常生长的多种盐化、盐碱化、碱化的耕地。永济市盐碱耕地型面积 14.28 万亩，占耕地面积的 18.51%，占中低产田面积的 31.86%。

永济市盐碱耕地型土壤是以耕层盐分含量＞0.2% 为标准划分出来的。主要分布在姚暹渠两侧、伍姓湖周围及黄河沿岸，涉及卿头、开张、城北、栲栳、蒲州、城东、张营 7 个镇（办）一级阶地低洼处。主要土属为硫酸盐盐化潮土、氯化物盐化潮土、苏打盐化潮土、混合盐化潮土、硫酸盐盐化沼泽土。

二、障碍层次型

障碍层次型是指土壤剖面构型上有严重缺陷的耕地。如有效土层薄，土体中有过沙、过黏、料姜、砾石等障碍层次。永济市障碍层次型面积 7.11 万亩，占耕地面积的 9.22%，占中低产田面积的 15.86%。

永济市障碍层次型耕地主要是以障碍层物质组成、厚度、出现的部位等指标划分的。主要分布在山前洪积倾斜平原洪冲积扇中上部、故河道、中条山土石山地和丘陵坡地、河漫滩、河流一级、二级阶地等，涉及虞乡、城东、城西、蒲州、韩阳等沿山镇（办）。成母土质以冲积、洪积、洪冲积、残坡积母质为主，主要土属为洪积褐土性土、冲积潮土。

三、干旱灌溉型

干旱灌溉型是指由于气候条件造成的降水不足或季节性出现不均，缺少必要的调蓄工程，以及由于地形、土壤性状等原因造成的保水蓄水能力缺陷，不能满足作物正常生长需要的水分，但具备水资源开发条件，可以通过发展灌溉加以改造或通过节水灌溉扩浇的耕地。永济市干旱灌溉型中低产田面积 7.54 万亩，占耕地面积的 9.79%，占中低产田面积的 16.84%。

永济市干旱灌溉型耕地主要是以地下水位、地形部位以及灌溉条件等指标来划分的。主要分布在栲栳台垣及沿山一带河流二级、三级阶地、倾斜平原、洪积扇中上部及垣面平缓地带，涉及栲栳、城北、城西、蒲州、韩阳、城东、虞乡等镇（办）。主要土属为黄土质褐土性土、沟淤褐土性土、黄土状石灰性褐土、洪积褐土性土。

四、坡地梯改型

坡地梯改型是指通过修筑梯田等田间水保工程加以改良治理的坡耕地。永济市坡地梯改型面积为 0.74 万亩，占耕地面积的 0.96%，占中低产田面积的 1.65%。

永济市坡地梯改型耕地是从地形坡度＞10°的耕地中划分出来的。主要分布在中条山中低山坡麓、山前丘陵、残垣、梁、沟谷及山前洪积扇等地形部位，涉及韩阳、城西、城东等镇办。主要土属为洪积褐土性土。

五、瘠薄培肥型

瘠薄培肥型是指受气候、地形等难以改变的大环境（如干旱、无水源、高寒以及距居民点远，施肥不足等）及土壤养分含量低、结构不良的影响，产量低于当地高产农田，除采取耕作措施外，当前又无见效快、大幅度提高产量的治本措施的耕地。永济市瘠薄培肥型面积 15.13 万亩，占耕地面积的 19.62%，占中低产田面积的 33.78%。

永济市瘠薄培肥型耕地主要以耕层有机质含量＜12.0 克/千克来划分的。主要分布在中条山洪积扇中部垣地、洪积扇顶部等，涉及张营、栲栳、城西、城东、虞乡等镇（办）。主要土属为洪积褐土性土。

第二节　主要障碍因素分析

一、盐碱耕地型

由于耕层可溶性盐分含量或碱化度超过限量，影响作物的正常生长，造成作物产量低而不稳，有时甚至绝收。该类型耕地土壤盐分含量大于 2 克/千克，地下水位浅，土壤潮湿冷凉，理化性状差。土壤 pH 一般在 8.6 以上，通气透水性能差，淋溶作用弱，可溶性盐分在土壤表面聚集。盐渍是盐碱型耕地土壤的主导障碍因素，其次还有障碍层次、干旱、渍涝等危害。

盆地局部阶地，地势低洼，地下水位较浅，多在 0.5～3 米，地下水中矿化度偏高，在 1～5 克/升，坡降平缓，排水不畅，这些都是产生渍涝和盐碱的共同障碍因素。这一类型土壤母质为冲积物，母质本身具有的层型特征，无不在土体构型中表现出来，土壤心土层有夹沙、夹黏、夹砾石等层次，加重了土壤干旱，并造成耕性差、漏水漏肥等。另外，这类型土壤多无灌溉条件或灌溉不足，因而还时常引发土壤干旱。

此外，盐碱渍涝的程度对土壤生产能力的影响也比较大。轻度渍涝的盐碱型耕地，土壤条件良好，地下水位 3 米左右，地下水矿化度在 2 克/升左右，耕层氯化物或硫酸盐含量分别为 1～2 克/千克、1～3 克/千克，地表在干旱季节可出现明显的盐斑，作物苗期可能有 5%～10%的缺苗，后期则基本无影响。中度渍涝的盐碱型耕地，地下水位 1～3 米，地下水矿化度在 2～4 克/升，耕层盐分含量达 3 克/千克以上，土壤出现明显的白黄斑块，作物苗期可能有 10%～20%的缺苗，后期也有一定程度影响。重度渍涝的盐碱型耕地，地处平川最低洼的区域，地下水位大多在 1 米以内，地下水矿化度在 3～5 克/升，属不能灌溉的高矿化度水，耕层盐分含量达 6 克/千克以上，土壤出现呈片状的盐斑，作物出苗率仅 60%左右，后期也受明显影响。

二、障碍层次型

由于土体剖面结构中含有不良障碍层次，从而影响了作物正常生长发育，造成产量低。不良层次主要为夹沙型、夹黏型、夹砾石层、夹料姜层等。这一类型耕地的主要障碍因素是由于障碍层次引起的干旱、贫瘠与土壤侵蚀等。

障碍层次的形成与土壤形成的过程有着直接的关系。分布于故河道、洪积扇、河流阶地的土壤，由于土壤在形成过程中，受水流携带物和水量大小的影响。洪水时，携带大量的河沙、砾石等，当水流停止运动或小水流运动时，这些河沙、卵石便沉积下来，形成沙层、卵石层。而当水量较小，洪水中携带黏粒为主，形成的土壤层次以黏性为主。如此反复，冲积、冲洪积、洪积母质形成的土壤中多有多个层次沙黏交替。如果是心土层质地比耕层黏重，则水肥向下移动受到阻碍，起到了托起水肥的作用，更有利于作物生长发育，故有蒙金土之称。相反，心土层质地中有沙层、卵石层则水肥向下渗漏明显，跑水跑肥，不利于作物生长发育。由于有些沙层、砾石层过厚，则严重影响作物生长，作物发小苗不发老苗。若沙层、砾石层出现过浅，则还影响耕性，造成土体干旱、养分贫瘠。分布于丘陵高阶地的土壤，由于土壤形成过程中不断地淋溶、钙积，心底土层产生明显的料姜层、白干层或含有少量或多量料姜、白干、砾石等。这些障碍层析严重影响了水分正常运动，阻碍了作物根系下扎，作物生产量明显少于通体均质土壤，并加剧了土壤侵蚀，造成了土壤的干旱、瘠薄等。分布于中低山及与丘陵交界地带的土壤，由于土壤形成于各种基岩风化的残破积物上，甚至没有风化完全，故仍有土层薄、土壤质地粗糙等现象，因而还会受到不同程度的土壤侵蚀，同样不利于作物的生长发育。长期的侵蚀，又加剧了土层薄、质地粗、养分缺乏。

三、干旱灌溉型

由于干旱缺水，或降雨分配与作物生长需要不吻合，严重影响作物的生长发育，造成作物产量低而不稳，有时甚至绝收。该类型土壤的作物产量对永济市粮棉产量的高低起着决定性作用。

该类型耕地所分布区域降水量 550 毫米左右，气温相对较山地丘陵区高，地形相对平缓，地下水位 1~20 米，光、热、水资源条件较好。但降雨分布不均匀，春旱、伏旱时有发生，影响了作物的正常生长发育。对一些易于开发的水资源，由于水利工程造价太高，投资大，成为发展农田灌溉的一个制约因素。而且有部分土壤，仍有一定坡度（2°~3°），突发的暴雨有时会造成一定的面蚀。灌溉量不足或无灌溉成为限制地力产量的主要因素，轻度侵蚀成为限制产量的次要因素。

四、坡地梯改型

指坡度在 10°以上的坡耕地，主要障碍因子是坡度较大，地面倾斜，因而诱发水土流失、质地粗糙、干旱瘠薄等多种并发症。特殊的自然、经济社会状况，导致了土壤侵蚀、土壤瘠薄与土壤干旱，成为影响这一类型土壤农业生产的主导障碍因素。

坡地梯改型耕地，地处海拔 500~1 100 米的中低山、丘陵地带。严重的侵蚀使耕地遭到极大的破坏。光山秃岭、沟壑纵横、地面支离破碎为其主要景观。地面不平整，坡度大于 5°以上，多数在 10°~15°，有的甚至高达 15°~25°。这样的自然环境，加剧了水土流失。造成侵蚀的主要原因，一是土壤本身的特性所决定。由于构成母质的多为土质疏松、节理结构明显的黄土，土壤黏合性差，通透性小，抗蚀性极弱，极易造成土壤侵蚀。二是气候因素。集中的暴雨和降雨的频繁发生，加剧了土壤侵蚀。由于这一区域没有很好的生态环境，草难生存，树难存活，降水量少而且雨量集中，春夏季节干旱少雨，夏秋季节暴雨连连，造成渍涝灾害。而且降雨集中在 7 月、8 月、9 月这 3 个月，许多雨水得不到充分利用，使侵蚀和干旱加剧。粮食生产只能维持在低水平种植和收获。三是人类的活动。随着人口增加，加剧了土壤的不合理开发利用，打破了自然界的生态平衡，加剧了土壤侵蚀。严重的土壤侵蚀，加速土壤贫瘠化。耕地土壤有机质多在 10 克/千克以下，有效磷小于 5 毫克/千克，速效钾小于 100 毫克/千克，粮食产量低而不稳。四是地形的影响。这一地区仍有较多的坡耕地，基本占到耕地面积的 50%左右，严重的土壤侵蚀多发生在坡耕地上。由于侵蚀造成耕地面积减少，耕地生产能力低下，熟化层和耕层被不断剥蚀，降低了土壤的渗透性和蓄水性，加剧了土壤的干旱程度。

因此土壤侵蚀是造成本土壤类型瘠薄、干旱的根本原因。按侵蚀程度的不同，本类型耕地分为轻度侵蚀、中度侵蚀、重度侵蚀。

五、瘠薄培肥型

主导障碍因素为土壤养分含量低，结构不良，投肥不足。一般土壤有机质含量在 10 克/千克以下，多种养分均不能满足作物正常生长发育。瘠薄培肥型土壤主导的障碍因素就是土壤贫瘠及由此引起的土壤干旱、侵蚀等。

地势平坦的河谷阶地、丘陵、垣面耕地，由于其种植复种指数高，培肥水平低，氮、磷、钾施用不平衡，加之没有良好的灌溉条件，影响了作物的生长和土地生产潜力的发挥。另地处丘陵残垣、梁、峁、坡、沟谷地带的耕地，由于其自然气候、地形、人为等因素的影响，产生严重的土壤侵蚀，使土壤中养分被水冲失，造成耕层浅薄、土壤养分含量低、土壤干旱等，严重阻碍了作物正常生长发育。

第三节　改良利用措施

中低产田改良利用的指导思想是：以工程措施为基础，以培肥土壤为重点，坚持用地和养地相结合，改良和利用相结合，当前利益与长远利益相结合，本着因地制宜，先易后难，先近后远的原则，逐步改善农业生产条件。根据土壤主导障碍因素及改良主攻方向，永济市中低产田改造技术可分为以下五项：

一、盐碱耕地型耕地改良技术

该类型的中低产田的改良措施是采取工程先行，水利排灌工程、生物工程、农业工程综合配套。

（一）加强工程改造

以工程措施为基础，健全排灌系统。要求排水沟深：壤质土壤大于 2 米，黏质土壤大于 1.5 米；间隔 200～400 米挖一条排水沟；灌溉脱盐用河流水或深井水，需水定额为 500～700 米^3/亩；平田整地，建成 3 亩的网格田，修高地垄，深耕翻。这涉及工程标准的确定，首先是排涝，保证一日暴雨 2～3 日排除；其次是控制地下水位，能够保证地下水位降至在作物生长季节不影响作物生长的深度。在干旱返盐季节，能够将地下水位降至能切断毛细管水上升地表的聚盐临界深度。第三是加深耕作层，打破犁底层、心土层等障碍层次，改善土壤的通透性，建立主要土层、耕层的良好水分状况。通过以上措施使之真正起到上灌下排，压碱洗盐，改良盐碱。第四是深井灌溉，以淡压咸。

永济市腹地一带盐碱地为井黄（河）两灌渠，但由于受停电等客观因素限制，引黄（河）水不能及时保浇，部分地块连续用浅井进行浇灌，造成土壤的次生盐渍化，直接影响了粮棉产量。从 2007 年开始，通过项目实施，在腹地盐碱区修防渗渠道 2 万余米，新挖引黄渠道 3 条，在用水旺季，市电业局对改良区的用电给予了优先供给，使腹地改良区的灌溉面积扩大到 4 万余亩，黄灌面积的扩大，保证了盐碱区小麦的高产稳产。如开张镇普乐头村三组王彩亭的 9.5 亩小麦，小麦品种均为晋麦 31，播期、播量施肥都基本相同，渠北 3.5 亩用浅井浇灌 3 次，亩产 246 千克；而渠东的 6 亩麦田，越冬水、拔节水、灌浆水三水全部用黄河水进行浇灌，亩产达 362 千克，与浅井浇灌亩产相差 116 千克。

（二）实施生物改造

一是增加有机肥的施用。连续 3 年施用有机肥 2 000～3000 千克/亩，种植绿肥牧草，实行粮草粮肥轮作，逐步改善土壤肥力状况，增强土壤抵抗盐碱危害的能力。二是推广秸秆还田。通过采取秸秆还田，以促进土壤团粒结构的形成，增强通透性，提高地温，以肥吃碱。从 2007 年开始，永济市在盐碱改良区内，全部实施小麦、玉米两茬秸秆还田，如开张镇尊村沿河一带盐碱地种植 4 000 余亩玉米，通过连续多年还田，土壤结构明显改善，粮食产量稳步增加。开张镇石桥村朱民潮与杨旺财，在同一中度盐碱地块种植的小麦，在上年小麦高茬收割后，朱民潮进行了高茬覆盖还田，而杨旺财则火烧麦茬，在品种一样，播期、播量、施肥、浇水基本相同的情况下，杨旺财小麦亩产274千克，而朱民潮产量达376千克，亩增小麦102千克。三是采取栽培措施改良盐碱。本市盐碱土壤多以碳酸盐、氧化物为主，生物工程以栽培田、蓄肥田最为理想；其次栽种甜菜、苜蓿、向日葵、高粱，在轻度盐碱地栽培棉花效益甚好。2005年在腹地一带盐碱地发展种植苜蓿面积达1.1万亩，前4年为牧草，2009年全部进行翻压还田，据观察点测定，有机质平均13.6克/千克，较1998年的10.4克/千克提高了3.2克/千克；有效磷平均为12.7毫克/千克，较1998年的9.8毫克/千克提高了2.9毫克/千克；速效钾平均171毫克/千克，较1998年的160毫克/千克提高了11毫克/千克。土壤物理性状：容重平均为1.17克/厘米^3，较1998年的1.53克/厘米^{3}减轻了0.36克/厘米^3；孔隙度平均值为50.2%，较1998年绝对值增加了3.5%；土壤全盐量由1998年的0.49%下降到0.28%，减少了0.21%，由中度盐碱改为轻度盐碱。四是地膜覆盖，水面养鱼。地膜覆盖对盐碱地保苗效果佳，既保温保墒又抑制盐水上涨，目前永济市的盐碱地棉花基本上全部实行地膜覆盖。在地处低洼沼泽地带适宜开发鱼塘，发展渔业，既增加经济收入，又能缓解市场需求，为富国强民奠定基础。蒲州一带的低洼盐碱地目前已开发鱼塘面积1万余亩。

（三）配合化学改造

一是测土配方施肥。主要是增加酸性磷肥的施用，可连续3年亩施用磷肥40～90千克，以缓解碱性危害，满足作物生长需要。二是铺沙压碱改垆。铺粉煤灰，施磷石膏、硫酸亚铁等，既改善结构，又抑制盐分上升，促进盐分稳健生育。如连续3年亩施磷石膏200～250千克，对于熟化度低的盐碱地可连续3年亩施硫酸亚铁60～100千克。2006年，在栲栳、张营、蒲州3个镇搞黄河淤沙改碱，面积2.2万亩，土壤pH降至8.5。如本市栲栳镇长宁村二组胡宁的12亩果园，地处本市栲栳垣的新生盐碱地带，因长期用咸水灌溉，土壤板结。2008年，施用硫酸亚铁50千克，2009年春季以后耕翻果园未出现土壤板结块，同时，萎蔫的果树叶色逐渐变绿，生长正常。开张镇石桥村，在盐碱地块，大力推广施用磷石膏，由观察点可以看出，施用磷石膏的棉田，土壤容重由1.39克/厘米^{3}降到1.37克/厘米^3，孔隙度由51.9%增加到52.3%，全盐量由播前的5.4克/千克下降到5.1克/千克，棉花亩产84千克，比对照组62千克亩增皮棉22千克，增产15%。

（四）实行合理耕作

一是秋深耕晒垡，春浅耕早耙；二是地膜覆盖，其中棉田覆盖要达100%。

二、障碍层次型耕地改良技术

（一）工程措施

对于分布于地形部位平缓的层次型障碍因素，可根据障碍层次厚度及出现部位，因地制宜加以改造。耕层薄、沙层出现浅的可采取淤积泥土、搬运黄土、深耕等措施来打破沙层或加厚耕层，逐步消除不良障碍层对土壤的影响。对于耕层较厚，沙层出现部位较深的土壤，可采取勤施肥，勤浇水的管理措施来减少不良障碍层对土壤的影响。此外，还可采取因土种植，种植喜沙的西瓜、花生、马铃薯等，以减少不良障碍层对作物产量的影响。黏土则掺沙或铺沙改造。

（二）耕作培肥

对于分布于丘陵、高阶地的障碍层次型土壤，可采取深耕翻，增施有机肥，氮、磷、钾配合，秸秆、地膜覆盖等方式减少料姜、白干层等障碍层次对土壤的影响，尤其是深耕翻，可以使土壤理化性状得到改善，提高土壤渗水、蓄水能力，减少水土流失。

（三）生物改良

对于山地薄层型障碍层次型土壤来说，可采取合理种植、选择适宜品种、植树造林、退耕还林还草、保土保水等多种形式，先遏制水土流失再培肥的方法来加以改造。

三、干旱灌溉型耕地改良技术

（一）发展节水灌溉

一是发展节水灌溉工程。积极开展有条件的可发展水利骨干工程和田间灌溉工程，搞好渠系防渗工程，或发展具一定规模、颇具发展前景的节水灌溉工程。二是改革灌溉制度。对现有水浇地实行节水灌溉及灌溉制度改革，扩大灌溉面积，实现旱涝保收。位于卿头镇曾家营村南的低产田块，历年小麦亩产量仅 150 千克左右，2007 年，在该示范区新打井 5 眼，修复配套旧井 1 眼，架设输变电线路 2.8 千米，安装 50 千瓦变压器 6 台，全区埋设地下输水管道 6 千米，新增灌溉面积 3 700 亩，粮食平均亩产量达 320 千克。开张镇杨庄、东开张、常营附近的 6 000 余亩旱薄地，在镇政府的统一组织和上级有关单位的支持下，2006 年全部配齐了喷灌设施，作物的经济效益明显提高，棉花亩产量由 70 千克上升为 95 千克。

（二）实施集水补灌

对于季节性水源充沛而缺乏灌溉条件的地方，可在农田整治的基础上，修筑旱井、旱窖、人字闸等积水工程，以满足作物苗期和生长关键期对水分的要求。同时开展深耕深松蓄水保墒措施，最大限度的蓄积天上水，保护好中墒。进一步搞好田、林、路、渠的综合治理，实现农田林网化，提高作物的抗旱能力。

城东办的郭李村，在地产田开发区，在其他改良措施配套的同时，大搞田、林、路、渠的配套，示范区基本实现农田林网化，作物的抗旱能力明显提高，作物亩产量由 200 千克提高到 300 千克。

（三）加强土壤培肥改造

一是增施有机肥，每年保证 2 000～3 000 千克/亩；二是积极采取秸秆堆沤、翻压或覆盖还田，既保持土壤水分，又增加土壤有机成分，培肥地力；三是要扩大绿肥种植面积、实行粮肥轮作；四是要合理调整氮、磷、钾比例，科学施肥，以最经济的投入，获得最佳的效益。$N : P_2O_5 : K_2O = (1 : 0.7) \sim 0.8 : (0.4 \sim 0.5)$，改变过去只重视氮磷肥的习惯。

四、坡地梯改型耕地改良技术

（一）修筑梯田

通过实施修筑梯田（水平梯田、隔坡梯田、反坡梯田）为中心的田间水保工程，以增加梯田土体厚度、耕层熟化层厚度。在田埂种植草、灌丛，在山顶或隔坡内种植抗旱保水的树或草灌，增加植被覆盖。地面坡度较小（5°～10°）的地方可修筑水平梯田，从梯田的安全稳定性、耕作方便和作物生长环境等多方面需求出发，参照地面坡度、土体厚度、施工方法等条件进行规划设计，田面宽度以 12～18 米为宜，坎高 1.6～2.2 米，坎外侧边坡＞6°，斜边距离 12.5～18.5 米，田间侧坡 2°～3°。对于坡度＞10°或 10°～15°之间的坡地，以修筑隔坡梯田较为理想，一是修筑容易，工程量小；二是可以充分发挥工程的拦蓄潜力，真正实现集水农业；三是可以实现多种经营，实现农牧农林良好结合的种植结构；四是维护管理也较容易。一般要求平段田间宽 8.5～12 米，隔坡长度 21～30 米，平坡比 1：2.5，蓄水埂高度 0.25 米较为适宜。除此外还可实行丰产沟、丰产粮、等高种植来减少水土流失。而坡度＞15°的坡耕地，主张退耕还林还草。

（二）耕作培肥

对于已经实施田间保水工程，得到基本改造的耕地（已筑有各种形式的梯田），土壤改良的主要目标就是针对其耕性和熟化程度的差异，加以培肥改造。可以通过深耕深翻，加厚耕作层，创造一个较好的土体结构，并通过秸秆覆盖还田、种植绿肥、增施有机肥、合理轮作、平衡施肥等措施，改善耕作的理化性状。耕地培肥是一个逐步缓进的过程，至少要通过 3～5 年的改良、培肥、熟化过程，才能使处于较低水平的新修梯田土壤肥力提高一个等级。

（三）生物措施

结合工程、培肥措施进行的生物改造措施，包括植树造林、种草种肥、作物品种改良、合理轮作倒茬等。在垣面、沟谷以植树造林为主，设置高低两个防护林带，防治风蚀、水蚀，并适当规划 20%～30% 的经济林，以提高农民的经济收入。坡面可种植牧草和灌木林，以固沙保水，防止水土流失。田间可种植绿肥，以畜养农，以粪肥田。在广大丘陵山区，作物结构调整是至关重要的大问题，能否实现农业的高产高效，关键在作物品种、作物结构的选择上。可根据当地生产特点，发展药材、干果、小杂粮等特色种植。

（四）集雨工程

结合地形特点，修筑旱井、旱窖等集雨工程，并配套节水补灌设施，对作物进行补充灌溉，缓解其干旱缺水的局面。

五、瘠薄培肥型耕地改良技术

（一）加强耕作培肥

深耕翻，逐渐加厚耕作层，深耕时注意保墒，选择耕翻季节，结合耙糖整压等，同时还要注意水土保持，加修地埂。增施有机肥，广开肥源，实行堆沤肥、秸秆肥、畜粪肥、土杂肥共用以及粮肥轮作、粮豆轮作，改善土体结构。通过深耕培肥，使熟化层厚度增加 3～5 厘米，以达到增加土壤水分蓄积，减少土壤水分损失的目的。

（二）大力推广旱作农业技术

平田整地，修筑梯田，起高垫低，加厚耕层，提高土壤蓄水保肥能力，减少水土流失，进行秸秆覆盖，减少土壤水分蒸发。广集天上水，发展集雨补灌，从根本上解决土壤干旱问题。

（三）因土种植与合理施肥

加强种植制度的改革，种植耐瘠耐旱养地作物。沙土区可种植花生、红薯等耐沙耐瘠作物；壤土区可种植豆类、谷子、向日葵、芝麻等养地耐瘠作物，对生长季一季有余两年不足的地区，可复种或套种绿肥、向日葵等，充分利用光热资源，提高复种指数，增加地面覆盖。在丘陵山区可实行地膜、秸秆双覆盖，减少水分损失。同时注意氮、磷、钾的合理施用，尤其增加磷、钾肥的施用，保证土壤养分平衡，加快生物积累和物质循环过程。

（四）生物改造

因地制宜采取一些微型水保工程和水保耕作技术，对山地、丘陵进行综合治理。建设高标准的山顶、山坡水保林，沟头防护林，田间路旁林、防坝护埂林、间作林等，以固土保水、改善生态环境。在沟谷可采取丰产沟种植技术，拦截雨水，集中土、肥、水优势，改善土壤供水供肥状况。

第十一章　耕地地力调查与质量评价的应用研究

第一节　耕地资源合理配置研究

一、永济市耕地潜在粮食生产能力分析

永济市自然条件优越，耕地生产能力较高，是山西省重要的商品粮、优质棉、芦笋生产基地。现有耕地中，二级、三级、四级地比例较大，占现有耕地的74.98%，主要种植蔬菜、棉花及粮食作物；而五级以下耕地比例仅为现有耕地的12.67%，主要种植小麦。按地力等级评价结果，全市77.13万亩耕地以全部种植粮食作物计，其粮食生产潜力为34 855万千克，平均亩产可达451.9千克，说明其耕地生产潜力较大，地力基础良好。

二、现实粮食生产能力分析

2008年，永济市农作物种植占用耕地71.13万亩，播种面积107.6万亩，复种指数1.51。其中粮食作物占用耕地31.21万亩，播种面积56.67万亩，复种指数1.82，总产187 896吨，平均亩产331.6千克；豆类播种面积1.19万亩，总产958吨，平均亩产86.7千克；薯类播种面积0.54万亩，总产2 946吨，平均亩产545.5千克；油料播种面积0.59万亩，总产798吨，平均亩产136.4千克；药材播种面积0.12万亩，总产558吨，平均亩产465.0千克；蔬菜播种面积9.77万亩，总产52 853吨，平均亩产541.2千克；棉花播种面积39.36万亩，总产26 881吨，平均亩产68.2千克。和全省其他县（市、区）比较，其复种指数、单产均处在较高水平。

按现有人口平均，每人每年平均占有粮食422千克，基本超过了国际公认的人类需求标准（每年每人食、种、工业、饲料用粮等总计应需求粮食400千克）。从潜在粮食生产能力和现有粮食生产能力比较来看，永济市平均每亩有120.3千克的粮食潜力可挖。纵观全市近几年的粮食、棉花、蔬菜的平均亩产量和全市农民对耕地的经营状况，全市耕地还有更大的生产潜力可挖。如果在农业生产中加大有机肥的投入，采取科学施肥技术和合理的耕作技术，全市的耕地生产潜力还可以提高。从近几年全市对小麦、棉花、玉米的配方施肥观察点经济效益对比来看，配方施肥较习惯施肥的增产率都在10%以上。如果能进一步提高农业投入比重，提高劳动者素质，下大力气加强农业基础设施，特别是农田水利建设，稳步提高耕地综合生产能力和产出能力，实现农林牧结合就能增加农民的经济收入。

三、永济市未来人口及粮食需求分析

粮食是关系国计民生和国家自立与安全的特殊产品，从新中国成立初期到现在，全市人口数量、食品构成和粮食需求都在发生着巨大变化。新中国成立初期居民食品构成主要以粮食为主，也有少量的肉类食品，水果、蔬菜的比重很小。随着社会进步生产的发展，人民生活水平逐步提高。到 20 世纪 80 年代，居民食品构成依然以粮食为主，但肉类、禽类、油料、水果、蔬菜等的比重均有较大提高。

永济市现有人口 44.53 万人，按 10 年平均人口增长 6％计，2018 年全市人口预计 47.2 万人，全市粮食需求按国际通用粮食安全 400 千克计，基本粮食需求为 18 880 万千克，再加 5 000 万千克的商品粮生产，粮食总需求为 23 880 万千克。因此，人口的增加对粮食的需求产生了极大的影响，也带来了一定的危险性。

四、耕地资源合理配置意见

耕地资源合理配置原则是在保证粮食生产安全基础上，合理配置其他作物占地。因此，据 2018 年人口需求，永济市至少应保留 38 万亩耕地种粮，如果还要考虑部分商品粮需求，粮田种植面积应保留在 50 万亩左右。

永济市基本农田保护区耕地为 70 万亩，占现有耕地的 90％。其中 55％用于种粮，以满足全市人口粮食需求，种棉农田 15％～25％，种菜农田 5％～15％，棉田和菜田中有 5％～15％的农田作为机动农田，可视商品粮需求及粮食紧缺程度决定。另外，永济市还有 30 万亩黄河滩涂地，作为可利用耕地的后备资源，种植粮食等没有优势，种植芦笋无论从经济效益、用地效益上均更为有利，因此芦笋种植无须从现有耕地中考虑。

根据《土地管理法》和《基本农田保护条例》划定全市基本农田保护区，将水利条件、土壤肥力条件好，自然条件适宜的耕地划为口粮和国家商品粮生产基地，长期不许占用。在耕地资源利用上，必须坚持基本农田总量平衡的原则。一是建立完善的基本农田保护制度，用法律保护耕地；二是明确各级政府在基本农田保护中的责任，严禁占用保护区耕地，严格控制城乡建设用地；三是实行基本农田损失补偿制度，实行谁占用、谁补偿的原则；四是建立监督检查制度，严厉打击无证经营和乱占耕地的单位和个人；五是建立基本农田保护基金，市政府每年投入一定资金用于基本农田建设，大力挖掘潜存量土地；六是合理调整用地结构，用市场经营利益导向调控耕地。

同时，在耕地资源配置上，要以粮食生产安全为前提，以农业增效、农民增收为目标，逐步提高耕地质量，调整种植业结构，推广优质农产品，应用优质高效、生态安全栽培技术，提高耕地利用率。

第二节　耕地质量建设与土壤改良利用对策

一、耕地质量现状及特点

耕地质量包括耕地基础地力和土壤环境质量两个方面，此次调查与评价共涉及大田点位 5 608 个，蔬菜点位 120 个，污染点位 67 个，从野外调查和测定分析结果看，永济市耕地质量状况表现为以下几大特点：

1. 平川面积大，土壤质地较好　据调查，永济市 90％以上的耕地为川台平原，主要分布在山前平原、涑水平川、栲栳台垣和黄河川道，地势平坦，土层深厚，其中坡度＜2°的耕地 641 742.9 亩，占总耕地的 90.2％；2°～6°耕地 52 161.4 亩，占总耕地的 7.3％；两项合计占总耕地的 97.5％。详见表 11 - 1、表 11 - 2。这部分耕地不仅宜于粮棉种植，而且十分有利于现代化农业的发展。

永济市特定的自然环境和长期耕作历史，形成复杂多样的土壤类型。在永济市 35个土种中，优质土壤比重多，可供农林牧业利用的面积大。其中发育于黄土或次生黄土上的土壤达 48 万亩，占耕作土壤的一半以上。这类土壤结构良好，沙黏适中，宜耕宜种，保水保肥，水热协调，为优良的农业土壤。发育于淤、洪积母质上的土壤，虽沙性较强，但亦属较好的农业土壤类型。这两类土壤总面积达 64 余万亩，占总耕地的80％以上。

表 11 - 1　永济市耕地坡度调查情况表

坡度（°）	面积（亩）	块数	占总耕地面积（％）
＜2	695 644	3 470	90.2
2～6	56 299	428	7.3
6～15	6 941	137	0.9
15～25	5 398	12	0.7
25～35	5 397	8	0.7
＞35	1 546	56	0.2

表 11 - 2　永济市耕地不同地形部位分布面积统计表

名称	面积（亩）	占总耕地面积（％）
山前平原	59 384	7.7
涑水平川	299 235	38.8
栲栳台垣	247 563	32.1
黄河川道	94 861	12.3
洪积扇	70 182	9.1

2. 土体结构好，"蒙金"土壤较多　永济市耕地质量剖面构型包括松散型（通体沙型）、紧实型（通体黏型）、夹层型（夹砂砾型、夹黏型、夹料姜型等）、上紧下松型（漏沙型）、上松下紧型（蒙金型）、海绵型（通体壤型）等，其中一半以上的耕地土壤为"蒙金"型的理想土壤，栲栳垣上16万亩黄垆土全是"蒙金"型，山前平原老井灌区3万余亩褐潮土、涑水平川21余万亩潮黄土等均属"蒙金"型，总面积达40余万亩。详见表11-3。

表11-3　永济市耕地土壤土体构型调查表

名称	面积（亩）	占总耕地面积（%）	剖面地点
松散型	9 254	1.2	黄河农牧场
紧密型	118 769	15.4	开张镇石桥村
夹层型	43 961	5.7	城西办李点村
上紧下松型	31 622	4.1	城北办赵柏村
上松下紧型	461 962	59.9	栲栳镇高市村
海绵型	105 657	13.7	蒲州镇李家庄村

3. 耕作历史久，土壤熟化度较高　据史料记载，早在尧舜时代永济市就为农业区域，农业历史悠久，成土母质系第四纪风积黄土，土质良好，加以多年的耕作培肥，土壤熟化程度较高。据调查，有效土层厚度均在100厘米以上，耕层厚度为0~35厘米，大于20厘米的占到调查面积的90%以上，且土性柔和，适种作物广，生产水平高。

4. 耕地土壤养分含量不断提高　从表11-4大田耕层土壤养分分析结果看出，永济市大田土壤有机质平均含量为16.18克/千克，属省三级水平，比2002年养分调查时提高了2.68克/千克；全氮平均含量1.01克/千克，属省三级水平，比2002年养分调查时提高了0.23克/千克；有效磷平均含量18.5毫克/千克，属省三级水平，比2002年养分调查时提高了6.83毫克/千克；速效钾平均含量226.1毫克/千克，属省二级水平，比2002年养分调查时提高了48.12毫克/千克；中量元素有效硫、微量元素有效铜、锌、水溶性硼均属省三级水平；有效锰属省四级水平；有效铁属省五级水平；有效钼属省六级水平。

表11-4　大田耕层土壤各养分统计表

项目名称	汇总点数（个）	平均值	最大值	最小值	标准差	变异系数（%）
有机质（克/千克）	4 110	16.18	27.00	7.25	3.71	22.91
全氮（克/千克）	4 125	1.01	1.60	0.49	0.20	19.71
有效磷（毫克/千克）	4 120	18.5	32.5	6.5	4.78	25.81
速效钾（毫克/千克）	4 129	226.1	390.0	72.5	54.89	24.28
缓效钾（毫克/千克）	4 505	1 330.4	2 043.0	605.0	248.53	18.68
交换性钙（克/千克）	430	8.54	12.00	2.00	1.42	16.63
交换性镁（克/千克）	428	0.45	1.44	0.06	0.19	42.22
有效硫（毫克/千克）	4 074	67.2	160.0	16.5	31.13	46.30

（续）

项目名称	汇总点数（个）	平均值	最大值	最小值	标准差	变异系数（%）
有效硅（毫克/千克）	428	139.8	482.6	30.7	43.80	31.33
有效铜（毫克/千克）	4 083	1.04	1.60	0.47	0.19	18.63
有效锌（毫克/千克）	4 088	1.15	2.05	0.31	0.31	26.61
有效铁（毫克/千克）	4 088	4.72	7.85	1.95	1.04	22.16
有效锰（毫克/千克）	4 129	11.89	18.00	5.50	2.16	18.13
有效硼（毫克/千克）	4 119	1.01	2.20	0.29	0.40	39.78
有效钼（毫克/千克）	4 047	0.04	0.09	0.01	0.02	40.65
pH	4 087	8.33	8.91	7.77	0.20	2.40
容重（克/厘米³）	4 062	1.37	1.46	1.30	0.03	2.03

从表 11-5 蔬菜地耕层土壤养分状况看，土壤有机质平均含量为 19.89 克/千克，属省三级水平；全氮平均含量为 1.26 克/千克，属省二级水平；有效磷平均含量为 32.41 毫克/千克，属省一级水平；速效钾平均含量为 245.2 毫克/千克，属省二级水平；中量元素有效硫属省二级水平；交换性钙属省三级水平；交换性镁与有效硅均属省四级水平；微量元素属省三级水平，有效锌属省二级水平；有效铁、锰与水溶性硼均属省四级水平。

表 11-5 蔬菜耕层土壤各养分统计表

项目名称	汇总点数（个）	平均值	最大值	最小值	标准差	变异系数（%）
有机质（克/千克）	120	19.89	37.71	8.70	6.80	34.18
全氮（克/千克）	120	1.26	1.92	0.64	0.31	24.65
有效磷（毫克/千克）	120	32.41	79.00	6.00	24.60	75.90
速效钾（毫克/千克）	115	245.2	662.6	88.6	62.7	25.57
交换性钙（克/千克）	119	8.40	13.00	3.00	1.68	20.01
交换性镁（克/千克）	118	0.40	1.03	0.16	0.13	32.80
有效硫（毫克/千克）	118	153.18	532.10	61.50	40.70	26.57
有效硅（毫克/千克）	119	135.40	295.90	15.30	63.50	46.90
有效铜（毫克/千克）	115	1.36	2.82	0.35	0.53	38.84
有效锌（毫克/千克）	116	2.02	6.27	0.44	0.96	47.48
有效铁（毫克/千克）	118	6.61	15.25	2.81	2.34	35.42
有效锰（毫克/千克）	118	8.78	14.53	5.55	2.08	23.68
有效硼（毫克/千克）	119	0.68	2.69	0.17	0.31	45.59
有效钼（毫克/千克）	116	0.22	1.43	0.04	0.12	55.12
pH	118	8.07	9.91	7.43	0.27	3.35
容重（克/厘米³）	119	1.35	1.46	1.12	0.06	4.43

表 11-6　蔬菜亚耕层土样各养分统计表

项目	汇总点数（个）	平均值	最大值	最小值	标准差	变异系数（%）
有机质（克/千克）	30	10.77	21.12	1.00	4.59	42.58
全氮（克/千克）	32	0.68	1.488	0.204	0.31	45.74
有效磷（毫克/千克）	31	16.10	51.80	2.40	12.03	74.70
速效钾（毫克/千克）	31	141.18	332.90	44.40	73.19	51.84
有效铜（毫克/千克）	30	1.27	2.12	0.31	0.46	36.44
有效锌（毫克/千克）	32	1.16	3.65	0.26	0.83	72.29
有效铁（毫克/千克）	30	5.16	9.16	2.07	1.65	32.04
有效锰（毫克/千克）	31	8.47	14.71	4.84	2.10	24.77
有效硼（毫克/千克）	31	0.60	1.322	0.226	0.32	54.04
有效钼（毫克/千克）	31	0.23	0.645 1	0.057	0.14	63.26
有效硅（毫克/千克）	32	120.21	206.30	29.90	48.67	40.49
交换性钙（克/千克）	32	7.44	11.00	4.00	1.70	22.89
交换性镁（克/千克）	32	0.413 4	0.79	0.20	0.14	33.04
有效硫（毫克/千克）	32	140.00	210.10	59.90	38.61	27.58

5. 菜田养分含量较高　永济市共有蔬菜地 10.5 万亩，包括辣椒、番茄、黄瓜、白菜、芦笋等，按不同蔬菜种类、种植年限设施类型等，共布设样点 120 个。从测定分析结果看，菜田耕层土壤养分含量普遍比大田土壤高，不同区域统计结果见表 11-7。

表 11-7　不同区域菜田土壤养分测定结果

区域 \ 项目	城北、城西常规菜区	城西辣椒产区	芦笋产区	虞乡、卿头瓜菜产区	日光温室产区	永济市平均
有机质（克/千克）	20.75	23.01	15.47	18.52	22.75	19.89
全氮（克/千克）	1.13	1.44	1.12	1.14	1.35	1.26
有效磷（毫克/千克）	34.81	41.90	15.80	42.94	42.05	32.41
速效钾（毫克/千克）	240.21	201.00	207.00	324.74	329.90	245.20
有效铜（毫克/千克）	1.69	2.28	0.45	1.60	1.43	1.36
有效锌（毫克/千克）	2.00	2.49	0.99	3.08	2.74	2.02
有效铁（毫克/千克）	7.50	6.17	5.04	10.48	7.90	6.61
有效锰（毫克/千克）	8.10	8.06	9.19	9.66	9.10	8.78
有效硼（毫克/千克）	0.65	0.46	0.74	0.66	0.83	0.68
有效钼（毫克/千克）	0.21	0.18	0.14	0.41	0.35	0.22
有效硅（毫克/千克）	109.49	178.90	89.10	103.60	176.78	135.40
交换性钙（克/千克）	8.96	9.70	6.98	7.43	8.96	8.40
交换性镁（克/千克）	0.40	0.35	0.39	0.68	0.39	0.40
有效硫（毫克/千克）	154.25	140.30	141.90	202.24	170.25	153.18

从表 11-7 可以看出，永济市菜田土壤有机质平均含量为 19.89 克/千克，比大田土壤平均含量高出 3.71 克/千克。其中城西的辣椒产区，由于蔬菜种植时间长，有机质含量高达 23.01 克/千克，比菜田平均含量高出 3.12 克/千克。

6. 土壤污染程度轻 永济市的主要污染源为电机厂、纺织厂、印染厂、化肥厂、五七五、振兴化工厂、涑水河等 7 个污染源。在污染源附近，按污染源的扩散方向，共采集 27 个样点，从测定分析和评价结果看，各点位土壤污染等级均为 I 级，未受到污染。各点源污染土样统计结果见表 11-8。

表 11-8 不同污染源测定值统计结果与综合评价表

区域 \ 项目	电机厂	纺织厂	印染厂	化肥厂	五七五	化工厂	涑水河	平均
镉（毫克/千克）	0.198	0.164	0.119	0.193	0.221	0.371	0.574	0.258
汞（毫克/千克）	0.30	0.15	0.10	0.08	0.14	0.11	0.07	0.15
砷（毫克/千克）	10.59	7.48	10.01	9.58	5.85	10.24	8.88	8.77
铬（毫克/千克）	80.9	72.6	70.8	64.2	63.4	66.2	69.9	69.7
铅（毫克/千克）	39.8	26.1	26.3	118.1	77.6	62.1	62.3	59.7
污染等级	I	I	I	I	I	I	I	—
综合评价	非污染	非污染	非污染	非污染	非污染	非污染	非污染	—

二、存在主要问题及原因分析

永济市是一个传统的农业大市，境内地势平坦、光热资源充足，水利设施较为完善，是全国优质棉、全省商品粮基地，全国最大的芦笋生产基地。面对发展现代农业的需要，对耕地的合理利用提出了更高的要求，从调查结果看，在耕地质量和耕地利用上还存在不少问题。

（一）耕地面积逐年减少，人均耕地逐年下降

一是村、镇建设速度加快，耕地面积逐年减少，人均耕地逐年下降。多年来，由于在土地利用上缺少周密计划，非农业建设用地和乡村企事业占地尤为突出，致使永济市耕地面积逐年减少，人均耕地不断下降。新中国成立初期，永济市耕地面积 101.8 万亩，人均耕地 6.21 亩；1989 年减少到 85.5 万亩，人均 2.34 亩，30 年共减少了 16 万亩，平均每年减少 4 000 余亩，人均耕地减少 3.87 亩；2002 年耕地面积减少到 78.9 万亩，人均耕地仅为 1.8 亩，2008 年耕地减少到 77.13 万亩，人均占有耕地 1.73 亩，而且减少的这些耕地多为城镇郊区、村庄周围、质量较高的农田菜地。耕地减少的主要原因是农村建房、水利工程、乡镇企业三项占地。

二是国民经济各部门、各行业之间争地矛盾突出。近年来，永济市国民经济各部门均

取得了显著成绩，但随之带来了各部门、各行业之间的争地矛盾，主要表现在农业与非农业用地之间。据详查资料，至 2008 年，永济市非农业用地占到永济市总土地面积的 22％以上，其中农村居民点用地，占永济市总土地面积的 10％以上，上级有关部门虽然每年下达一定的农宅用地计划，但仍不能得到有效控制。

三是农业内部用地结构也不合理。近几年随着农业结构的调整，一些质量较高的耕地改种果树，据统计 2008 年永济市各种水果总面积近 15 万亩，一些应该得到保证的牧草地则被其他种植业所挤占，这样势必造成农业内部结构不合理，行业之间出现争地矛盾。

（二）耕地质量不容忽视

从永济市耕地质量调查评价结果来看，耕地土壤均未受到污染。但调查的 21 个水样点中，有 5 个点分别受到氯化物、氟化物、化学需氧量的轻度污染，对所灌溉的耕地有一定影响，不容忽视。

（三）耕地地力不足，耕地生产率低

永济市耕地虽然经过排、灌、路、村综合治理，农田生态环境不断改善，耕地单产、总产呈上升趋势。但近年来，农业生产资料价格一再上涨，农业成本较高，加之我国已加入世界贸易组织，农产要和国际市场接轨，价格持续下滑，农民所受保护很弱，有的地方出现种粮赔本现象，大大挫伤了农民种粮的积极性。一些农民通过增施氮肥取得产量，耕作粗放，结果致使土壤有机质含量下降，土壤结构变差，造成土壤养分恶性循环。如永济市虞乡、伍姓湖、董村三大农场及黄河农牧场的部分耕地，多数由当地农民承包，连续多年种植棉花，为了减少投入，不施底肥，只在生育期追施两次氮肥，结果造成土壤肥力明显变化，据三年的连续测定结果，四个农场的土壤有机质平均含量均在 11 克/千克左右，全氮 0.6 克/千克，有效磷 10 毫克/千克，速效钾 152 毫克/千克。远远低于全市的平均水平，这种只用不养的做法，是造成耕地地力不足的主要原因。

（四）中低产田面积较大

据调查，全市共有中低产田面积 44.8 万亩，占耕地总面积的 58.1％，按主导障碍因素，共分为盐碱耕地型、障碍层次型、干旱灌溉型、坡地梯改型和瘠薄培肥型五大类型，其中盐碱耕地型 14.28 万亩、障碍层次型 7.11 万亩、干旱灌溉型 7.54 万亩、坡地梯改型 0.74 万亩、瘠薄培肥型 15.13 万亩。

中低产田面积大，类型多。主要原因：一是自然条件恶劣。全市地形复杂，成土母质多样，保水蓄水能力差，水土流失严重；二是农田基本建设投入不足，中低产田改造措施不力。三是农民耕地施肥投入不足，尤其是有机肥施用量仍处于较低水平。

（五）忽视了垆土地的改良利用

永济市垆土面积约 8 万余亩，多系河流沉积物，土质黏重，紧实，耕作困难，作物生长发育不良，近几年来，不但不注意改良，反而使用咸水大水漫灌，化肥施用不合理，连年复播，使垆土性状进一步恶变。据调查测定，永济市 52 个点位的土壤容重平均为 1.34 克/厘米^3，7 个垆土地的土壤容重平均为 1.47 克/厘米^3。开张镇土桥村的耕地不注重有机肥的施用，越施化肥越板结，据测定土壤容重为 1.57 克/厘米^3，孔隙度为 47.6％；卿头

镇三娄寺村长期大水漫灌，垆土蓄水力减弱；蒲州镇孟盟桥村垆土连年复播，频繁浇水，大量施用化肥，土体阴凉，板结硬化。

(六) 施肥结构不合理

作物每年从土壤中带走大量养分，主要是通过施肥来补充，因此，施肥直接影响到土壤各种养分的含量。永济市近几年在施肥上存在的问题突出表现在"三重三轻"：第一，特色产业的施肥重，普通大田作物施肥轻，永济市目前每年施肥量约 6 万吨，但主要分布在一些特色产业上，如芦笋、蔬菜等。据调查，永济市特色产业面积约 15 万亩，每年施肥投入每亩 220~260 元，而 60 万亩大田作物，每亩每年施肥投入约 70 元，二者面积悬殊，但施肥投入总量基本相当。第二，重复混肥料，轻配方肥料。随着我国化肥市场的快速发展，复混（合）肥异军突起，其应用对土壤养分的变化也有影响，许多复肥杂而不专，农民对其依赖性较大，而对于自己所种作物需什么肥料，土壤缺什么元素，底子不清，导致盲目施肥。在田间调查中发现，有些农民每亩施 45％复合肥 20 千克，结果造成氮肥用量不足；有些农民把硝酸磷误认为磷肥，有些农民把三料误认为三元素，只施三料不施氮肥等，这些施肥方式也是导致永济市耕地养分不平衡的主要原因。第三，重化肥施用，轻有机肥施用。有机肥用量的减少是永济市耕地土壤有机质含量不高的主要原因，随着农业机械程度的提高，永济市广大农村每年施用的有机肥越来越少，约有 85％的农田多年不施农家肥，作物每年从土壤中带走大量养分，主要是通过施肥来补充，90 年代以来，随着农业机械化程度的提高，小麦、玉米、棉秆等秸秆还田面积增加，但由于秸秆资源有限，单位面积的还田量不能满足土壤培肥和作物优质高产的需要。

三、耕地培肥与改良利用对策

(一) 采取多种形式，提高土壤肥力

土壤肥力是提高农作物产量的条件，是农业生产持续上升的物质基础，要使粮食生产上台阶，农业生产大发展，必须在培养、提高土壤肥力上狠下工夫。

1. 增加土壤有机质　有机质是土壤肥力的基础，在农业生产中具有重要作用。回顾永济市农业生产的历史，20 世纪 50~60 年代是重视有机肥料的，农民素有施用有机肥的习惯。70 年代以来，随着化学工业的发展以及其他原因，化肥用量猛增，有机肥料的用量较少，这样下去土壤肥力是无法维持和提高的，粮食上台阶，农业大发展的目标则难以实现。为此，各级领导要认真贯彻中央关于重视和加强有机肥料工作的指导精神，把增加有机肥料投入作为培肥地力，提高农业综合生产能力，增强农业发展后劲的重要措施来抓，大力提倡常年积造农家肥、秸秆沤肥、割蒿沤肥，发展畜牧业过腹还田增加各种厩肥，以提高土壤有机质含量。

2. 开展多种方式的秸秆还田，用养结合　作物秸秆含有较丰富的氮、磷、钾、钙、镁、硫等多种营养元素和有机物，直接翻入土壤，可以改善土壤理化性状，培肥土壤，提高产量。主要作物秸秆养分含量测定结果见表 11-9。

表 11 - 9 主要作物秸秆养分含量

名称	状态	N（%）	P₂O₅（%）	K₂O（%）
麦秆	风干物	0.48～0.50	0.2	0.60～1.00
玉米秆	风干物	0.48～0.75	0.30～0.38	0.90～1.64
大豆秆	风干物	1.21～1.30	0.31	0.5
棉花秆	风干物	1.46	0.21	1.31

作物秸秆来源丰富，永济市每年有 40 余万亩的小麦秸秆，30 余万亩的棉花秸秆，30 余亩的秋作物秸秆，所以要采取各种形式，继续推广小麦高茬覆盖还田和玉米鲜秆还田两茬还田技术，示范推广棉秆还田技术。据测定，连续两茬还田，土壤有机质含量年提高 1～3 克/千克，虞乡镇屯里村农民刘仲祥，多年来坚持小麦高茬覆盖和玉米鲜秆还田，土壤肥力不断提高，土壤有机质含量达 29.7 克/千克，是永济市平均含量的 2 倍，两茬连续 10 年亩产超吨粮。

（二）重视中低产田改良

永济市中低产田面积较大，占现有耕地的 58%，直接影响着农业生产的进一步发展。因此，对中低产田应因地制宜地进行改良。

1. 垣川中产改良区 主攻方向是抓住缺水、少肥、耕层浅 3 个主矛盾，主要采取以下措施：

（1）完善水利设施：搞好井、黄双配套和渠系防渗工程，狠抓节水设施建设，扩大有效灌溉面积，实现旱涝双保险。

（2）广辟有机肥源：大抓畜牧业、养殖业、积沤各种农肥，特别要继续推广各种形式的秸秆还田，种植绿肥，粮豆轮作等切实可行，行之立见效益的关键措施。

（3）深耕深松蓄水保墒：深耕深松既可打破犁底层，加厚活土层，又可改善土壤理化性状，促进养分有效化，促根早发稳长，更能改善土壤蓄水性能，力争三年一轮，逐渐加深。旱作农业的中心是蓄水、蓄肥和保墒，为此，要吸取传统与现代的技术为一体，最大限度地蓄注天上水，保好地中墒。诸如：伏前深松、伏期深耕、耙耱保墒、镇压提墒、覆盖保墒等。

（4）测土配方，科学用肥：以最经济的投入，获得最佳的效益，实践证明，测土施肥比习惯施肥增产 15%～20%，特别是对中低产田则尤为突出，增产效率高达 30% 以上，对微肥和激素的施用也要大力推广，一般增幅在 8% 以上。

（5）轮作倒茬，调配茬口：可调节地力，互补营养。养地作物有绿豆、大豆、油菜、苜蓿、芝麻、花生及豆科绿肥外，并实行麦豆、麦草、棉肥轮作等。

（6）机械化"两茬平作"：在精耕细作巧施肥，勤管护的前提下，"两茬平作"可使中产田加速改造升级，也可算作捷径之一。

2. 盐碱中低产改良区

（1）排灌渠系双配套：该区目前排灌干渠较全，而支斗渠系配套较差，要大力加快毛渠工程建设，使之真正起到上灌下排、压碱洗盐、改良盐碱的作用。

（2）增施农家肥和推广秸秆还田：由于地性冷凉，pH 偏高，增施农家肥可增加土壤团粒结构，增强通透性，提高地温，以肥吃碱。鉴于该地区人少地多，养畜所限，施农家肥水平甚低，只有走秸秆还田之路，省工省投资效益较高。

（3）化学物理措施：铺沙压碱改垆或施磷石膏、硫酸亚铁等，既改良结构，又抑制盐分上升，促进作物稳健生育。

（4）生物工程措施：永济市盐碱土壤多以碳酸盐、氯化物为主，生物工程以栽培田菁肥田最为理想，其次是栽植甜菜、苜蓿、向日葵、高粱，在轻度盐碱地上栽培棉花效益甚好。

（5）地膜覆盖，水面养鱼：地膜覆盖对盐碱地保全苗效果佳，既增温保墒，又抑制盐分上升。在地处低洼沼泽地带，适宜开发鱼塘，发展渔业，既增加经济收入，又能缓解市场需求，提高农民生活水平。

（6）杜绝浅井灌溉，实行引黄灌溉：永济市涑水平川区浅井水水质不良，浅井灌溉易使土质变劣。应禁止用高矿化度的咸水灌溉，防止土壤盐化。引黄灌溉既能洗盐压碱，又能够加厚耕层，相对降低地下水位；能把水中溶解的速效养分伴随泥沙流入田间，增加土壤有效养分含量，培肥土壤，增加作物抗盐能力；能够起到沙黏掺和作用，改变土壤质地。

（7）农、林、牧并举，巩固脱盐效果：本区地多盐碱地，肥力较差，应农、林、牧全面发展，多种苜蓿，养地促牧，以牧促农。适当发展林业，实行经济林园和方田林网，改良利用结合，巩固脱盐效果。盐碱地造林间距应大，以适应其根系横向发展的要求，也可进行林肥间套，培肥土壤，保证树木发育良好。

总之，改碱要与培肥相结合，否则即使脱盐，但肥力低，结构差，还会返盐。俗话说："肥大吃碱"也来源于此。因此，不论采取任何改盐措施，都必须与培肥相结合，才能起到改良效果。

3. 残垣丘陵低产改良区 主攻方向是：里切外垫，修楞筑堰，平田整地，保持水土，变"三跑田"为"三保田"，部分地要挖石垫土，栽植经济林，修渠灌溉，其措施如下：

（1）平田整地，变"三跑田"为"三保田"：起高垫低，平整田面，加厚耕层，提高土壤蓄水保水肥土的能力，严防水土流失。

（2）扩大有机肥源，增施农家肥，改善土壤结构，以提高土壤保蓄水分和养分的能力，加速土体熟化及养分的有效化。

（3）利用资源优势，发展经济林和畜牧业。永济市洪积扇和残垣沟壑旁光辐射好，通风透光强，温差大，土体多为沙土和粉沙壤土，利于根系发育。发展经济林和畜牧业，确属得天独厚，对增强果实膨大和养分积累十分有利。为此，应有计划的退耕还林和还牧，以减轻土体的冲刷和侵蚀。

（4）林粮、林草间作。借以固土纳雨，蓄水保墒，减少及降低水土肥流失，提高地力，既增粮又增加经济收入，并且促进养殖业的迅速发展。

（5）完善水利设施，实行节水型灌溉，以扩大有效水源，发展灌溉面积。

（三）创造一个平衡的农田生态系统

农业生态系统的脆弱和恶化，是制约耕地资源生产潜力的主要因素。近年来，永济市自然灾害频繁，与历史比较，成灾率倍增。据历史记载，汉朝每百年发生一次灾害，隋唐以来，上千年间，各种自然灾害才 15 次。然而，近年来，旱、虫、雹不时发生，仅旱灾 10 多年来就连续发生。灾害如此频繁，究其根源在于生态系统失衡。为此调查和重组不同类型区的农业生态结构，建设具有持续利用和高效率的物质能量转化的农田生态系统，既是实现可持续发展战略的基础，也是促进土地资源潜力发挥的根本途径。森林是"绿色宝库"，也是最丰富的生态资源库，它不仅为社会主义经济建设提供必要的林业财富，更为重要的是对改善永济市生态环境，提高环境质量有着不可替代的作用。据科研单位研究，平衡的生态系统林木覆盖率要达 30%，目前，永济市林木覆盖率虽然连年提高，但还没有达到要求，因而要高度重视森林调节生态系统的作用，宜林则林，对坡度 25°以上的农耕地要退耕还林，有计划地建立农田林网，持之以恒，坚持不懈，创造一个平衡的农田生态系统。

（四）采取有效措施，改善大田环境质量

永济市是一个典型的农业大市，是山西的粮棉生产基地，因此，必须采取有效措施，创造一个良好的大田环境质量状况，具体抓好以下两点：

1. 加大科技含量，减少农田污染　永济市人多地少，人均耕地面积 1.73 亩，过分强调崇尚自然，不用化肥，不用农药是极不切实际的，自然农业的低投入和低产出，在永济市是行不通的。精耕细作与现代科学技术相结合是永济市农业持续发展的唯一出路。要达到作物高产优质，不是自然农业所能做到的。要增加化肥和农药投入，关键是要做到合理科学，使其正确使用化肥农药，减少耕地重金属及其他有害成分含量，利用各种农业措施，防止农田污染。

2. 严格执法，保护耕地安全　永济市耕地污染的主要污染源为涑水河，应严格按照环境保护条例办事，对排污企业要勒令停产治理，进行污水无害化处理，变废为宝，切实保护耕地安全。

第三节　农业结构调整与适宜性种植

一、农业结构调整的原则

为适应新农村建设的需要，在调整种植业结构中，应遵循下列原则：

一是与国际农产品市场接轨，以增强永济市农产品在国际、国内经济贸易的竞争力为原则。

二是充分利用不同区域内的生产条件、技术装备及经济基础条件，达到趋利避害，发挥优势的调整原则。

三是充分利用耕地地力评价成果，正确处理作物与土壤间，作物与作物间的合理调整为原则。

四是采用耕地资源管理信息系统，为区域结构调整的可行性提供宏观决策与技术服务的原则。

五是保持行政村界线的基本完整的原则。

根据上述原则，永济市农业今后的发展总体目标是：建设一个具有永济市特点的山西南部绿色食品生产基地，进一步发展农业产业化经营链条，向优质、高效、安全、生态农业方向迈进。

二、农业机构调整的依据

永济市目前种植业布局现状，是运用1979年第二次土壤普查成果，并在生产实践中不断调整而形成的，通过本次调查结果综合验证，目前永济市种植业布局存在许多问题，需在区域内部加大调整力度，进一步提高生产力和经济效益。

根据此次耕地地力评价结果，安排永济市的种植业内部结构调整，应依据不同地貌类型下耕地的综合生产能力和土壤环境质量两个方面综合考虑，具体为：

一是按照四大不同地貌类型，因地制宜规划，如盆地可分为腹地二级耕地生产区、盐碱障碍中低产区和铁路沿线高产区。在布局上做到宜农则农、宜林则林、宜牧则牧。

二是按照耕地地力评价出的1~9个等级标准，在各个地貌单元中所代表面积的众数值衡量，以适宜作物发挥最大生产潜力来分布，做到高产高效作物应布局在1级、2级耕地为宜，中低产田应在改良中调整。

三是按照土壤环境的污染状况，在面源污染、点源污染、水污染等影响土壤健康的障碍因素中，以污染物质及污染程度确定。做到该退的则退，该治理的采取消除污染源及土壤降解措施，按照无公害、绿色产品的种植要求，综合考虑作物布局。

三、种植业布局分区建议

根据永济市耕地地力和质量调查结果，围绕确保粮食安全、促进农业增效、农民增收和农业可持续发展的总目标，结合本市农业生产发展特点，提出了耕地资源合理配置意见，同时制定了当前农业结构调整规划。将全市划分为五大种植区。分区概述如下：

（一）蒲州、栲栳优质小麦、芦笋区

本区位于市域西北方向，一般海拔380米左右，它涉及蒲州镇、栲栳镇、韩阳镇、张营镇4个镇，西以引黄大干渠为界，东以王店、田营村、毛营村为界，北与临猗接壤，南以窑店、赵杏为界，区域耕地面积19.6万亩。

1. 耕地质量优势状况

（1）本区多数耕地平坦宽阔，方田道路基本形成，利于机械化作业和集约化生产。

（2）区内耕地质地良好，多以黄垆土为主，土层厚度，上绵下垆，土壤容重1.21~1.48克/厘米^3，保水保肥能力较强。

（3）区内耕地地力属中上水平，多数为三级耕地，是永济市面积最大的一个级别。该区耕地土壤有机质平均含量为15.47克/千克，有效磷为15.8毫克/千克，均属省三级水平；速效钾平均含量为207毫克/千克，为省二级水平，较为丰富。微量元素铜、锌、硼、铁、锰、钼、含量分布不平衡。

（4）区内耕地土壤环境质量状况较好，大田0~20厘米的耕层土壤重金属含量均符合

我国土壤环境的二级标准。

（5）区内耕地灌排条件优越，井黄两灌，保灌面积达78.6％，历史上麦棉单产水平较高。

2. 耕地质量限制及障碍因素

（1）耕地大平小不平，尤以台垣丘陵地带标准化梯田没有全面建成，植被覆盖率低，水土流失仍较严重。

（2）微量元素含量较低，不利于农产品品质的改善。

（3）本区灌溉水质栲栳镇周围的氟化物含量较高，长期使用此水灌溉，易导致作物叶尖及叶边组织破坏，影响产量。

3. 种植业发展方向

（1）作物布局：本区今后在种植业发展方向上应在主攻优质小麦生产的同时，着力抓好优质芦笋的生产。小麦面积占耕地的50％为宜，芦笋占25％，食用菌占5％，棉花等作物应稳定在20％左右为宜。麦后复播田应以油料、豆类作物为主，复种指数控制在35％～40％。沟壑丘陵地带应注重抓好退耕还林，扩大植被覆盖率。

（2）基地选择：本区的蒲州镇西闫、鲁家、北闫、韩家庄等村，栲栳镇长杆村、长城村、青台村等村周围耕地建设优质小麦生产基地；沿黄河滩涂建设无公害芦笋生产基地。

4. 主要保障措施

（1）进一步加强农田水利基本建设，大力平整土地，整修高标准梯田，全面抓好节水灌溉工程，注重引黄灌水定额，合理用水。

（2）努力发展养猪、养牛畜牧业，千方百计增施有机肥料，因作物合理施肥，特别应注意磷、钾肥和锌、硼等微量元素肥料的施用。

（3）全方位推广作物模式化栽培技术，努力提高科技含量。

（二）栲栳台垣水果种植区

本区位于市域西部栲栳台垣，涉及栲栳镇、张营镇、蒲州镇等镇。西临河道，东临永临公路，南北纵贯市域境内，辖有三镇所属的部分行政村，区域耕地面积10万余亩。

1. 耕地质量优势状况

（1）本区土地宽广，园田化水平高，为专业户集约化生产奠定了良好的基本条件。

（2）区内耕地地力属永济市中上水平，耕地土壤有机质平均含量为19.53克/千克，有效磷34.71毫克/千克，速效钾287.9毫克/千克。

（3）区内耕地土壤环境质量状况较好，大田0～20厘米的耕层土壤重金属含量均符合我国土壤环境的二级标准。

（4）随着林木的发展，生态农业、旅游农业的格局逐渐形成产业优势。

（5）区内耕地灌排条件优越，井黄两灌，保灌面积达90％。

2. 耕地质量限制因素

（1）近年来由于大牲畜饲养量减少，优质有机肥数量不断减少。

（2）浅深层灌溉水质矿化度由南向北依次增高，灌溉水全盐量测定值在1 260～4 470毫克/升，氯离子含量在290～820毫克/升，唯有中层水可进行农业灌溉。

（3）盐碱危害较为严重，全盐量测定值在 3.1～3.9 克/千克，近滩也有不同程度的次生盐渍化危害。

（4）微量元素含量较低，有效铁含量仅为 5.18 毫克/千克，农户对微量元素肥料的施用不够重视，一般情况下，仅限于在治理果树病虫害的过程中，施用掺有微量元素（一般是铜、锌、铁）的复合农药制剂；另外，由于氮、磷等大量元素的盲目施用，致使土壤中量元素间的相互拮抗作用增强，因而造成果园土壤铁、锌、锰、硼的缺乏，严重影响了果树生长。

（5）该区耕地一般采用大水漫灌或长畦通灌，这两种灌水方式都是很浪费水的，尤其在果园生草条件下，水流受草的阻挡，离水源远近不同的地段，灌溉量差异很大。

3. 种植业发展方向

（1）作物布局：本区以加强防护林及经济林建设，恢复牧草种植和发展特种养殖业为主攻方向，建立一个农牧林相结合的经济生态区。大体布局为：沿河栽植百米宽护岸林带；中滩种植牧草，发展养殖业；往东发展苹果、葡萄、桃等水果生产基地，建成林成带、田成方、特色产品成规模的农、林、牧生态区。

（2）基地选择：本区内把蒲州镇东文学、西文学、南文学村作为无公害葡萄种植区域，张营镇常里村周围作为无公害苹果种植区域。

4. 主要保障措施

（1）从东到西应尽快营造每条至少宽为 50 米以上的 3 条防护林带，从南到北营造 5 公里一个千亩经济林方，从根本上恢复生态平衡。

（2）积极发展引黄灌溉，有效改良土壤。

（3）大力发展牧草及特种养殖，以奶牛、肉牛为主，建立有效生态链，实现持续良性循环。

（4）推行膜下滴灌等节水灌溉技术。

（三）城西、城北设施蔬菜种植区

该区位于永济市城区涑水河一级阶地，主要包括城西、城北的大部分耕地。该区人多地少，以蔬菜为主要产业，有 30 年以上的种植历史，耕地质量良好，综合评价为 1～2级。近年来，受市场经济影响，本区露地蔬菜宜向设施蔬菜方面发展。

1. 耕地质量优势状况

（1）该区地势平坦，园田化程度较高，传统采用小畦浇灌，耕作精细。

（2）该区土壤较肥沃，土属多以褐潮土、潮土为主，耕地性能好。土壤有机质平均含量 20.75 克/千克，属省二级水平；有效磷含量为 34.8 毫克/千克，达省一级水平；含量为 240.2 毫克/千克，属省二级水平。

（3）该区以市镇郊为邻，工农业结合较为紧密，发展农副产品加工有较好的基础。

2. 耕地质量限制因素

（1）土壤肥力与高产高效的需求仍不适应。

（2）部分区域地下水资源较贫乏，水位持续下降，更新深井，加大了生产成本。

3. 种植业调整方向

（1）作物布局：本区今后的发展方向应从大力发展设施农业、突出区域特色蔬菜上做文章，部分区域应集中闲散劳力，大力发展食用菌。

（2）基地选择：本区城西街道东姚温、西姚温村可作为无公害蔬菜生产基地。

4. 主要保障措施

（1）突出无公害生产技术，确保大棚番茄、黄瓜、辣椒等区域特色产品再上规模，上档次，创名牌。

（2）进一步延伸强化产业化链条，注重农副产品深加工增值增效。

（3）创新农业栽培技术和加工技术，使开发、推广一条龙服务落到实处。

（四）东北腹地棉花、薯类种植区

本区位于盆地东北部，以大运高速公路以北为南界，北与临猗，东与运城，西与栲栳台垣区村为邻，包括卿头、开张等镇。

1. 耕地质量优势状况

（1）地势平坦开阔，园田道路基本成形，人少地多，宜规模化生产。

（2）耕地质地较好，多为黄垆土、黏黄垆土、立黄垆土及潮黄土 4 个土属，大部分属"蒙金"型。土壤容重在 $1.30 \sim 1.45$ 克/厘米^3，保水保肥能力较强。

（3）耕地地力中等偏上，综合评价为二级地，耕地土壤有机质平均含量为 14.5 克/千克，属省四级水平；有效磷 15.9 毫克/千克，属省三级水平；速效钾平均含量为 234.4 毫克/千克，属省二级水平。

（4）耕地灌溉条件优越，井黄两灌，保灌面积达 80％以上，历史上棉花单产水平处于永济市最高水平。

2. 耕地质量障碍因素

（1）部分耕地土壤熟化度较差，通气性不强，不利于作物生长前期发壮苗，影响棉花增加伏前桃，而后期易于狂长旺熟，影响品质。

（2）部分耕地环境质量状况欠佳，开张镇黄营村周围的灌溉水质中氯化物超标，影响了耕层土壤中盐分含量。

3. 种植业发展方向

（1）作物布局：本区尤以生产优质棉为主攻方向，同时大力发展甘薯等新产业，沿公路北侧，适当发展枣粮间作。本区小麦面积以占耕地 50％左右为宜；棉花面积，占耕地 40％；甘薯种植面积 10％，同时发展 15％左右的梨、枣、桃等干鲜水果。

（2）基地选择：宜选择在卿头镇东安头、白坊、张锁等村周围建设棉花万亩示范田。

4. 主要保障措施

（1）加大土壤培肥力度，积极推广棉秆等作物秸秆还田。

（2）禁止浅井灌溉农田，防止土壤盐渍化加重。

（3）积极搞好引黄淤沙，压碱改土；注重作物合理轮作，坚决杜绝连茬多年种棉的习惯。

（4）积极推广棉花等作物标准化生产技术，力求高品质、高效益。

（五）中条山前沿经济林果区

本区位于市域南部，中条山前洪积扇地带，辖虞乡、蒲州、韩阳 3 个镇。该区海拔一般在 450 米左右，区内土壤多为洪积沙砾质褐土性土，质量综合评价为 4～5 级。历史生产林果，民间传为"蒲板八十里铁胡同"。

1. 耕地质量优势

（1）本区耕地多以坡地为主，近年来经全力开发，小流域治理卓见成效，自然植被恢复迅速，具有较好的生态气候条件。

（2）山前具有 18 座小型水库，在多雨年有较大水量积蓄，且水质优良。

（3）区内东杏、中柿、西花椒的产业格局雏形开始形成，为整体开发打下了坚实基础。

（4）山前以养羊、养牛业为主的养殖业正在迅速发展，为土壤培肥提供了基本保证。

2. 耕地质量障碍因素

（1）坡耕地支离破碎，土壤团粒结构差，保水保肥性能较差。

（2）土壤肥力普遍较低，有机质在 5～11 克/千克，且地块间差异悬殊，有效磷含量为 5～12 毫克/千克，速效钾含量为 90～170 毫克/千克。

（3）农田灌溉系统尚未形成，灌溉制度没有相应建立。

3. 种植业发展方向

本区种植业的发展方向应以经济林果业为主，按东杏、中柿、西花椒的布局努力扩大规模，特别要注重一些特色产业的开发，如韩阳一带的野红油香椿，中部山前五味子、甘草等中药材的开发种植等。同时要借广阔山地优势，大力发展养羊、养牛业，形成林牧并举的发展格局，建设无公害干鲜果品基地 10 万亩。

4. 主要保障措施

（1）整修梯田，变"三跑田"为"三保田"，注重推广蓄雨纳墒技术。

（2）抓好大规模的建圈养畜，积肥沤肥，提高农家肥质量，积极推广穴式深施肥技术，不断提高土壤肥力。

（3）要大力发展管灌、喷灌节水技术，最大效能地利用水资源，要特别注重小水库的养护、利用工作。

（4）产业布局要因地制宜、科学规划，既要注意品种搭配，又要注重小区域的规模优势，决不能任其随意发展。

（5）全力推广绿色食品栽培技术，在创名牌上打硬仗。

四、农业远景发展规划

永济农业的发展，不仅要按照省政府、市政府农业结构调整的基本要求，还要按照永济市委、市政府提出的建立"山西南部的轻工旅游优秀城市和绿色食品基地"的目标而努力，建立和完善永济市耕地质量管理信息系统，随时服务布局调整，到 2015 年，永济市农业布局设想如下：

一是永济市粮食面积稳定在 90 万亩，集中建立栲栳台垣、蒲州两大优质专用小麦生产加工基地；二是棉花面积稳定在 30 万亩，集中精力建好东北腹地有机高品级棉生产基地，并随市场需求发展彩色棉生产；三是鲜食葡萄达到 3 万亩，集中建立虞乡北梯、蒲州文学无公害葡萄生产基地；四是建设水果标准化生产示范基地 2 万亩，集中建立张营、栲栳水果种植基地；五是芦笋面积稳定在 10 万亩，注重做好栲栳、张营台垣绿色芦笋基地建设；六是蔬菜面积发展到 3.52 万亩，其中设施栽培面积 2 万亩；七是食用菌发展 25 万米²，占地 500 亩，产量达到 3 000 吨；八是发展干果经济林 5 万亩，其中：核桃 2 万亩，柿子 1 万亩，花椒 1 万亩，红枣等 1 万亩。

第四节　主要作物标准施肥系统的建立与无公害农产品生产对策研究

一、历年施肥情况

新中国成立前，永济市农田施肥主要依靠农家肥，以人畜粪尿、秸秆堆肥及少量饼肥等为主，运输不便的边远山坡，则主要依靠豆类作物轮作或轮流休闲养地等种植方式来恢复地力。新中国成立后，1950 年开始施用氮肥，永济市用量仅 7.8 吨（实物量，下同），1953 年开始施用磷肥，永济市用量 4 吨。50 年代中期（1955 年），氮肥每亩用量为 0.25千克（以耕地计，下同），磷肥每亩用量为 0.03 千克；60 年代中期（1965 年）每亩平均氮肥用量为 2.82 千克，磷肥用量为 0.34 千克；70 年代初期，氮用量猛增，中期磷肥用量有所增加，到 1975 年氮肥每亩平均用量达 16.5 千克，磷肥每亩平均用量为 7 千克；80年代中期（1985 年），氮肥每亩平均用量为 20.4 千克，磷肥每亩平均用量为 8.7 千克；90 年代中期（1995 年），氮肥每亩平均用量 25.1 千克，磷肥每亩平均用量 9.4 千克。21世纪初（2000 年），氮肥平均每亩用量为 38.3 千克，磷肥每亩用量为 29.7 千克，钾肥每亩用量为 5 千克。从此次调查的农户施肥情况统计结果看，平均亩施氮肥 20.6 千克，磷肥 4.4 千克，钾肥 2.6 千克。从肥料结构的特点看，20 世纪 50 至 60 年代以有机肥为主，化肥为辅；70 年代，有机肥和化肥并重（各占一半）；80 年代以来，以化肥为主，有机肥为辅。50 年代（1955 年）有机肥占肥料投入的 94.12%；60 年代（1965 年），有机肥占肥料总投入的 83.76%；70 年代有机肥占肥料总投入的 57.32%；80 年代（1985 年），有机肥占肥料总投入的 38.92%；90 年代（1995 年）有机肥占肥料总投入的 30.17%；21世纪初（2000 年），有机肥占肥料总投入的 29.26%；此次调查，有机肥占肥料总投入的 30%。

从肥料的增产效果看，永济市 1970 年以前，肥料以有机肥为主，粮食亩产一直在150 千克以下，进入 20 世纪 70 年代以来，随着化肥用量的增加，作物产量亦迅速提高。2008 年化肥每亩平均用量是 1969 年的 5.2 倍，粮食每亩产量是 1969 年的 2.2 倍。另外，在不同区域施用钾及硼、锰、铜等微量元素肥料，也表现出明显的增产效果。

二、存在问题及原因分析

从永济市的施肥状况分析，目前存在的主要问题有以下几个方面：

（一）肥料使用比例失调

1. 有机肥与化肥的施用比例失调　20 世纪 70 年代以来，随着化肥工业的发展，有机肥的施用比例由 60 年代的 83％下降到 57％；进入 80 年代以来，由于农民短期承包土地思想的存在，在施肥方面重化肥轻有机肥，使有机肥的比例下降至 38％。90 年代以来，随着农业机械化程度的提高，小麦、玉米、棉秆等秸秆还田面积增加，但由于秸秆资源有限，单位面积的还田量不能满足土壤培肥和作物优质高产的需要，加之有机肥数量减少，此次调查，有机肥的使用比例仅为 22％。长此下去，不仅土壤得不到培肥，农作物持续优质高产也难以实现。合理的肥料结构应为有机肥、化肥各占 50％。

2. 化肥三要素比例失调 土壤普查后，针对当时土壤"缺氮少磷钾有余"的状况所提出的一系列施肥对策在当时无疑是正确的，但 23 年后，土壤养分已发生了根本变化（如土壤有效磷显著提高，速效钾连年下降），许多农户在施肥中并没有根据这一变化进行相应调整。此外，随着人民生活水平的不断提高，高产优质、高效的绿色食品生产已成为现代农业的主流，而目前广大农民的施肥水平远远无法与之相适应。从调查情况看，所施肥料中的氮、磷、钾养分比例许多不适合作物要求，未起到调节土壤养分状况的作用。根据永济市农作物的种植和产量情况，现阶段氮、磷、钾化肥的适宜比例应为 1：（0.5～0.8）：（0.3～0.5），而调查结果表明实际施用比例为 1：（0.2～0.6）：（0.1～0.2），并且肥料施用分布极不平衡，高产田比例低于中低产田，洪积扇上部有不少地块不施磷、钾肥，这种现象制约了化肥总体利用效率的最大限度的提高。

（二）化肥施用量不当

1. 大田土壤化肥分配不合理 不同肥力的土壤和不同产量水平的农作物对化肥的需求量是不同的。化肥用量不是越多越好，而有其最适用量。在中低产田上，化肥的增产潜力大，利用率高；而在高产田上，化肥的增产潜力小，利用率低。但是，从施肥调查情况看，人们往往注重高产田，忽视中低产田，造成中低产田吃不饱，而高产田却吃不了的浪费现象。永济市目前中低产田占总耕地面积的 58％，农业发展的潜力主要在这里，目前化肥的投入方向却不在此。这种不合理的分配方法，直接影响着化肥效益的发挥和农业生产水平的提高。

2. 蔬菜地化肥施用过量 近几年来，由于设施蔬菜是一种高投入、高产出、高效益的产业，塑料大棚和日光温室蔬菜发展很快，在"施肥越多越增产"的误导下，对化肥施用量不计成本，通常每亩肥料投资多在 300 元以上，盲目投肥的现象普遍存在。设施蔬菜施肥量可以比露地栽培的蔬菜适当多一些。但实际施肥情况却超过蔬菜养分需要量的很多倍。这一做法虽在短期内能获得高产和一定的经济效益，但必然导致养分损失、资源浪费和环境恶化、农产品质量下降的后果。例：对城西街道任阳村日光温室蔬菜调查结果表明，日光温室黄瓜的有机肥料、氮、磷、钾养分总投入量约 374 千克/亩，在基肥的基础上，平均化肥施用量氮（N）120 千克/亩，磷（P_2O_5）167 千克/亩和钾（K_2O）62 千克/亩，黄瓜平均产量仅为 6 885 千克/亩。据永济市土肥站对土壤养分测定后提出的合理配方是：在施足有机肥料的前提下，黄瓜目标产量以 15 000 千克/亩计，最佳化肥用量为氮（N）60 千克/亩，磷（P_2O_5）20 千克/亩，钾（K_2O）47 千克/亩。二者相比可以看出，菜农实际黄瓜平均产量不足目标产量的一半，而实际化肥用量却远远超过了推荐施肥量，氮高出近 1 倍，磷高出 8 倍多，钾基本持平。

（三）化肥施用方法不当

目前，化肥的撒施现象仍相当普遍。许多农民在追肥时不考虑作物的营养特点，不掌握看地、看苗的施肥原则，盲目施肥的现象非常严重，尤其是在蔬菜地上更为突出，表现在以下3点：

1. 施用挥发性强的单位品种　调查发现，部分菜农在大棚中施用挥发性强的碳酸氢铵，又不及时覆土，因此造成氮的挥发损失。少数大棚由于氮浓度过高，使蔬菜叶片受到了一定程度损伤。

2. 复合肥料施用不合理　在黄瓜、番茄、辣椒等种植比例较大的蔬菜上，复合肥料和磷酸二铵使用比例很大。更为严重的是复合肥作追肥的比例较大，从而造成盲目施肥和磷、钾资源的浪费。

3. 氮素大量淋失　蔬菜追肥基本上是采用随水追肥的方式。在大量施用氮肥的情况下，铵态氮肥虽能被土壤胶体吸附，但吸附量有限，大量的铵离子将进行硝化作用，迅速转化成硝态氮而随水下移，到达根系难以吸收的深度。另外，硝态氮肥则由于土壤胶体不能吸附而极易随水大量淋失，进入地下水，既造成养分损失又污染地下水源。

由于设施蔬菜盲目施肥的现象非常普遍，因而土壤出现了不同程度的盐害问题。据调查测定，虞乡镇洗马村连续栽培蔬菜8年以上的日光温室中，土壤可溶性盐的积累比较明显，0～20厘米土层的含盐量平均达3.36克/千克。土壤表层聚盐现象与菜农不计成本超量施用化肥有直接关系，一方面蔬菜吸收不完的养分自然会大量残留到土壤中，在春季，由于地温低，蔬菜根系集中在表层，强烈的蒸腾作用和频繁的灌水使土壤水分蒸发量加大，因而造成土壤表层有大量盐分聚集；另一方面，由于棚室栽培蔬菜的条件特殊，土壤得不到雨水的充分冲洗，也加重了可溶盐在土壤中逐年积累，所以盲目施肥后患无穷。

（四）忽视磷、钾肥的施用

近年来，随着农业内部结构的进一步调整，作物由单独追求产量变为质量和产量并重，磷、钾肥的作用，表现尤为突出。从近年来多个作物多年"3414"试验结果可以看出，缺磷地块的作物长势、产量往往比空白还要明显。另外，一些高需钾作物水果、蔬菜、芦笋面积的迅速增加，造成土壤钾素消耗日趋严重，农产品的产量和品质受到严重影响。从调查测定结果看，永济市棉田"红叶病"的大面积发生、水果"腐烂病"的发生等，都与土壤中钾素的缺乏有一定的关系。

三、无公害农产品生产与施肥

改善生态环境，发展无公害农业是当今世界农业发展的方向，也是我国加入 WTO 形势的需要。针对永济市耕地质量调查施肥中存在的主要问题，发展无公害农业，施肥中应注意以下几点：

1. 优化肥料品种结构　目前永济市生产施用的化肥品种，低浓度产品所占比例较大，与发达国家相比差距较大。今后要注重施用高浓度的氮、磷肥品种，积极推广使用涂层尿素、长效碳铵等改性氮肥；减少普钙用量，扩大重钙和硝酸磷肥的施用比例，进一步加大钾肥的施用量。

2. 广辟有机肥源 据调查，永济市耕地亩均施有机肥仅为 1 156.7 千克。有机肥是土壤肥力的基础，在农业生产中具有重要作用，作物要上新台阶，必须要有较高的有机质基础。为此，建议政府制定相应政策鼓励农民积极种养和充分施用各种有机肥，杜绝焚烧秸秆。同时，逐步把有机肥的重点放在秸秆还田，以及畜、禽粪便和城市生活废弃物上，积极发展复播绿肥，逐步开发质量稳定的商品有机肥料，以达到有效保护生态环境，改善城乡卫生条件，控制污染，绿化环境，提高农产品品质，充分发挥有机肥对耕地的持续培肥作用。

3. 改进施肥技术 一是立即调控化肥用量。近几年，随着农业产业结构的不断调整，永济市种植业结构发生了显著变化，粮食作物面积大大减少，经济作物面积明显扩大，造成化肥施用量持续提高，不同作物之间的施肥量差距不断扩大。调查结果表明：一般棉花亩施肥量比小麦高出 1/3，芦笋亩施肥量是小麦的 2 倍。因此，要通过一定的调控手段，避免施肥量的"两极分化"，控制高产农田及果、菜区的化肥用量，尤其是氮肥用量，努力提高肥料利用率，减少化肥损失所造成的农田环境污染。

二是调整肥料施用比例。首先，将有机肥与化肥的施用比例由目前的 1∶4 逐步调整为 1∶1，以充分发挥有机肥在发展无公害农业生产中的作用。第二，实施补磷钾工程，迅速扩大磷钾肥用量，将化肥氮、磷、钾施用比例逐步调整为 1∶0.5∶（0.3~0.4），进一步发挥钾肥对农产品优质化的作用。

三是努力改进施肥方法。提高化肥作基肥的比例，因地制宜推广秋施肥技术；加大化肥深施技术的推广力度，将化肥利用率提高 10 个百分点；因地、因作物、因肥料确定其施肥方式，促进不同作物的大面积增产。

四、作物需求及标准化施肥

针对当前永济市农业生产基本条件，种植作物种类、产量、土壤肥力及养分状况，施肥现状及存在问题，永济市科学施肥总的思路是：以节本增效为目标，立足抗旱栽培，着眼于优质麦、棉生产，着力于提高肥料利用率，采取"控氮、补磷、钾配微"的原则，在增施有机肥和保持化肥施用总量基本平衡的基础上，合理调整养分比例，普及科学施肥方法，积极试验和示范微生物肥料。

（一）大田作物

根据永济市地形分布、土壤状况、生产条件等因素，将永济市耕地划分为 6 个区域。

1. 分区施肥量

（1）涑水平川区。该区为永济市的腹部地区，包括卿头、开张、城北面积 22.9 万亩。该区地势平缓，水利资源丰富，气候温和，无霜期较长。土壤以潮黄土属为主，质地较黏，经耕作培肥，质地向绵盖垆型转化。土壤有机质在 7.5~21.8 克/千克，全氮含量 0.79~1.16 克/千克，有效磷 6.5~32.5 毫克/千克，速效钾 182.5~308.7 毫克/千克。该区土壤较肥沃，水地面积较大，是永济市小麦、棉花、夏玉米的高产区之一。一般小麦亩产 400 千克左右，夏玉米亩产 550 千克，籽棉亩产 220 千克。由于生产水平较高，施肥量也较大，一般每亩施氮肥（纯 N）8~13 千克，磷肥（P_2O_5）5~9 千克，钾肥（K_2O）

7.5千克。此外在施肥上还应注意：该区作物产量高，复种指数大，土壤养分消耗也较大，因此，应重施有机肥，培肥地力。

（2）姚暹盐碱区。本区位于市境东部，姚暹渠两岸，包括开张的南部及城北赵柏的东部，面积8万余亩。该区地势平坦，地下水位高，旱、涝、垆、薄、碱形成了大面积的中低产田，土壤以硫酸盐盐化潮土、氯化物硫酸盐盐化潮土两个土属为主。土壤有机质在10.8~22.6克/千克，全氮含量0.68~1.33克/千克，有效磷10.5~28.0毫克/千克，速效钾185~355毫克/千克。该区人少地多，广种薄收，土壤肥力较差。加之盐碱危害，一般小麦亩产230千克，夏玉米亩产300千克，籽棉190千克。一般亩施氮肥（纯N）7~14千克，磷肥（P_2O_5）7~9千克，钾肥（K_2O）7千克。另外在施肥上应注意增施有机肥、磷石膏、硫酸亚铁等，以达到改良土壤盐碱的作用，禁止施用氯化钾。

（3）川原井灌区。本区位于永济市的心腹地带，县城所在地为永济市政治、经济、文化和交通中心。在自然条件上，北有涑水平原，南接中条山洪积冲积扇北缘平地，土地平坦，水位浅而质地好，园田化程度高，是永济市的老井灌区，粮棉产量既高又稳。

本区土壤以褐潮土属为主，耕层质地多为垆土，土壤质地虽不及栲栳台垣好，但由于开发利用早，精耕细作培肥时间长，质地逐步向轻壤型转化。土壤有机质在15.1~25.2克/千克，全氮含量1.01~1.60克/千克，有效磷含量10.0~32.5毫克/千克，速效钾含量175~385毫克/千克。该区农作物生产历来水平较高，近3年来，小麦平均亩产400千克，籽棉平均亩产230千克。另外，该区有效磷含量较低，氮磷比例严重失调，因此，应增加磷肥用量将氮磷比例调整为1：（0.8~0.9）。

（4）栲栳台垣区。该区在市境的西北方向，包括栲栳、张营、蒲州等镇，自然条件好，地势虽属台坪，但平坦宽阔，少量丘陵起伏。区内土壤质地良好，以黄垆土属为主，土层深厚，上绵下垆，保水保肥。土壤有机质在16.2~23.2克/千克，全氮含量1.00~1.35克/千克，有效磷含量16.7~32.5毫克/千克，速效钾含量220~390毫克/千克。该区粮食生产水平较高，一般小麦亩产350千克，玉米亩产420千克。

（5）山前洪积区。包括虞乡、城东、蒲州、韩阳等镇的沿山一带，面积13万亩。南高北低地势较缓，土层浅薄，漏水漏肥。土壤类型主要为洪积褐土性土，质地为沙性土、壤土。主要种植作物为粮、棉、玉米等。土壤有机质含量为13.5~18.2克/千克，全氮含量0.93~1.48克/千克，有效磷含量14.5~27.1毫克/千克，速效钾含量158~266毫克/千克。此区施肥水平不高，一般亩施氮肥（纯N）10千克，磷肥（P_2O_5）7千克，作物施肥量见表11-11。另外除表中列出的推荐施肥量外，在沙性土壤上要考虑施用一定数量的钾肥，一般每亩施钾肥（K_2O）5~8千克。

（6）河漫滩区。该区包括张营、栲栳、蒲州、韩阳等镇的河滩地。地势平坦，气候条件较好，土壤质地通体以沙土为主，土质粗糙，沙性大，保水保肥性差，养分含量低，土壤有机质含量7.25~13.5克/千克，全氮含量0.49~0.81克/千克，有效磷含量6.5~12.0毫克/千克，速效钾含量72.5~190.0毫克/千克。该区大田作物主要种植小麦、棉花、花生等，农作物产量水平不高，该区土壤氮、磷、钾养分俱缺，速效钾含量缺或极缺。首先，在施肥上应首先采取增加土壤有机质的各种措施。其次，花生田施肥，除亩施氮肥 6～7 千克，磷肥 4～6 千克，钾肥 5～7 千克外，还要施用一定数量的硼肥和钼肥。豆类作物用肥，除亩施氮肥 5～6 千克，磷肥 4～5 千克，还要注意施用硼肥。在小麦、棉花也要注意施用锌和硼肥。

不同区域、不同产量水平、不同作物施肥建议见表 11-10。

表 11-10 不同区域大田作物推荐施肥

区名	小麦（千克/亩）				棉花（千克/亩）				玉米（千克/亩）		
	目标产量	N	P_2O_5	K_2O	目标产量	N	P_2O_5	K_2O	目标产量	N	P_2O_5
涑水平川区	350～450	10.0～14.0	5～7.5	6～8	160～250	12～15	5～7	7	450～550	12～14	3～4
姚暹盐碱区	250～350	8.0～11.5	4～5	3～4	160～230	12～14	5～6	7.5	350～450	10～12	4
川原井灌区	400～500	14.0～16.0	7.5～10	4～5	190～250	14～16	8～10	7～9	500～600	14～16	3～5
栲栳台垣区	350～450	12.0～14.0	5～7	4～5	190～250	13～15	7～10	7～8	450～550	12～14	3
山前洪积区	350～450	12.5～15.5	7～9	5～7	170～230	11～14	7～9	4～6	450～550	10～13	3
河漫滩区	200～300	8.0～10.0	5～7	4～5	110～190	8～10	5～7	3～4	300～400	8～11	2～3

2. 施肥方法

（1）因土施肥：不同土壤类型，不仅施肥量不同，施肥方法也有区别。如棉花壤土地保肥和供肥性能好，氮肥 1/3 做底肥，2/3 做追肥。垆土地肥效发挥慢，底氮肥增加到全生育期的 1/2，同时追肥可适当提前早施。沙土地保肥性差，氮肥易流失下渗底氮肥仅占全生育期的 1/4，其余 3/4 采取少量多次的追肥方法。总之，既要保证作物前期的稳健生长，搭好丰产架码，又要保证后期为争取大穗大粒所需的大量用肥。

（2）因苗施肥：对基肥充足，生长旺盛的田块，要适当控制氮肥的施用，少追或推迟追肥时期，使植株稳健生长；对基肥不足，生长缓慢的田块，要早追或多追氮肥，促弱苗赶队；对有缺肥早衰趋势的田块，要早追氮磷肥，或进行叶面喷肥，以防早衰；对后期生长旺盛的田块，要少追或不追氮肥，只喷磷酸二氢钾，以防贪青晚熟。

（3）看品种施肥：肥料种类不同，施肥方法也有区别。常用的氮肥有碳酸氢铵、硝酸铵和尿素。碳酸氢铵易挥发，常作基肥施用，条施或穴施后覆土。硝酸铵在土壤中易渗漏，宜作追肥，也可作旱地基肥。尿素是高浓度中性氮肥，作追肥效果最好，但肥效发挥慢，宜提前早追。

3. 施肥时期

（1）追肥时期的选择：普通水地小麦一般追肥两次，分别在返青期和起身拔节期。追肥量各 1/2。优质小麦可采取前氮后移技术，提质增效。棉花一般在盛蕾期和初花期追肥，盛蕾期占追肥量的 1/3，初花期占 2/3，蕾施花用。玉米一般追肥 2 次，分别在拔节期和大喇叭口期追肥，拔节期追 1/3，大喇叭口期追 2/3。

（2）叶面喷肥时期的选择：不同作物喷肥时期不同。小麦在孕穗期和扬花期喷施磷酸二氢钾、硫酸锌和尿素；玉米喷肥时期在拔节期和喇叭口期，一般喷硫酸锌；棉花在盛蕾期和初花期喷施，一般喷硼砂、尿素和磷酸二氢钾。另外，喷施时间和天气直接影响叶面肥效的发挥，因此，各种作物喷肥应选择在晴天早晨 8 点至 9 点或傍晚，烈日、阴雨天禁喷。

（二）蔬菜

在菜田施肥上，永济市农民长期以来沿用的是经验性施肥，通常以当年施肥实践效果作为次年施肥方案的依据。由于经验性施肥缺乏理论指导，往往存在一定的盲目性，施肥存在雷同，农业增效缓慢，农民收入难以明显提高，又造成养分资源（特别是氮素）浪费，对环境质量构成威胁。只有实施平衡施肥新技术，才能达到高产、优质、高效、安全的综合效果。

永济市蔬菜面积 10.5 万亩左右，其中芦笋 7 万余亩，青椒 1.2 万亩，番茄 1.1 万亩，黄瓜 1 万亩，其他 0.2 万亩。在平衡施肥上，总的来说，坚持"一个施肥原则"，做到"两个养分平衡"。"一个施肥原则"即有机肥料与化学肥料配合施用的原则。重视有机肥料是蔬菜高产稳产的物质基础，也是建设和提高菜地质量的重要措施。在有机肥料的基础上配合施用化学肥料是蔬菜可持续发展的重要保证。二者配合的比例，一般依菜田土壤肥力状况和蔬菜计划产量的高低等具体情况而定。"两个养分平衡"即氮、磷、钾养分之间的平衡供应，大量元素与微量元素与严重不足，施用微量元素肥料成为蔬菜增产的必要技术措施。由此可见，在施用氮、磷、钾肥的基础上，合理喷施微量元素肥料将是合理施肥的必然趋势。

在科学施肥中，蔬菜施肥量的确定是一个复杂问题，它涉及蔬菜种类及品种、产量水平、土壤肥力状况、肥料种类、施肥时期及气候条件等因素。我们采用的是目标产量法。根据土壤养分测定结果和不同蔬菜的需肥状况，计算不同区域不同蔬菜的推荐施肥量。

1. 施肥量确定

（1）芦笋主产区：该区包括蒲州、韩阳、栲栳 3 个镇的河滩地面积 7 万余亩，是全国最大的芦笋生产基地，生产白芦笋已有 8 年历史。土壤以潮土、河沙土为主，土质为轻壤质或沙壤质。土壤有机质含量 8.7～20.6 克/千克，全氮 0.64～1.40 克/千克，有效磷 6～31.7 毫克/千克，速效钾 89.2～309.3 毫克/千克。从养分测定结果看，芦笋产区养分差异较大，且芦笋为多年生蔬菜，在适宜生长期，产量逐年增加，施肥量的确定，应根据芦笋的生产年限和产量水平而定，计算公式为：

施肥量（纯养分）＝
（单位产量需养分量× 目标产量）－土壤供肥量－有机肥中养分提供量/化肥利用率

一般每形成 400 千克产量，需氮肥（纯 N）6.95 千克，磷肥（P_2O_5）1.8 千克，钾肥（K_2O）6.206 千克。

（2）青椒主产区：永济市城郊蔬菜生产的区域特色产品面积 1.2 万亩。包括城西、城北，土壤以黄土质褐土性土和黄垆土属为主，质地为轻壤质。土壤有机质平均含量23.01克/千克，全氮1.44克/千克，有效磷41.9毫克/千克，速效钾201毫克/千克。该区为永济市无公害大棚青椒示范基地，亩产量一般为3 000～4 000千克，施肥原则为：以有机肥为主，重在底肥，合理追肥，禁止施用硝态氮肥（如硝酸铵），测土施肥，保持土壤肥力平衡。一般每亩全生育期需施有机肥5 000千克，氮肥（N）20～25千克，磷肥（P_2O_5）7～12千克，钾肥（K_2O）25～30千克，硫酸锌1千克，硼砂1千克。

（3）城北、城东常规菜区：该区位于城区北郊及城东部分菜地，为永济市的老菜区，种菜已有20多年的历史。蔬菜品种以大白菜、番茄、黄瓜为主，土壤以潮黄土属为主，质地为轻壤质。土壤有机质含量20.75克/千克，全氮1.13克/千克，有效磷34.8毫克/千克，速效钾240.2毫克/千克，根据养分测定结果，其推荐施肥量见表11-11。

表11-11　不同蔬菜推荐施肥量

蔬菜种类	目标产量（千克/亩）	有机肥（千克/亩）	氮（N）（千克/亩）	磷（P_2O_5）（千克/亩）	钾（K_2O）（千克/亩）
大白菜	8 000～10 000	2 000	24	11.5	10～20
	6 000～8 000	1 500	18～24	8～11.5	10～15
	4 000～6 000	1 000	14～18	5～8	10
番茄	8 000～10 000	2 500	25～28	10～14	15～20
	6 000～8 000	2 000	16～25	8～10	12～15
	4 000～6 000	1 500	12～16	7～8	10～12
黄瓜	8 000～10 000	2 500	24～28	11～14	15～20
	6 000～8 000	2 000	15～24	8～11	12～15
	4 000～6 000	1 500	12～15	7～8	10～12

2. 蔬菜平衡施肥中应注意的问题

（1）以施用有机肥为基础：蔬菜与大田作物一样，科学施肥必须以施用有机肥为基础，以保证商品菜生产的数量和品质，从而获得较好的经济效益。在实施中必须根据蔬菜种类、生长发育的特点，培肥土壤的需要和经济施肥原则，确定施用有机肥与化肥的比例。

（2）根据具体情况调整施肥量：按平衡施肥确定的施肥量是适合于正常栽培和正常气候下的合理施肥量，但是考虑到蔬菜生长季节不同，土壤供肥强度有差异。有时从供肥总量上看，可供蔬菜全生育期的需要量，但达不到某一生长阶段所需养分强度量，如不增强一定量的肥料就会使得蔬菜生长速度减慢，使商品质量下降。因此，在实践中应根据具体情况调整施肥量，一般增加或减少10%～20%施肥量是允许的。

（3）根据土壤速效养分变化：及时调整施肥配方：确定蔬菜平衡施肥方案是以土壤

养分测定值为依据的，通过施肥，除了大部分养分被作物吸收外，还有一部分养分，尤其是磷、钾会在土壤中积累，从而提高土壤速效养分的含量水平。因此，应密切注意土壤速效养分含量的变化，以便调整配方，或根据土壤养分状况选购配方适宜的复混肥料。

第五节　化肥的施用区划

一、目的意义

根据永济市不同区域土壤养分状况、地貌类型、土种类型、作物布局、当前化肥施用水平和历年化肥试验结果，进行了统计分析和综合研究，按照永济市不同区域化肥肥效的规律，划分了4个化肥肥效一级区和7个合理施肥二级区，提出了不同区域氮、磷、钾的施用量，为永济市今后一段时间合理安排化肥生产、分配和施用，特别是为改善农产品品质，发展特色产业，保护生态环境，促进农业的可持续发展提供科学依据，使化肥在农业生产中发挥更大的增产增收作用。

二、分区原则与依据

（一）原则

化肥用量、施用比例及土壤类型和肥效的相对一致性；土壤地理分布和土壤速效养分含量的相对一致性；土地利用现状和种植区划的相对一致性；行政区划的相对完整性。

（二）依据

农田养分平衡状况及土壤养分含量状况；作物种类及分布；土壤地理分布特点；化肥用量、肥效及特点；不同区域对化肥的需求量。

三、分区和命名方法

化肥区划分为两级区。一级区反映不同区域化肥施用的现状和肥效特点。命名方法：地名＋主要土壤类型＋氮肥用量＋磷钾肥用量及肥效结合的命名法。氮肥用量按每季作物每亩平均施纯氮量划分为高量区（15千克以上），中量区（10.1～15千克），低量区（5.1～10.0千克），极低量区（5千克以下）；磷肥用量按每季作物每亩平均施五氧化二磷量划分为高量区（10千克以上），中量区（7.1～10千克），低量区（4.1～7.0千克），极低量区（4千克以下）；钾肥肥效按每千克氧化钾增产粮食千克数，划分为高效区（6千克以上），中效区（4.1～6千克），低效区（2.1～4千克）或未显效区（2千克以下）。二级区按地名地貌＋作物布局＋化肥需求特点命名。根据肥效和未来农业生产方向划分，对今后氮、磷、钾肥的需求，分为增量区（增加量大于20%），补量区（增加量小于20%），稳量区（基本保持现有量），减量区（降低现有量）。

四、分区概述

永济市化肥使用区划分为4个一级区（4个主区），7个二级区（7个亚区）。分别概述如下：

（一）一级区概述

Ⅰ 南部山区洪冲积褐土性土氮肥高量磷肥中量钾肥未显效区。包括韩阳、蒲州、城东、城西、虞乡等镇、街道。耕地面积12万亩，属中条山山麓及洪积扇区。大部分地块土壤肥沃，灌溉条件较好。主要种植作物有小麦、玉米、豆类等。主要土壤类型有：耕立黄土、耕二合立黄土、耕洪立黄土、夹砾洪立黄土、底砾洪立黄土、二合夹砾洪立黄土、二合底砾洪立黄土、多砾洪立黄土。该区海拔360～380米，地势南高北低，土壤基础肥力较好，但土层浅薄，侵蚀严重，漏水漏肥。土壤养分平均含量：有机质17.2克/千克，全氮0.96克/千克，有效磷10.3毫克/千克，速效钾162.1毫克/千克，该区每季作物每亩平均施纯氮15.8千克，五氧化二磷7.1～10千克，氧化钾2千克以下。

Ⅱ 中东部潮土氮肥中量磷肥中量钾肥中效区。包括城北、开张、卿头等镇、街道以及虞乡、董村、伍姓湖三大农场。耕地面积47万亩，地势平坦，井黄两灌，农田基础设施与灌溉条件较为优越。主要种植棉花，其次为小麦、玉米、果菜等作物。主要土壤类型有浅黏潮黄土、深黏潮黄土、耕轻白盐潮土、耕中白盐潮土、耕重白盐潮土、轻盐潮土、中盐潮土、重盐潮土、耕轻苏打盐潮土、耕中苏打盐潮土、耕重苏打盐潮土、轻混盐潮土、中混盐潮土。该区海拔355米左右，地势平缓，为水成次生黄土。质地较细，有垆性，保水保肥力较好，但存在着盐化及质地不良的问题。土壤养分平均含量为有机质12.3克/千克，全氮0.76克/千克，有效磷10.1毫克/千克，速效钾196.9毫克/千克。该区每季作物每亩平均施纯氮10.1～15.0千克，五氧化二磷7.1～10千克，氧化钾4.1～6千克。

Ⅲ 中西部石灰性褐土氮肥中量磷肥中量钾肥中效区。包括蒲州、栲栳2个镇。耕地面积25万亩，地处黄土丘陵峨眉岭末端，属井黄两灌区。主要种植作物有小麦、玉米、棉花、芦笋等。主要土壤类型有浅黏黄垆土、深黏黄垆土、二合黄垆土、耕立黄土。该区海拔380～412米，丘陵起伏，土层深厚，土体疏松，多为绵盖垆，保水保肥，宜粮宜棉，存在问题是土地不平，地力不匀。土壤养分平均含量为：有机质11.7克/千克，全氮0.7克/千克，有效磷11.6毫克/千克，速效钾179.1毫克/千克。该区每季作物每亩平均施纯氮10.1～15.0千克，五氧化二磷7.1～10千克，氧化钾2.1～4千克。

Ⅳ 西部河滩潮土氮肥中量磷肥低量钾肥高效区。包括韩阳、蒲州、栲栳、张营等镇河滩以及市农牧场、国有林场、黄牛场、部队农场。耕地面积20余万亩，地下水位高，灌溉便利。主要种植作物有芦笋、果树等。主要土壤类型为沙潮土。该区海拔330～340米，地势平坦，但土壤结构差，土壤质地多为沙壤，保水保肥力差，肥力瘠薄。土壤养分平均含量有机质为8.2克/千克，全氮0.64克/千克，有效磷6.8毫克/千克，速效钾120.2毫克/千克。该区每季作物每亩平均施纯氮10.1～15千克，五氧化二磷4.1～7千克。

（二）二级区概述

Ⅰ₁ 南部山地小麦、玉米、豆类稳氮增磷稳钾区。包括韩阳、城西、虞乡等镇、街道沿山地带，耕地面积 3.6 万亩。土壤养分平均含量有机质为 15.5~22.3 克/千克，全氮 0.80~1.02 克/千克，有效磷 8.6~13.6 毫克/千克，速效钾 159~226 毫克/千克，土壤肥力较高。但由于地形和灌溉条件等因素的影响，小麦、玉米、豆类平均亩产分别为 150 千克、250 千克、80 千克，亩施纯氮 10~12 千克，五氧化二磷 4~6 千克，氧化钾 1.5~2 千克。通过对作物产量、布局、土壤养分状况及灌溉条件等综合因素分析，建议该区每季作物亩施纯氮、五氧化二磷、氧化钾应分别为 10~12 千克、6~8 千克、2~3 千克。

Ⅰ₂ 南部山前洪积扇小麦、玉米、蔬菜、果类补氮稳磷补钾区。包括韩阳、蒲州、城西、城东、虞乡等镇、街道山前洪积扇区，面积 8.4 万亩。土壤肥沃，灌溉便利，是永济市粮食高产区。土壤养分平均含量有机质 15.8 克/千克，全氮 0.95 克/千克，有效磷 16.7 毫克/千克，速效钾 158.3 毫克/千克。小麦、玉米、蔬菜、果类平均亩产为 300 千克、400 千克、1 200 千克、2 000 千克。亩施纯氮 10~12 千克，五氧化二磷 5~10 千克，氧化钾 1~2 千克。此区虽然土壤养分含量较高，但养分含量分布不均匀，经过综合分析，建议该区每季作物亩施纯氮 12~13 千克，五氧化二磷 6~8 千克，氧化钾 3~5 千克。

Ⅱ₁ 中东部涑水平川棉花、小麦、玉米增氮增磷稳钾区。包括开张、卿头、城北等镇、街道，耕地面积 23 万亩。土壤养分平均含量有机质 12.2 克/千克，全氮 0.76 克/千克，有效磷 9.5 毫克/千克，速效钾 193.5 毫克/千克，棉花、小麦、玉米平均亩产分别为 230 千克、270 千克、350 千克。亩施纯氮 7~10 千克，五氧化二磷 4~8 千克，氧化钾 2 千克。根据养分平衡法综合分析，建议该区每季作物亩施纯氮 10~12 千克，五氧化二磷 8~10 千克，氧化钾 2~3 千克。

Ⅱ₂ 中东部姚暹渠小麦、玉米、棉花增氮增磷补钾区。包括卿头、虞乡、城东等镇及董村农场、虞乡农场、伍姓湖农场三大农场，耕地面积 11.1 万亩。土壤养分平均含量有机质 10.8 克/千克，全氮 0.68 克/千克，有效磷 11.5 毫克/千克，速效钾 176.6 毫克/千克。小麦、玉米、棉花平均亩产为 250 千克、320 千克、220 千克，亩施纯氮 7~9 千克，五氧化二磷 6~8 千克，氧化钾 1~1.5 千克。经综合分析，建议该区每季作物亩施纯氮 11~13 千克，五氧化二磷 7~9 千克，氧化钾 3~5 千克。

Ⅲ₁ 中西部栲栳台垣小麦、玉米、棉花增氮增磷补钾区。包括栲栳、张营等镇。耕地面积 25.1 万亩。土壤养分平均含量为有机质 11.8 克/千克，全氮 0.70 克/千克，有效磷 11.3 毫克/千克，速效钾 178.9 毫克/千克，小麦、玉米、棉花平均亩产 300 千克、400 千克、250 千克。亩施纯氮 8~12 千克，五氧化二磷 5~7 千克，氧化钾 1~2 千克。该区土种类型属石灰性褐土，土壤适耕性好，井黄两灌，灌溉便利，土壤增产潜力较大。经过综合分析，建议该区每季作物亩施纯氮 11~13 千克，五氧化二磷 7~9 千克，氧化钾 3~5 千克。

Ⅲ₂ 西部沿丘陵川道小麦、玉米、棉花、芦笋增氮增磷补钾区。包括韩阳、蒲州、栲栳、张营等镇，耕地面积 10 万亩。土壤养分平均含量有机质 10.6 克/千克，全氮 0.70 克/千克，有效磷 11.3 毫克/千克，速效钾 158.6 毫克/千克，小麦、玉米、棉花、芦笋平均亩产 260 千克、350 千克、220 千克、700 千克。亩施纯氮 8~10 千克，五氧化二磷 5~6 千克，氧化钾 1 千克。该区地下水位较高，土壤盐渍化现象较重，是制约作物增产的主要因素，经过综合分析，建议施用酸性肥料，例如硝铵，普通过磷酸钙等，亩施纯氮为10~12 千克，五氧化二磷 6~8 千克，氧化钾 2~3 千克。

Ⅳ，西部黄河滩涂芦笋、棉花增氮增磷增钾区。包括部队农场、国有林场、黄牛场及沿河各乡（镇）的黄河滩涂，耕地面积 20 万亩。土壤养分平均含量有机质 7.8 克/千克，全氮 0.46 克/千克，有效磷 8.5 毫克/千克，速效钾 128.8 毫克/千克。芦笋、棉花平均亩产 500 千克、180 千克。亩施纯氮 5~8 千克，五氧化二磷 3~6 千克，氧化钾 0.5 千克。由于该区土种为沙潮土，通体沙质，土性阴凉，土壤保水保肥力较差，建议施用缓效肥料和少量多次的施肥方法，经过综合分析，亩应施纯氮 7~10 千克，五氧化二磷 5~7千克，氧化钾 2~3 千克。

五、化肥使用区划的应用原则

（一）统一规划，着眼局部

化肥使用区划意见对永济市农业生产起着整体指导与调节作用，使用中要宏观把握，明确思路。以地貌类型和土类及行政区域为基础划分的 4 个化肥肥效一级区与 7 个化肥合理施肥二级区在肥效与施肥上基本保持一致。具体到各区又因受不同地形部位和不同土壤亚类的影响，在施肥上不能千篇一律，应以化肥使用区划为标准，结合当地实际情况（例如作物布局，土壤质地及结构），确定具体的施肥量，一般粮、棉、菜的施肥量以不低于合理施肥二级区的施肥量为标准。

（二）因地制宜，节本增效

永济市自南向北由山地、洪积扇、盆地（包括涑水平川区和盐碱区）黄土丘陵、黄河河谷平原构成其基本地貌。土壤主要由褐土和潮土两大土类组成，土种 34 个，地貌类型复杂，土种繁多，在利用化肥使用区划时要本着因地制宜、节本增效的原则，通过合理施肥以及农业措施，不仅要达到节本增效的目的，而且要达到用养结合、培肥地力的目的，变劣势为优势。对于以褐土性土为主的东部山地及洪积扇区域要注意防止水土流失，减少水分渗漏，施肥上应注意少量多次，实施退耕还林，修整梯田，林农并举。以盐化潮土为主的中东部盆地土壤质地较细，熟化程度差，部分地区盐碱危害严重，施肥上要改变以往的盲目施肥追求高产的做法，应根据此次土壤肥力和质量评价结果，合理轮作倒茬，达到稳产高产的目的。盐碱地应杜绝浅井灌溉，把增施有机肥及化学酸性肥料作为主要施肥措施。

第六节　耕地质量管理对策

永济市耕地地力调查与质量评价是继第一、第二次土壤普查之后，又一次既全面又系统掌握耕地资源现状，为因地制宜、合理利用现有耕地资源提供科学依据的一项大型工作。此项工作，不仅对农业结构调整，确保永济市农业实现可持续发展，推进农业增效、农民增收，全面建设小康社会有重大意义，而且对耕地资源依法管理、完善耕地质量监测体系、农业税费改革、扩大无公害农产品生产规模等均有非常重要的现实指导意义。

一、建立依法管理体制

耕地质量调查结果显示，永济市耕地质量状况较好，表现出 5 个明显特点：一是平川面积大，土壤质地好；二是土体结构好，"蒙金"土壤多；三是耕作历史久，土壤熟化度较高；四是菜区较集中，养分含量高；五是污染源少，污染程度轻。但由于某些政策措施不到位以及耕作培肥等原因，形成了耕地数量减少、耕地质量下降、中低产田面积大、盐碱面积回升等问题，直接影响了耕地资源效益的发挥，也为今后的地力建设和土壤改良利用提出了严峻的课题。

针对调查中耕地质量状况和存在问题，做好耕地地力建设和土壤改良利用的思路是：因地制宜确定合理的种植区划，分区明确重点；中低产田建立和完善种养结合机制；对耕地质量实行动态管理、建立健全耕地质量动态变化档案；盐碱地实行综合治理，工程措施配套农业措施，健全排灌系统，制定长期规划和短期措施，针对不同类型制订具体方案。由点到面，整体推进，制定完善耕地质量保养管理法规，组建相应的执法管理机构，全面协调指挥耕地地力建设和土壤改良利用工作，形成完整的管理体系，持之以恒，常抓不懈，抓出成效，全面提高耕地质量，实现优质高效的目标。

（一）政策措施

1. 制定总体规划　在全面实行用养结合的同时，重点突出中低产田改造和盐碱地改良利用，制定永济市耕地地力建设与土壤改良利用的总体规划。要在土壤改良利用图中画定红线，确定改良范围和重点，分区制定改良措施，统一组织实施。

2. 建立保障体系　制定并颁布《永济市耕地质量管理办法》等地方法规，组建耕地地力建设与土壤改良利用办公室，分区布点，动态监测，年年评价，形成制度，镇村两级确定专人，全面组织此项工作，对未按规划种植造成地力下降的，采取强制措施，达到改良培肥土壤目的。

3. 设立专项资金　市财政每年从农发资金中列出专项资金，用于耕地地力建设和土壤改良示范指导工作，并在地方法规中予以确定。财政支持建设信息网络，迅速落实到位，形成良性循环，推进此项工作。

（二）技术措施

1. 提高土壤肥力　组织农户采取增施有机质、秸秆还田、种植绿肥、推广生物菌肥、合理轮作等措施，认真总结虞乡屯里刘仲祥连续 20 年实行小麦高茬、玉米鲜秆两茬还田的做法和效果，印刷用养结合持续高产的典型材料，带动永济市，提高土壤肥力，增加种植效益，分区落实重点措施，示范辐射，整体推动，发挥耕地效能。

2. 改良中低产田　针对永济市中低产田面积大、类型多的特点，实行分区改良，突出重点。垣川中产区要在完善水利措施的基础上，综合运用广辟有机肥源、深耕保墒、平衡施肥、轮作倒茬、两茬平作等农艺措施，特别是和牧草、绿肥等作物轮作，培肥地力，以养为主，用养结合；盐碱中低产区要在健全灌排设施的同时，杜绝浅井浇灌，实施秸秆还田改良计划，采取化学、生物措施并举等办法，因地制宜，以改为主，用改结合；台垣丘陵低产区主要采取平田整地、增施农肥、退耕还林（牧）、林粮、林草间作、节水灌溉等措施，实行改养用并举，达到增产增收的目的。

3. 创建生态系统　按照总体规划，大力发展林果业、中条山前洪积扇要退耕到位，突出干鲜果种植，重点发展特早熟杏、七月鲜柿子、红枣，全面落实红色黄金工程，整体启动，突出重点，发挥优势，以早争优，形成区域用养结合达高效模式；垣川中产区要以桃、杏、李等杂果为主；盆地（中部腹地）要实行枣棉间套，13 米一带，垅上枣、垅下棉，枣棉双收；河漫滩地要在沿河栽植百米宽护岸林带的基础上，按 300 亩一个方，泡桐隔方、芦笋垫底，突出生态改良利用。永济市除山前耕地外，都要按规划发展经济林，防风固沙，改良土壤，形成林成带、田成方的生态小区，因地制宜，突出特色，建成良好的生态系统，实现可持续发展。

二、建立和完善耕地质量监测网络

永济市境内有涑水河及电机厂、印染厂、化肥厂、纺织厂、化工厂等污染源，据 67 个大田环境采样点的水土综合评价结果表明，永济市耕地土壤的主要污染元素为氟、氯、COD，主要污染区域为栲栳镇长杆村、蒲州镇西厢村、开张镇黄营村、城西庄子村等村庄的部分耕地。针对部分耕地受污染的程度及原因，实施耕地污染防治的思路应为：以建设绿色山西为契机，划定污染区域，加大对污染源以及污染土壤治理力度，全面落实《中华人民共和国环境保护法》，从源头根治向涑水河排放污染的企业，依据农业部关于农药、化肥施用办法，制定相应地方法规，禁止使用有污染物的化肥、农药，全面建设山西南部绿色食品基地。

（一）政策措施

1. 全面落实法规　加大《中华人民共和国环境保护法》宣传执法力度，关停涑水河附近的污染企业，提高全民的环保意识，杜绝用涑水河水灌溉农田。制定永济市禁用部分化肥、农药办法，形成地方法规，全面封杀"三高三改"类农药、化肥，减少污染。

2. 加大农业执法　实行综合执法，提高执法地位，组成强有力的专业执法队伍，农业、环保配合执法，坚决打击制售禁用农药、化肥，从源头上控制，减少危害。

3. 监控污染企业　建立永济境内企业排放物监测档案，严格监控，定期警示，污染物排放超标的企业一律关停整改，达标后方能恢复生产。

（二）技术措施

1. 改良污染区域　涑水河两边 50 米栽植用材林、风景树、花木等，配合源头治理、净化河水、美化环境。对附近氯、镉超标农田，专列改良项目，成立技术改良效益协作组，运用物理、化学农业综合治理措施实施改良。对化肥、农药污染的部分农田，要划区治理，积极利用、转化农业科研单位的成果，引试降解剂，栽植树木，修复土壤限期达标。企业附近污染农田，查清镉、汞元素污染原因，划区分类，依法治理。

2. 应用达标农资 土肥、植保部门要筛选确保农作物优质、安全的化肥、农药，确定永济市主推品种，实行贴标销售，农业部门全面组织推广，同时要加大市场监管力度，加大新优农资应用力度，查封伪劣产品，减少污染，提高效益。

3. 确定绿色产区 分别在常规菜区、青椒产区、芦笋产区、瓜菜产区、日光温室种植区按土壤等级，划定绿色、无公害农产品生产区域，综合运用保护性措施，按照技术规程，分类组织生产，突出芦笋、大棚青椒等拳头产品，建立 10 万亩绿色蔬菜生产基地，用品牌带动发展。

4. 大力宣传，做好微生物有机菌肥推广 微生物有机菌肥，可以改善土壤物理性状，增加土壤团粒结构，从而使土壤疏松，减少土壤板结，有利于保水、保肥、通气和促进根系发达，为农作物提供舒适的生长环境。同时可以解磷、解钾，减轻污染元素的危害，促进土壤肥力的良性循环。城西青椒地实验证明，施用微生物菌肥，改善了土壤的理化性状，产量提高 11.6%。为此要采取一切积极措施，在试验示范的基础上，大力宣传推广优质可靠的微生物菌肥。

三、扩大无公害农产品生产

建设无公害农产品生产基地是发挥地域优势，应对入世挑战，增加农业效益的有效措施，而测土配方施肥是建设无公害农产品基地的保障。根据耕地地力调查与质量评价结果，永济市地域内土壤肥沃，土体较好，耕地土壤大部分未受到污染，是山西传统的农业优势区，有利于建设无公害农产品基地，有利于发挥地域优势，参与国际一体化农业经营，有利于提升产品竞争力，对农业增效、农民增收有较强推动作用。

作物测土配方施肥与无公害农产品基地建设的思路为：以资源为基础，以市场为导向，以科技为动力，测土配方施肥作保障，发挥优势抓重点培植龙头企业，实施名牌战略，逐步实现区域化种植，规模化发展，标准化生产，产业化经营，不断提高农产品的市场竞争力，大幅增加农民收入。

（一）政策措施

1. 强化保障体系 设立无公害农产品基地建设办公室，具体协调组织无公害农产品生产，列入市政府工作计划，单列工作经费，全面落实组织实施。制定保障法规措施，杜绝使用禁用的农药、化肥，促进依法管理，依法建设，短期内形成规模。

2. 明确目标任务 组织农业、畜牧、林业、芦笋等产业办公室，明确各自工作重点，制订方案，分产业牵头重点实施，作为年度考核的重要内容，分年实施，抓出成效。

3. 加大执法力度 按照法规，禁止"三高三残"类农药使用，实行贴标销售，违禁农药、化肥一律查封，严管市场，重处典型案例，形成全民共识，全力以赴建设无公害生产基地。

4. 强化行政干预 要按照业务部门提出的平衡施肥方案，政府要牵头组织实施，由技术部门提出品种和用量，政府组织落实技术方案，要从提高土壤肥力，合理利用资源出发，综合治理，密切协作，全力建设无公害生产基地。

（二）技术措施

1. 制定技术规程　要针对无公害农产品基地建设要求，制定相关的测土配方施肥等技术规程，分区明确施肥品种与标准，按照缺什么补什么、配方高效的原则，因作物、因品种完善方案，把测土配方施肥技术具体应用到无公害农产品基地建设中，实现标准化生产，有效增加农业效益。

2. 打造绿色品牌　要抓住永济市芦笋、设施蔬菜无公害生产的契机，继续扩大种植规模，积极申报绿色品牌，推动无公害农产品生产，达到规模化发展。

3. 建设示范园区　农业部门要在建设无公害农产品基地中，分作物建设中心示范园区，高标准落实技术规程，严格测土配方施肥，形成高效增收的示范样板，并作为培训基地，组织农民观摩，用区域种植辐射带动基地建设。

4. 培育龙头企业　积极扩大加工企业的营销体系，延长产业链条，设立信息平台，扩大宣传，组织专业的营销队伍，设立窗口，实现产业化经营，增加农民收入。

四、强化耕地质量管理

耕地质量管理是一项长期的系统工作，既要有技术的措施，更要求有政策作保障。因此，做好耕地质量管理也是一个综合的系统工程。继第二次土壤普查以后，由于耕地投入产出比例失衡，重用轻养，忽视了耕地质量保护工作，不同程度、不同范围地造成土壤养分降低，物理性状变劣，土壤肥力退化。加之发展工业，耕地逐年减少，效能发挥不好，种植结构不尽合理，盲目施肥，部分农田遭受轻度污染等耕地潜在的危机正在形成，加强耕地质量管理成为农业可持续发展的焦点，也是摆在我们面前的严峻课题，要结合这次耕地地力调查和质量评价结果，针对生产中存在的突出问题，坚持用养结合的基本原则，采取农业综合措施，发挥技术部门的优势，组建耕地质量及土壤农化监测体系，成立监测机构，镇、村两级也要建立健全耕地质量检测体系，同时要完善图表及数据、文字报告，健全耕地资源管理信息系统，实行数据化管理，掌握动态变化，提升用管水平，做到动态管理。同时要制定《永济市耕地质量保养方法》，认真贯彻《中华人民共和国环境保护法》、《中华人民共和国农业法》、《中华人民共和国农业投资条例》等法律法规，依法管理，规范耕地用养制度，确保耕地地力建设与保养，逐步提高耕地质量。要设立耕地保养专项资金，每年从财政农发资金中拿出一些资金，作为专项资金，镇村两级在农业税中可划出一块专项用于耕地保养，或拨出专项建设资金，用于耕地地力建设和保养，加大各级对耕地质量建设的支持力度，把耕地质量管理纳入正常运作轨道，用政策诱导，法制引导，政府督导的办法，达成全民参与的共识，全面提升耕地质量，确保农业调产高效，农民增收实现小康。

图书在版编目 (CIP) 数据

永济市耕地地力评价与利用/屈玉玲主编．—北京：
中国农业出版社，2012.7
ISBN 978 - 7 - 109 - 16709 - 4

Ⅰ.①永… Ⅱ.①屈… Ⅲ.①耕作土壤-土壤肥力-
土壤调查-永济市②耕作土壤-土壤评价-永济市 Ⅳ.
①S159.225.4②S158

中国版本图书馆 CIP 数据核字 (2012) 第 072582 号

中国农业出版社
（北京市朝阳区农展馆北路 2 号）
（邮政编码 100125）
责任编辑　杨桂华
———————————
中国农业出版社印刷厂印刷　　新华书店北京发行所发行
2014 年 3 月第 1 版　　2014 年 3 月北京第 1 次印刷
———————————
开本：787mm×1092mm　1/16　印张：15.75　插页：1
字数：388 千字
定价：80.00 元
（凡本版图书出版印刷、装订错误，请向出版社发行部调换）